Maya 建模基础与案例应用

JIANMO JICHU YU ANLI YINGYONG

（第2版）

主　编　马堪福　卢　芳
副主编　古燕莹　李爱国
参　编　王　鹏　罗　丽
　　　　姜百涛　吉家进

北京理工大学出版社
BEIJING INSTITUTE OF TECHNOLOGY PRESS

图书在版编目(CIP)数据

Maya建模基础与案例应用 / 马堪福，卢芳主编. --
2版. -- 北京：北京理工大学出版社，2021.10（2024.8重印）
ISBN 978 - 7 - 5763 - 0486 - 2

Ⅰ. ① M… Ⅱ. ①马… ②卢… Ⅲ. ①三维动画软件
Ⅳ. ① TP391.414

中国版本图书馆CIP数据核字（2021）第203078号

责任编辑：张荣君　　文案编辑：张荣君
责任校对：周瑞红　　责任印制：边心超

出版发行 / 北京理工大学出版社有限责任公司
社　　址 / 北京市丰台区四合庄路 6 号
邮　　编 / 100070
电　　话 /（010）68914026（教材售后服务热线）
（010）68944437（课件资源服务热线）
网　　址 / http://www.bitpress.com.cn

版 印 次 / 2024 年 8 月第 2 版第 3 次印刷
印　　刷 / 定州启航印刷有限公司
开　　本 / 889 mm × 1194 mm　1/16
印　　张 / 12
字　　数 / 240 千字
定　　价 / 45.00 元

前言

PREFACE

党的二十大报告指出："我们要坚持教育优先发展、科技自立自强、人才引领驱动，加快建设教育强国、科技强国、人才强国，坚持为党育人、为国育才，全面提高人才自主培养质量"。21世纪是信息产业和文化产业的时代，动漫产业作为文化创意产业的生力军，正在全球经济发展中扮演着越来越重要的角色，因此培养适应市场需要的高素质三维动画人才越来越迫切。

Maya是美国Autodesk公司出品的世界顶级的三维动画软件，是相当高尖而且复杂的三维电脑动画软件，它被广泛应用于电影特技、角色动画、影视广告、电视、电脑游戏和电视游戏等的数码特效创作，曾获奥斯卡科学技术贡献奖等殊荣。Maya功能完善，工作灵活，易学易用，制作效率极高，渲染真实感极强，是电影级别的高端制作软件。

本书精选影视动画制作的经典案例，全面剖析了Maya的各项功能，着重讲解了操作界面、工具栏、视图工具和动画制作流程及曲面建模技术、多边行建模技术，展现了Maya在影视动画、游戏三维制作等领域的实际应用。在实例讲解过程中提炼出Maya在影视动漫和游戏实际制作中的实用知识点。本书是以项目任务引导和实施的方式编写，将操作技能融合在主动的、有目的的训练过程中，使工作过程与学习过程融为一体。同时结合企业案例，体现学以致用、知行合一的原则和思想，通过项目与技能训练的结合，培养读者对Maya应用工作流程的理解和训练操作技能的灵活运用。

与同类教材相比，本书的特点是：

（1）摒弃了传统的以知识传授为主线的知识架构，它以项目为载体，以任务来推动，课程内容与行业接轨，依托具体的工作项目和任务将有关专业课程的内涵逐次展开。

（2）遵循新课改理念，充分体现行动导向的教学指导思想，采用“项目引领—任务驱动”的模式，使学习者在学习过程中，不仅学习到专业知识，更了解到企业工作的流程与步骤，体验岗位工作感受。全书注重“讲、学、做”，理论联系实际，特别注重实际制作，以提高学习者的学习积极性。

（3）结构清晰，脉络流畅，项目排序非常适合学习者循序渐进地进行阅读与学习，书中没有大段叙述性的文字，而是以图对每一个知识点进行介绍与解说，简明易懂，实践性强。

本书既可作为中等职业学校计算机、动漫、电子信息相关专业的三维模型制作课程教材，也可供从事三维动画及相关工作的技术人员作为参考书。

本书的编写得到了企业专家的帮助，在此一并表示感谢。本书在编写过程中，借鉴和参考了同行们相关的研究成果和文献，从中得到了不少教益和启发，在此对各位作者表示衷心的感谢。

在本书的创作过程中，得到了编辑的大力支持，在此表示衷心的感谢。由于时间仓促，书中难免有疏漏之处，希望读者提出宝贵意见。

由于学习者所使用的机器配置不同，Maya 软件版本可以选用适配学习者本人机器的版本号，建立的模型文件遵循常用软件的使用规律（即高版本软件能够打开低版本文件）。

编　者

2022 年 11 月

0 Maya导航

1 项目一 简单多边形建模

2 项目二 静物场景建模

3 项目三 建筑场景建模

Maya
导航

Maya工作流程

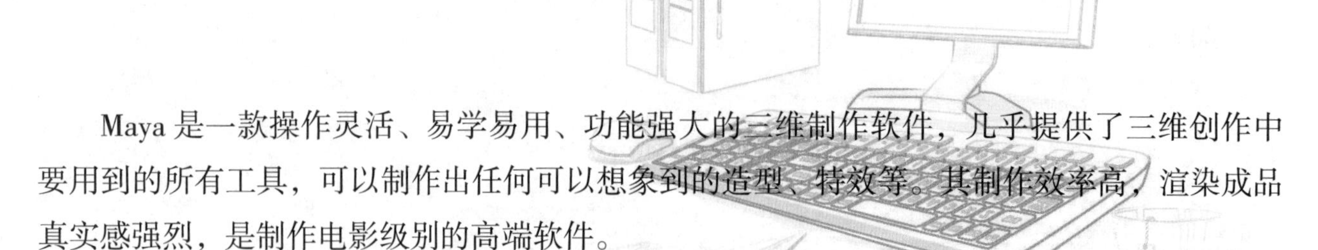

Maya 是一款操作灵活、易学易用、功能强大的三维制作软件，几乎提供了三维创作中要用到的所有工具，可以制作出任何可以想象到的造型、特效等。其制作效率高，渲染成品真实感强烈，是制作电影级别的高端软件。

首先简单讲解计算机图形学（Computer Graphics，CG）行业的生产流程，对在实际项目生产过程中各个环节所处的位置有所认识之后，再开始学习 Maya 软件。CG 行业大致的流程如图 0–1–1 所示。

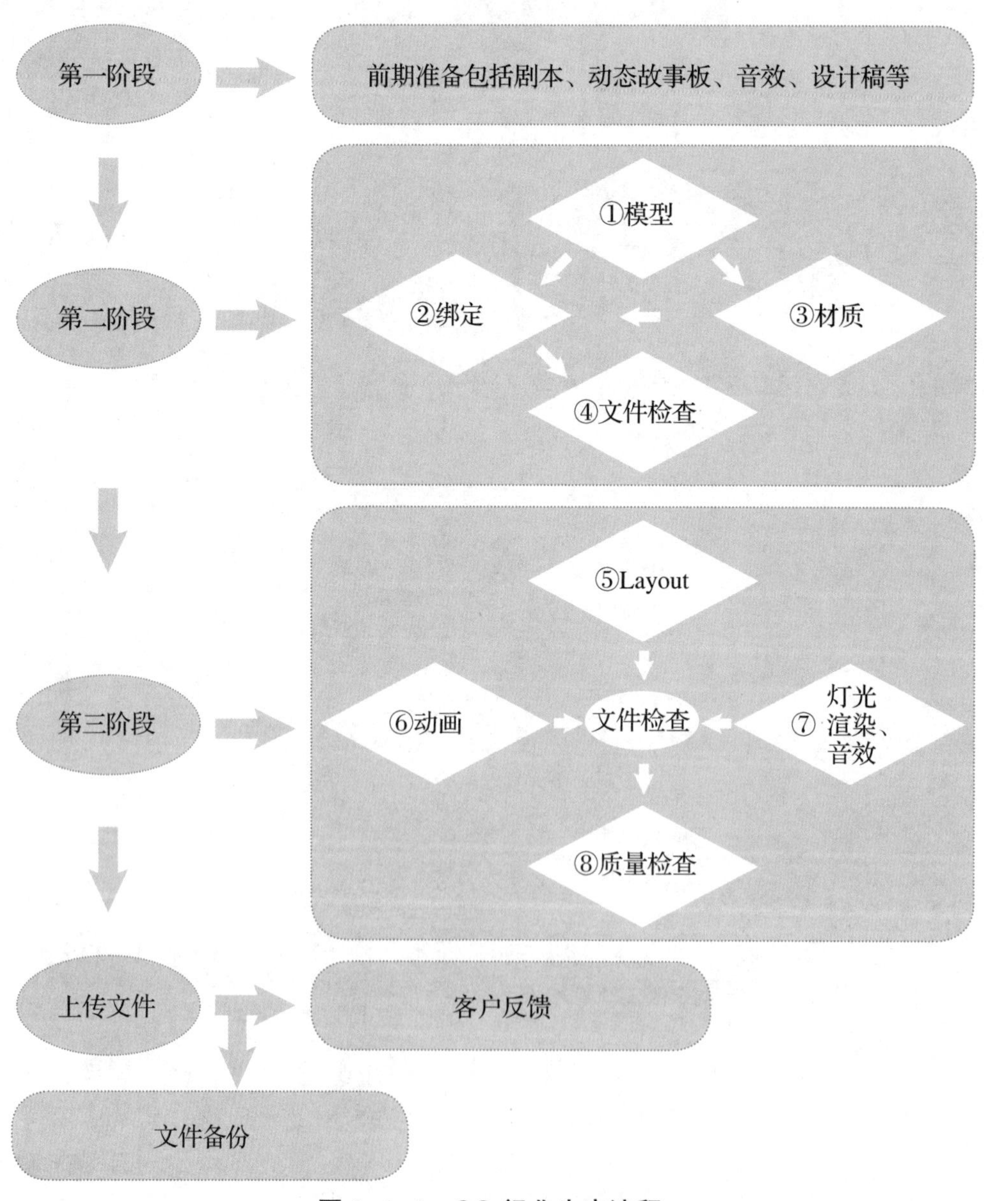

图 0–1–1　CG 行业生产流程

0.1.1 第一阶段

CG 生产流程的第一阶段是前期的准备，前期准备内容主要包括剧本，角色、道具、场景设计，故事板及动态故事板制作，相关的参考资料，音频，最终渲染的尺寸。前期准备越充分、越详细，后面的工作越顺利，在准备中包括帧速率（帧/秒）等细节部分都要计划好，这样做好了第一阶段的准备工作才能开始之后的制作过程。

0.1.2 第二阶段

当前期准备工作完成后，就可以开始根据设计稿的部分来制作模型。模型完成并确认通过后，模型的材质和绑定两部分并行开展。材质部分通过后会将材质赋予绑定组的模型进行测试，而绑定后的模型也要经过动画师的测试，确保做好的模型能够使用，才能进入到下一制作流程。

0.1.3 第三阶段

模型绑定材质全部通过测试后，动画师根据故事本进行 Layout（预演）制作（Layout 属于动画工作的专用名词，是指比较重要的工作、动画的时间、摄像机位置、角色的走位等）。通过的 Layout 文件同时可以进行灯光测试。进行细致的制作动画（当动画通过以上步骤后，只需要简单地调整，就可以进行渲染了，这样可以有效地节省时间）。

完成以上步骤后，再检查文件是否有穿帮问题后即可对文件进行渲染和特效。

0.1.4 第四阶段

经过前面的各个流程后，动画效果制作基本结束，需要将渲染出来的最终文件提交给客户检查，接受客户的反馈意见，再针对意见进行修改，直到最终满足客户需求。

0.1.5 第五阶段

当渲染出来的 CG 动画完全满足客户的需求后，需要对 CG 动画文件进行整理和备份，以备后用。

项目一

简单多边形建模

1

任务　多功能工具刀制作

本任务的最终效果如图 1-1-1 所示。

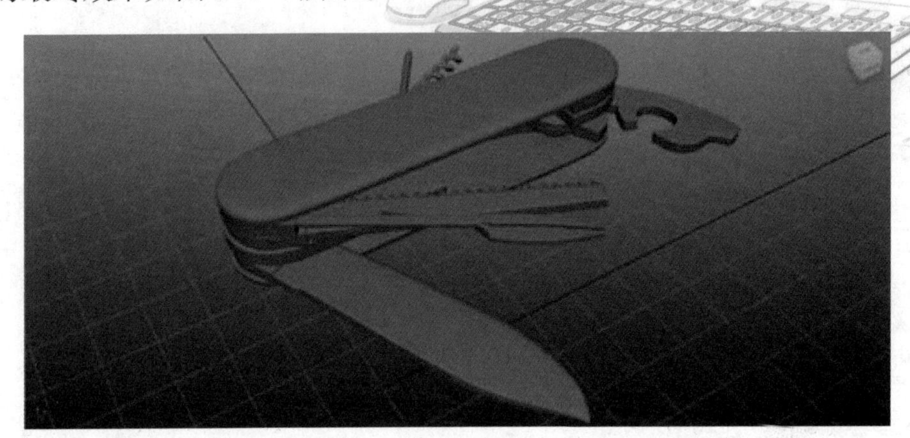

图 1-1-1

1.1.1　制作难度评定

难度等级：★★

1.1.2　任务要求

（1）对基本几何形体，如正方体、圆柱体、螺旋体有基本的认识，熟练地掌握多边形建模的基础命令。

（2）理解卡线的意义。

（3）熟悉掌握改线技巧。

1.1.3　任务分析

用多边形基本型制作模型，对照参考图片构建大体形状，布线合理，方便卡线、改线。

涉及的命令：

（1）Edit Mesh>Extrude（编辑网格>压面）。

（2）Edit Mesh>Split>Split polygon Tool（编辑网格 > 分割 > 分割多边形工具）。

（3）Edit Mesh>Insert Edge Loop Tool（编辑网格 > 插入环边工具）。

（4）Edit Mesh>Bevel（编辑网格 > 倒角）。

1.1.4 任务实施

【Step1】制作外壳部分，首先在顶视图里导入外壳的图片进行参考，单击“View>Image Plane>Import Image（视图 > 图像平面 > 导入图像）”命令，如图 1–1–2 所示。

Step1~Step7
制作视频

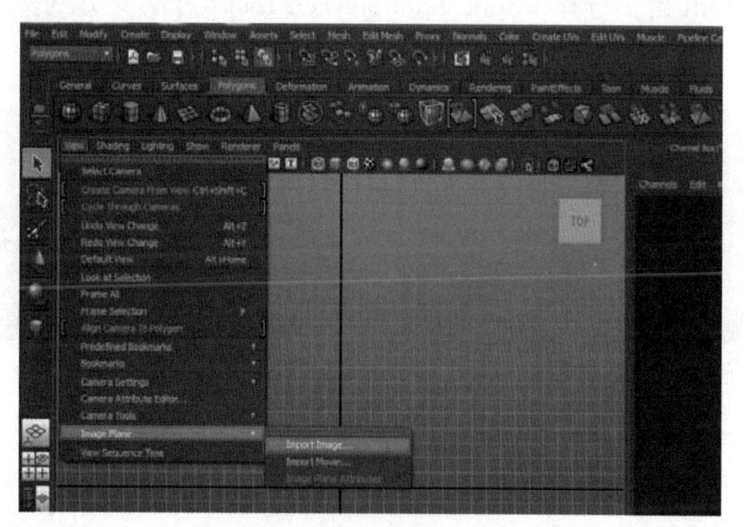

图 1–1–2

【Step2】首先创建一个圆柱体，在右边的属性栏里找到“polyCylinder1（刚刚创建的圆柱）”，把圆柱的属性“Subdvisions Axis（轴向细分数）”设置成“12”，如图 1–1–3 所示。

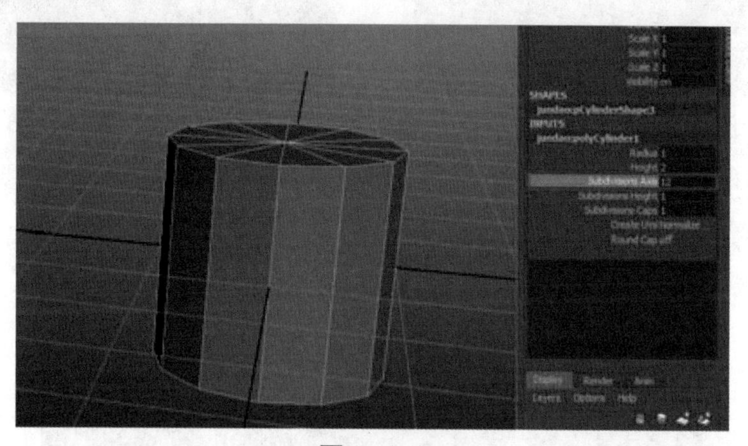

图 1–1–3

【Step3】在模型上单击鼠标右键进入“Face（面）”模式，选择 X 轴上的一半的面按下键盘上的 Shift 键，再单击鼠标右键执行“Extrude Face（挤压面）”命令，按照参考图调整形状，如图 1–1–4 所示。

 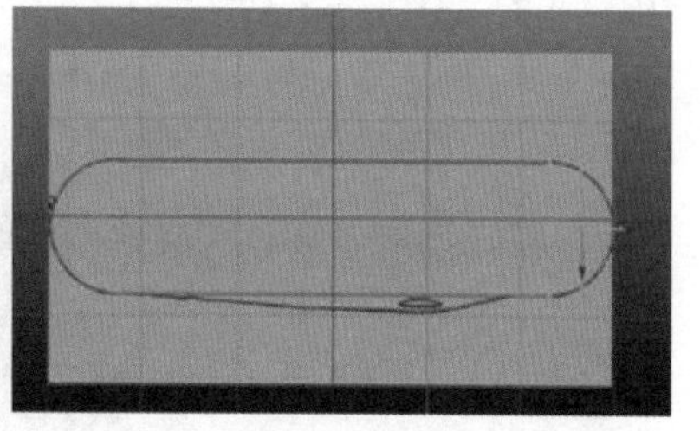

图 1–1–4

【Step4】删掉多余的面的部分，缩放成合适的大小挤压［选择物体先按 Shift 键，再单击鼠标右键执行“Extrude Face（挤压面）”命令］，使用鼠标中键在 thickness 值上拖动数值为 2，制作出转折角，运用分割多边形工具［在模型上单击鼠标右键，选择右上方“Object Mode（模型）”，按 Shift 键，选择“Split>Split polygon Tool（分割 > 分割多边形工具）”命令］，修改左右两侧的三角面，如图 1-1-5、图 1-1-6 所示。

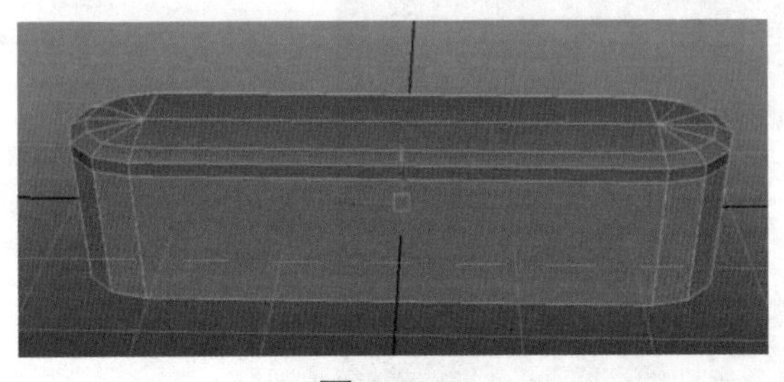
图 1-1-5

图 1-1-6

【Step5】如图 1-1-7 所示，挤压出外壳的厚度再进行卡线处理，保证模型光滑后不变形，如图 1-1-8 所示。

图 1-1-7

图 1-1-8

【Step6】按快捷键“Ctrl+D”复制一个同样的模型，用移动工具，并按快捷键 W 向下拖出，如图 1-1-9 所示。

图 1-1-9

【Step7】在右上角属性栏里找到“Rotate Y（轴旋转）”，设置成 180°，这样我们就得到了上下两片外壳，如图 1-1-10、图 1-1-11 所示。

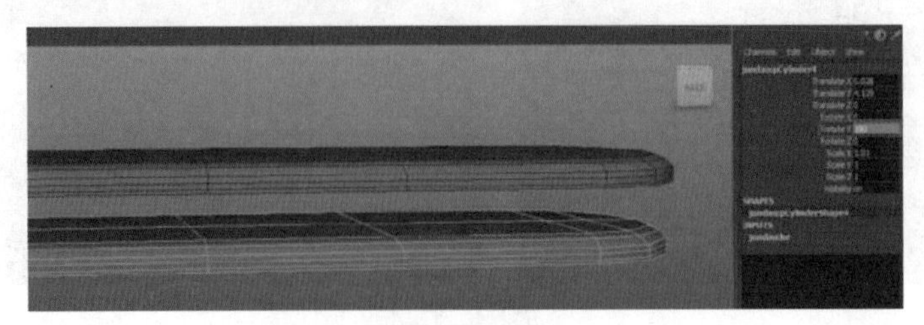
图 1-1-10

图 1-1-11

【Step8】在顶视图里导入刀的图片，制作刀的部分同样是创建一个圆柱，挤压半边调整大小，如图 1-1-12 所示。

Step8~Step14
制作视频

【Step9】删除中间相连的部分，按住键盘上的 Shift 键再单击鼠标右键，选择“Split（分割）”中的“Split polygon tool（分割多边形工具）”命令改掉三角面，如图 1-1-13 所示。

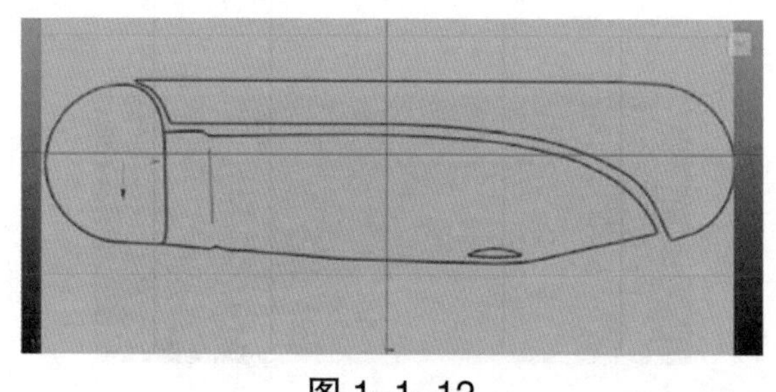

图 1-1-12

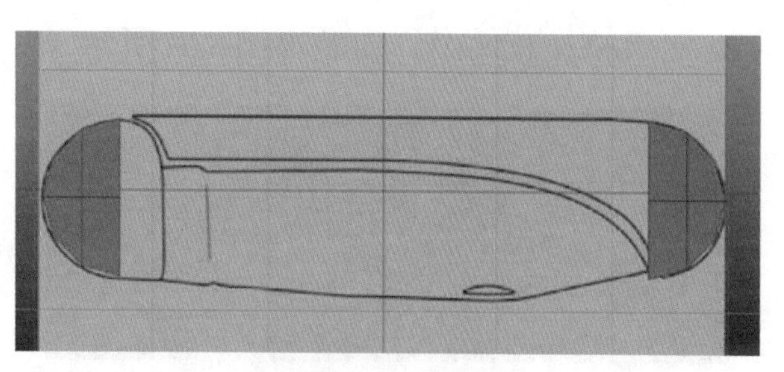

图 1-1-13

【Step10】现在来挤压它的形体，挤压出足够的段数，用调点的方式配合图片塑造形体，如图 1-1-14、图 1-1-15 所示。

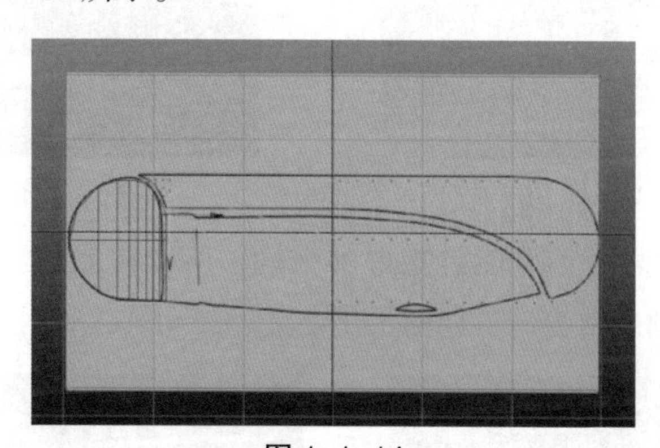

图 1-1-14

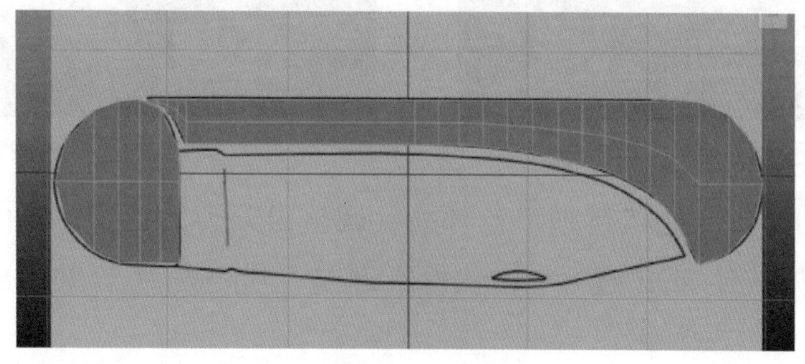

图 1-1-15

【Step11】挤压出厚度然后卡线，如图 1–1–16 所示。

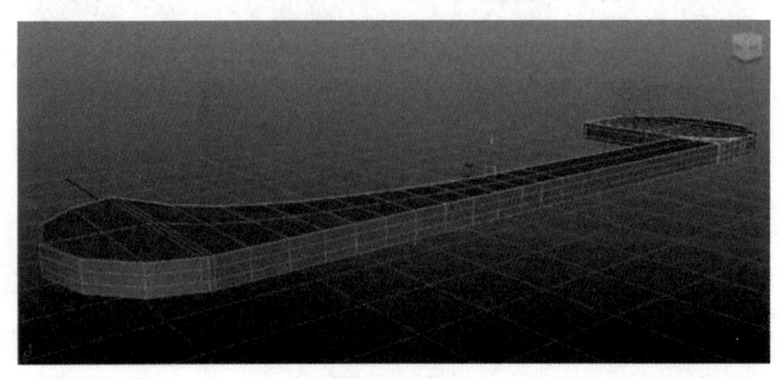

图 1–1–16

【Step12】制作刀刃，首先建立一个方块，删除下面的部分，留下一个正方形的面（如图 1–1–17 所示），挤压一边并选择“Edit Mesh>Insert Edge Loop tool（编辑网格 > 插入圈形边工具）”命令增加段数（如图 1–1–18 所示），在透视图里调整刀刃的形状（如图 1–1–19 所示），然后挤压出形状（如图 1–1–20 所示）。

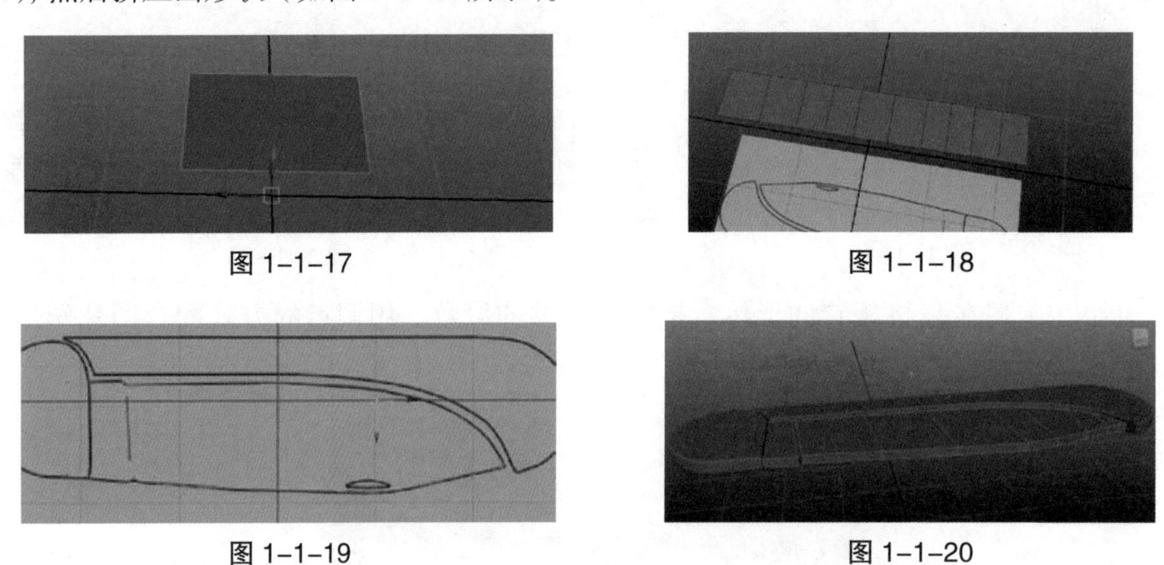

图 1–1–17　　图 1–1–18

图 1–1–19　　图 1–1–20

【Step13】因为刀刃截面不可能是矩形的结构，所以应制作刀锋，首先调节刀身的形状，双击圈线，缩放 Y 轴调整尖角，如图 1–1–21、图 1–1–22 所示。

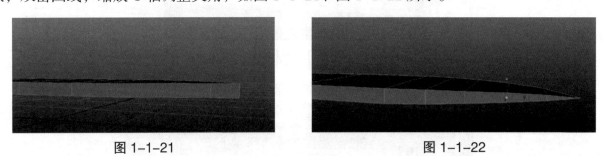

图 1–1–21　　图 1–1–22

【Step14】使用插入环边工具加一条环线，调整出刀刃的位置，如图 1–1–23 所示，然后用合并到中心，先按住 Shift 键再单击鼠标右键向上“Merge（合并）”出刀刃的形状，如图 1–1–24 所示。

图 1-1-23

图 1-1-24

【Step15】制作开瓶器的部分按照以上步骤进行制作［导入图片 > 创建 Cube（立方体）> 挤压并调整形态］。需要注意的是，开瓶器部分的大体形状创建出来后，要按照开瓶器的形态对模型进行调整，如图 1-1-25 所示。为方便后续卡线处理，使用分割多边形工具［先按住 Shift 键，再单击鼠标右键选择 “Split>Split polygon Tool（分割 > 分割多边形工具）” 命令］对布线进行更改，如图 1-1-26 所示。

Step15~Step16 制作视频

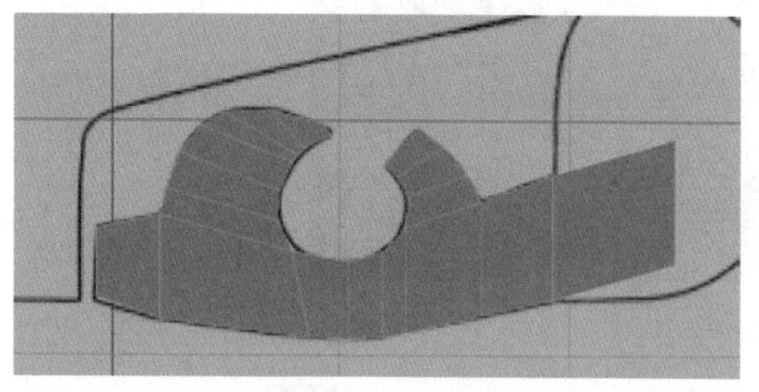

图 1-1-25

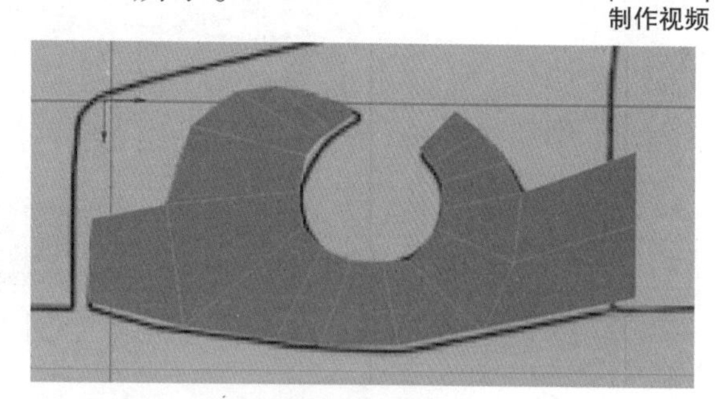

图 1-1-26

【Step16】挤压出厚度，接着卡线，如图 1-1-27、图 1-1-28 所示。

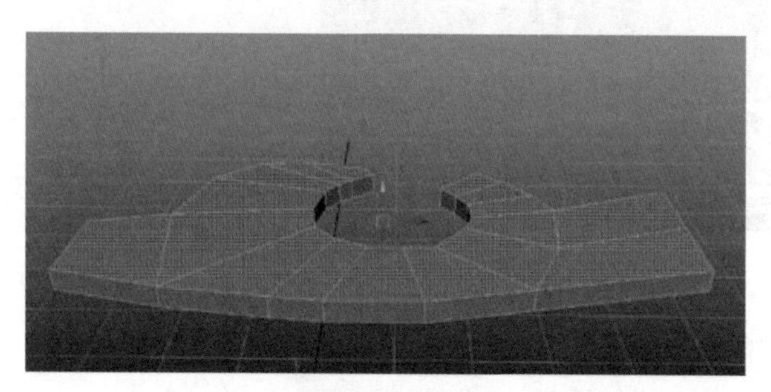

图 1-1-27

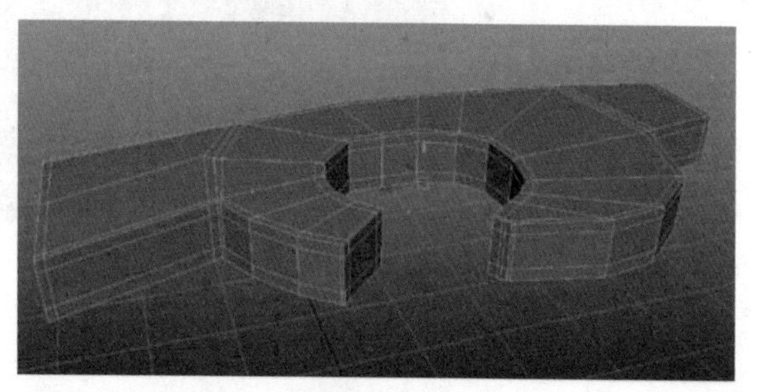

图 1-1-28

【Step17】锯条的部分，首先建立 Cube（立方体），调整锯条的长短和厚度，按照锯齿的数量使用 “Insert Edge Loop Tool（插入圈边工具）” 增加线段，如图 1-1-29 所示。

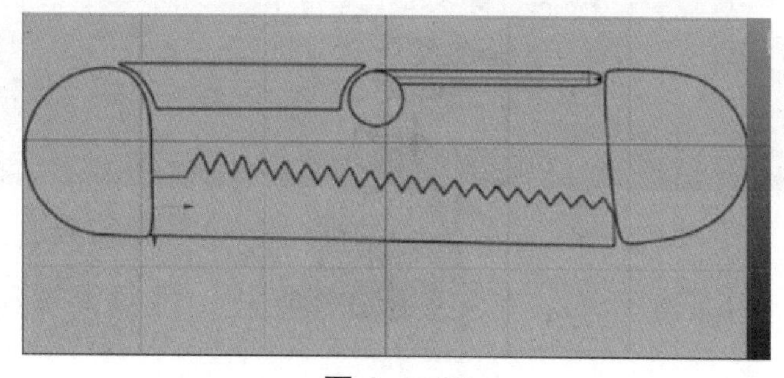

图 1-1-29

Step17~Step19 制作视频

【Step18】选择锯齿对应的面（如图 1–1–30 所示），取消保持面一致命令［选择菜单命令“Edit Mesh>Keep Faces Together（编辑网格 > 保持面一致）”］把对钩去掉，如图 1–1–31 所示。然后使用挤压工具，延长蓝色移动手柄，挤压出锯齿的长度，如图 1–1–32 所示，再使用挤压工具上的缩放对锯齿前端进行缩放，如图 1–1–33 所示。

图 1–1–30

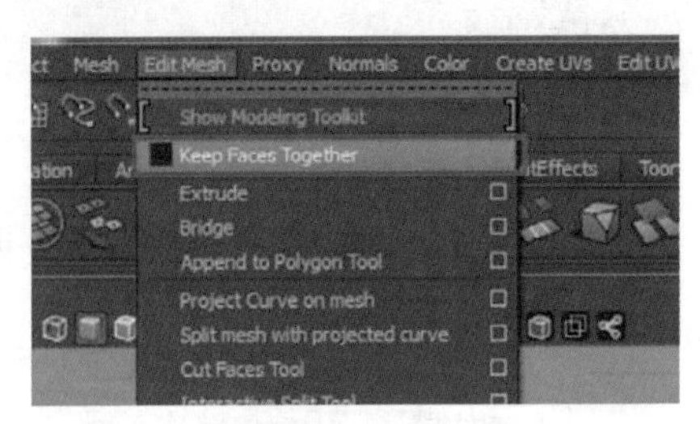

图 1–1–31

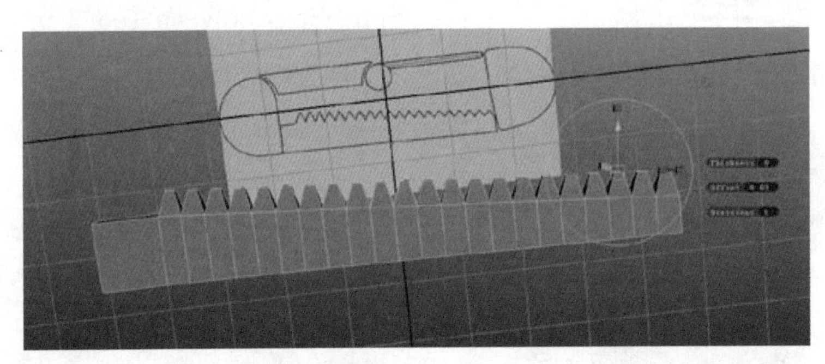

图 1–1–32

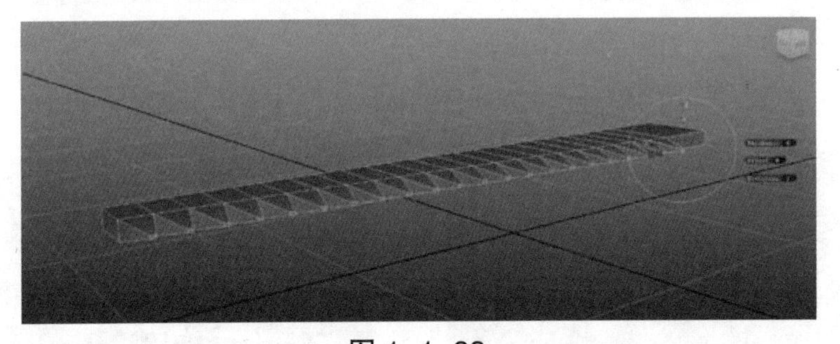

图 1–1–33

【Step19】卡线，锯条的部分制作完毕，如图 1–1–34 所示。

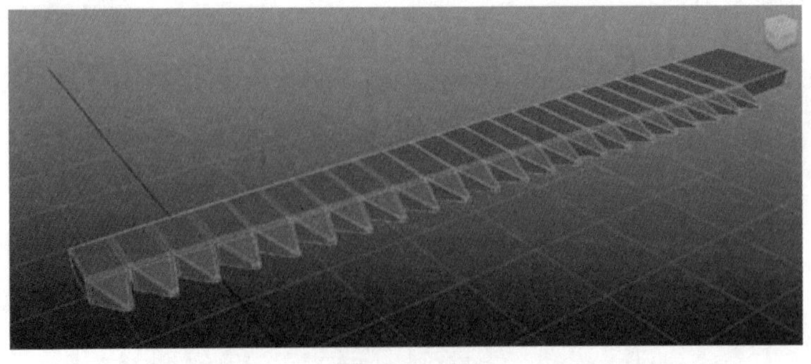

图 1–1–34

【Step20】制作小十字花螺丝刀，首先创建一个圆柱，段数调整到 8 段，如图 1–1–35 所示。

Step20~Step24
制作视频

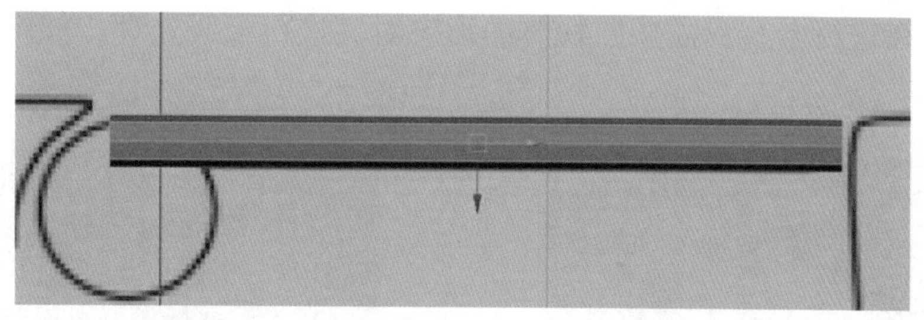

图 1-1-35

【Step21】制作十字花时先在十字花部分加一条线，如图 1-1-36 所示。

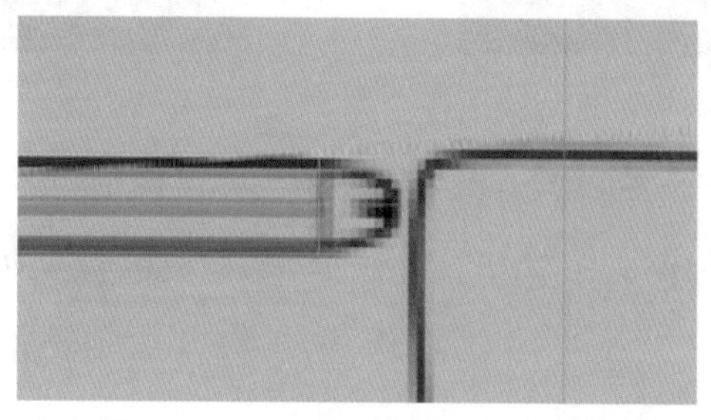

图 1-1-36

【Step22】缩小前段的面，如图 1-1-37 所示，选择该面上的十字线，使用倒角［按住 Shift 键，单击鼠标右键选择“Bevel Edge（倒角）”］命令并调节通道栏中的“Offset”值，达到如图 1-1-38 所示的效果。

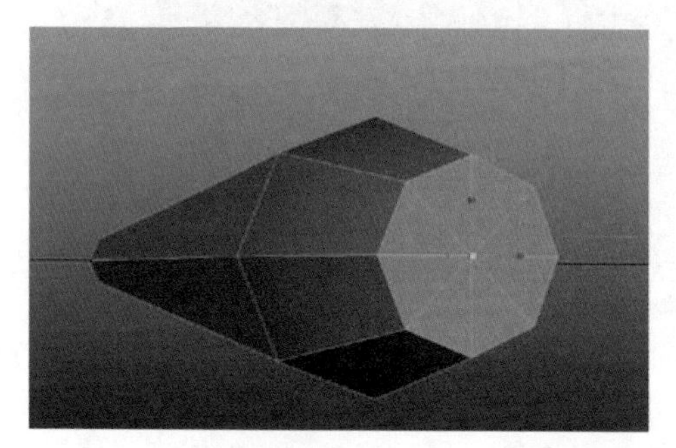

图 1-1-37

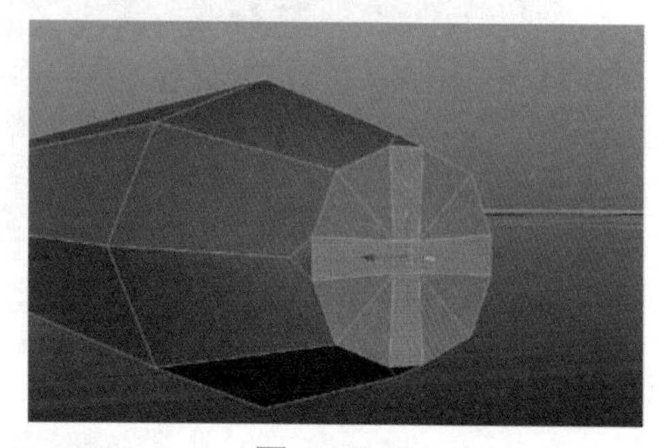

图 1-1-38

【Step23】选择倒角的十字部分的面，使用挤压工具挤压出厚度，如图 1-1-39 所示，并使用分割多边形工具对线段进行调整，如图 1-1-40 所示。

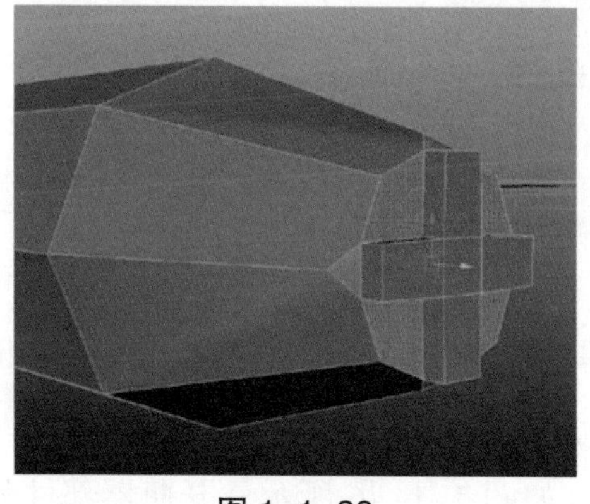

图 1-1-39

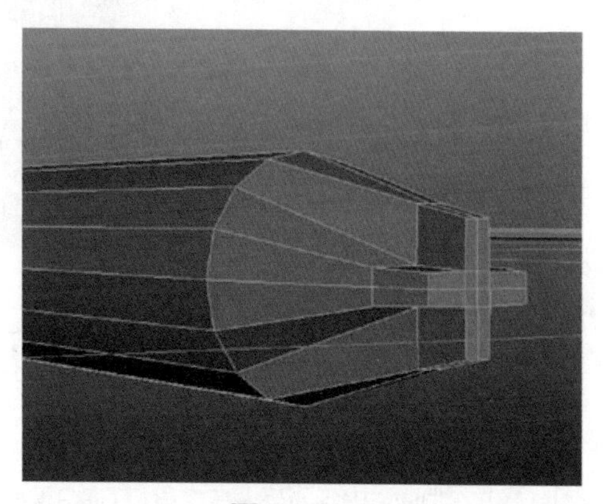

图 1-1-40

【Step24】现在进行卡线，需按照物体的形态对其进行卡线处理，如图 1–1–41、图 1–1–42 所示。

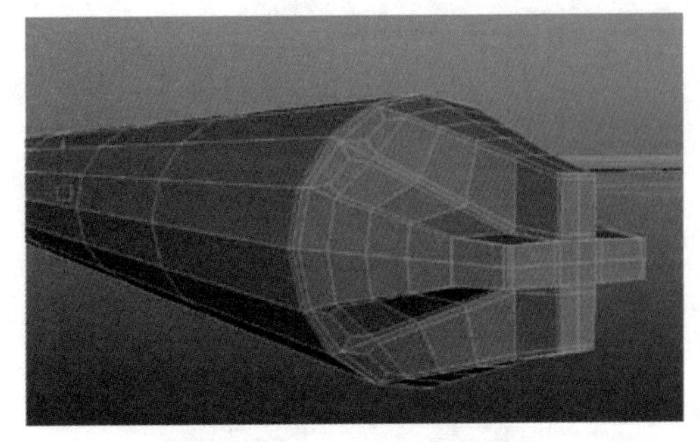

图 1–1–41

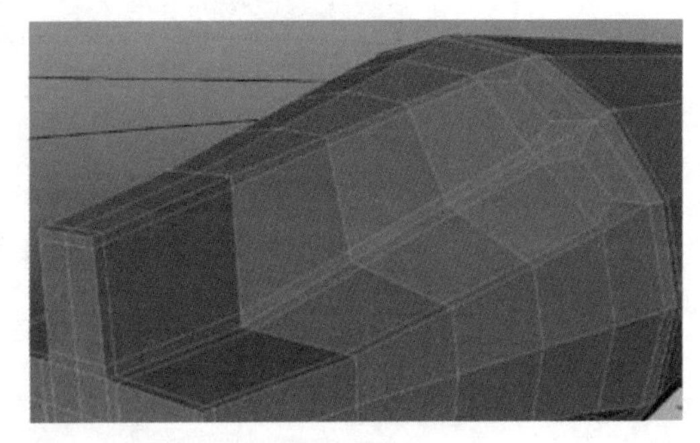

图 1–1–42

【Step25】制作葡萄酒开瓶器，首先创建一个螺旋形，选择“Create> polygon Primitives> Helix（创建 > 多边形 > 螺旋形）”命令，如图 1–1–43、图 1–1–44 所示。

Step25~Step28
制作视频

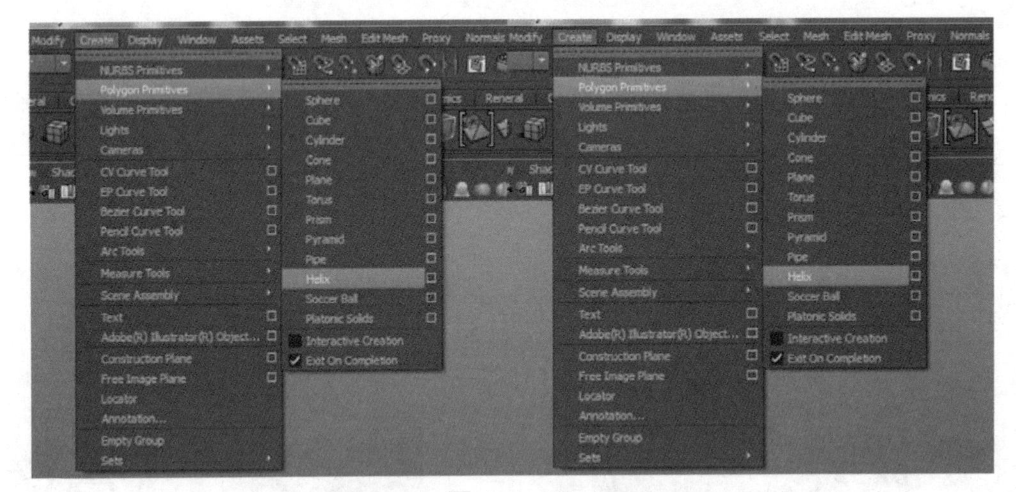

图 1–1–43

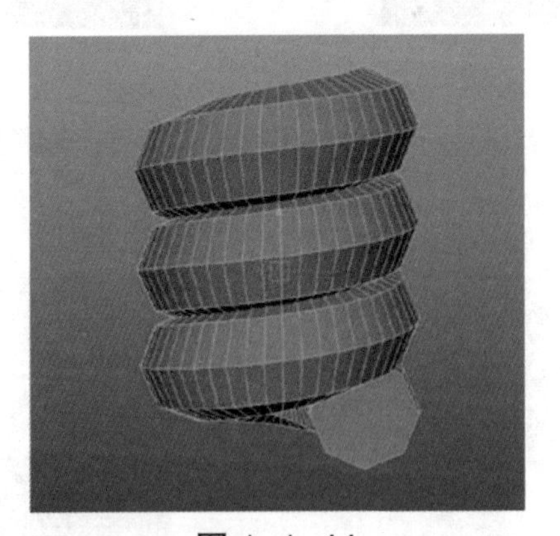

图 1–1–44

【Step26】葡萄酒开瓶器的制作相对简单，只需要在右边通道栏里调整“Poly Helix（螺旋）”的属性，如图 1–1–45 所示，即可制作出开瓶器前面的螺旋状。然后创建一个圆柱，并调整厚度，制作出后面与工具刀整理衔接的部分，如图 1–1–46 所示。开瓶器部件就制作完成了。

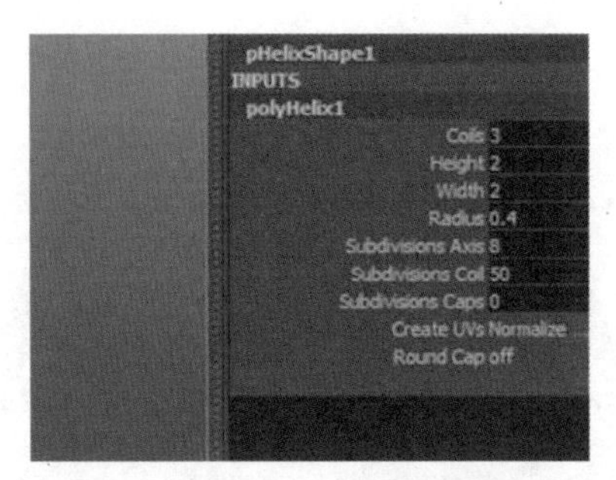

图 1–1–45

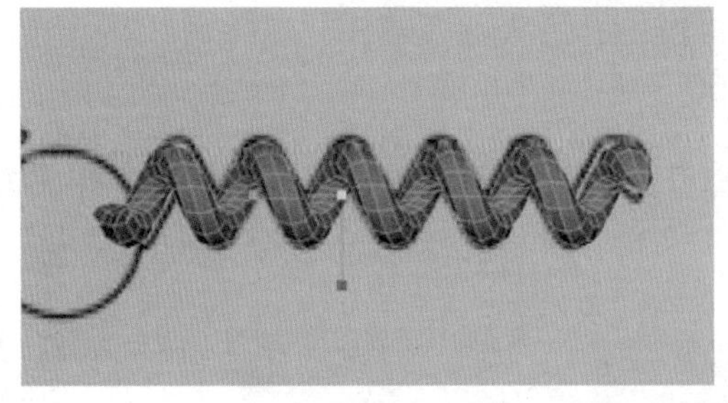

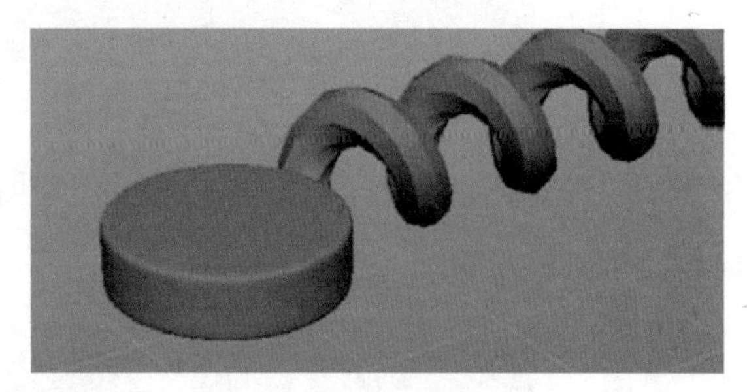

图 1–1–46

【Step27】制作剪子的部分，首先创建方块，按照顶视图给方块加“Insert Edge Loop Tool（插入环边工具）”，然后调整大体形状，如图 1–1–47 所示。这部分的线也要和剪子手柄的面形成连贯的四边面，为方便之后的卡线做准备，如图 1–1–48 所示，然后使用挤压命令制作出厚度并对其进行卡线，如图 1–1–49 所示。

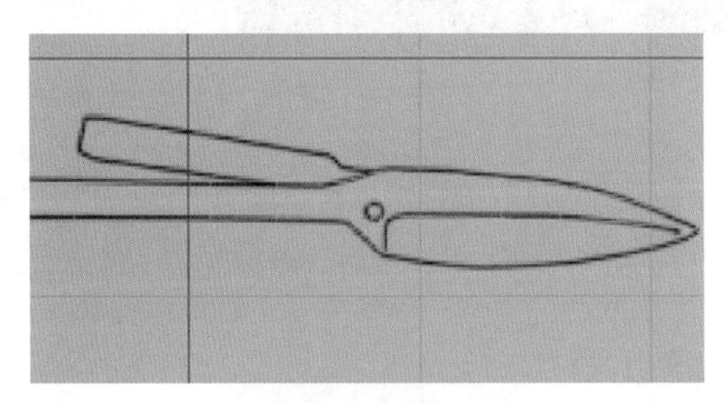

图 1–1–47

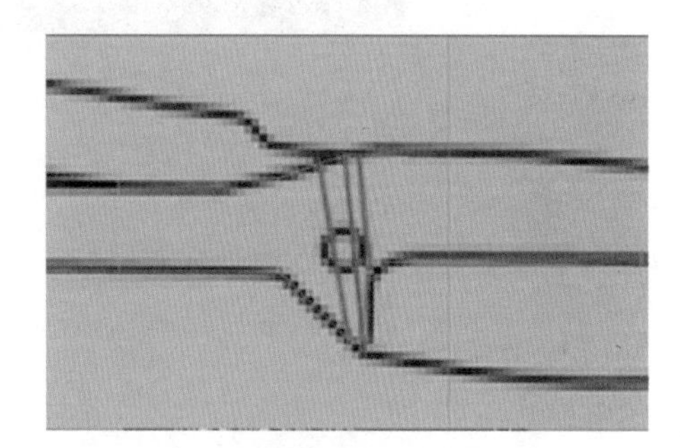

图 1–1–48

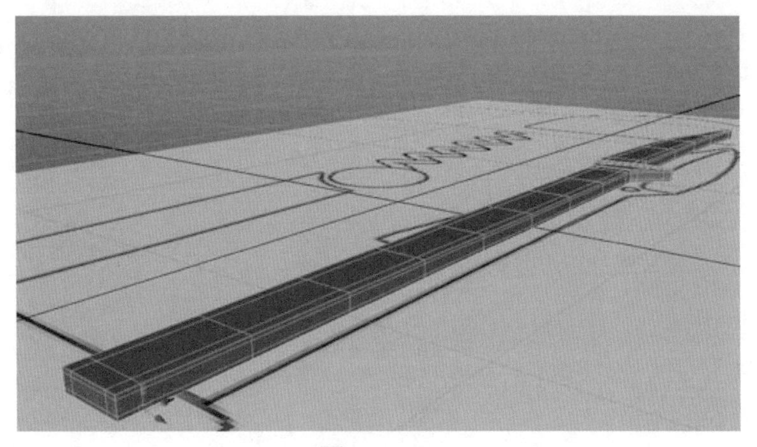

图 1–1–49

【Step28】运用同样的方法制作出剪子的另一半，完成剪子的制作，如图 1-1-50 所示。

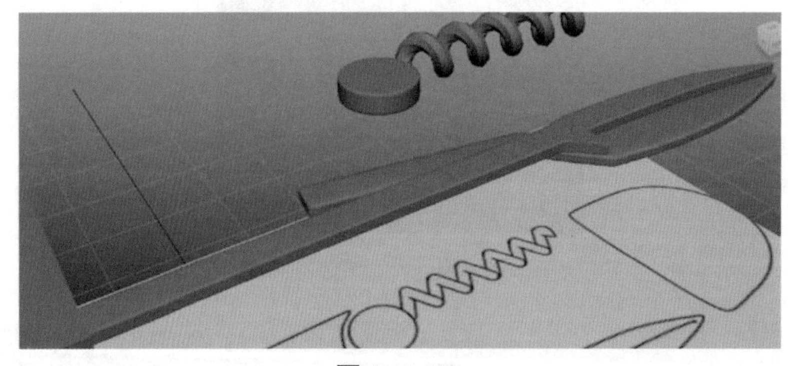

图 1-1-50

【Step29】把所有制作完成的零件按照多功能工具刀的参考图进行摆放，这样多功能工具刀就制作完成了，如图 1-1-51 所示。

Step29
制作视频

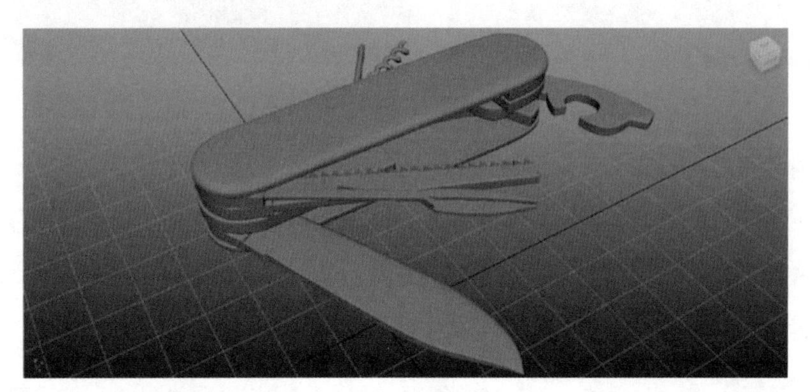

图 1-1-51

项目二

静物场景建模

任务2.1　电脑桌的制作

本任务的最终效果如图 2–1–1 所示。

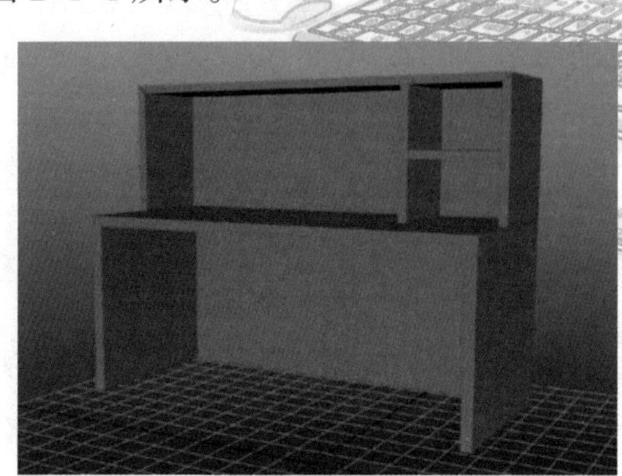

图 2–1–1

2.1.1　制作难度评定

难度等级：★

2.1.2　任务要求

（1）准确把握制作电脑桌的比例与结构关系。

（2）合理摆放每块板的对接关系、位置关系。

（3）掌握挤压命令、添加中线命令、倒角命令、插入环边命令等常用工具命令。

（4）熟练掌握卡线的规律。

2.1.3　任务分析

在本任务中主要以熟悉命令为重点，制作电脑桌。电脑桌的整个形态以分割方式（即每块拼版分开）进行制作。首先搭建整体比例，由各块拼版逐步进行组合形成电脑桌的模型。

涉及的命令：

（1）Edit Mesh>Extrude（编辑网格 > 挤压）> 修改 Offset（偏移值）参数。

（2）Edit Mesh>Insert Edge Loop Tool（编辑网格 > 插入循环边工具）。

（3）Edit Mesh>Bevel Edge（编辑网格 > 倒角）> 调整 Offset（偏移值）参数。

（4）加中线：选择需要加中线的边后，先按住 Ctrl 键再单击鼠标右键，选择 Edge Ring Utilities>To Edge Ring Split（环边工具 > 环边并分割）命令。

2.1.4　任务实施

制作视频

【Step1】首先分析电脑桌的结构，可以把桌面看成中间部分，这样电脑桌就被桌面分为了上、下两个部分。

【Step2】搭建电脑桌的整体形状，首先创建一个立方体［选择“Create>Polygon Primitives>Cube（创建 > 多边形几何体 > 盒子）”命令］，如图 2-1-2、图 2-1-3 所示。

图 2-1-2

图 2-1-3

【Step3】按空格键切换视图到 Top（顶）视图，利用缩放工具调整立方体的宽度，如图 2-1-4 所示，再切换到 Side（侧）视图调整它的厚度，如图 2-1-5 所示，完成桌面的大体形状。

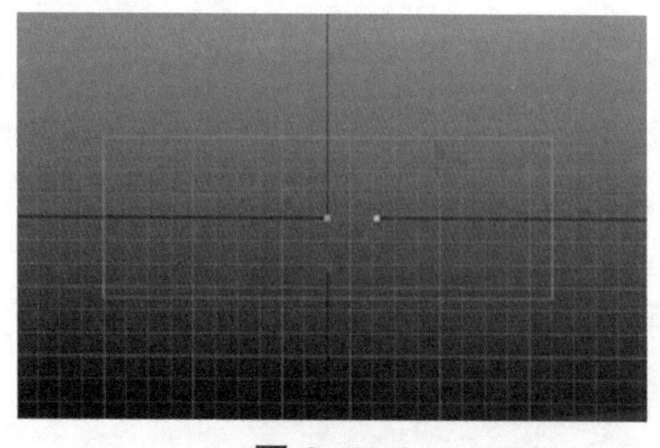
图 2-1-4

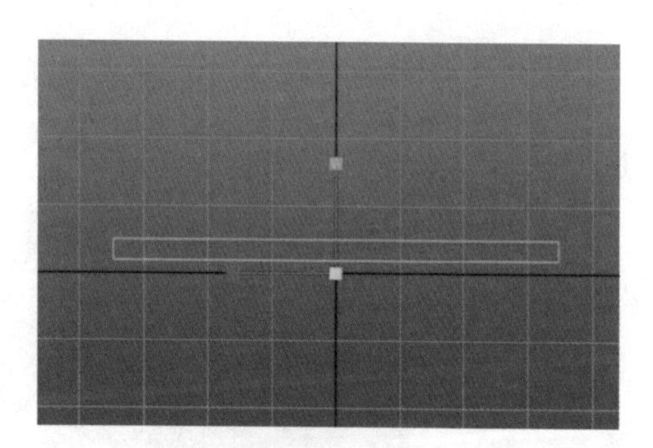
图 2-1-5

【Step4】在物体模式下选择桌面，使用复制命令（按快捷键“Ctrl+D”），复制出两个物体，利用缩放工具和移动工具进行调整，分别作为桌面的上下部分，组合成如图 2-1-6 所示效果。

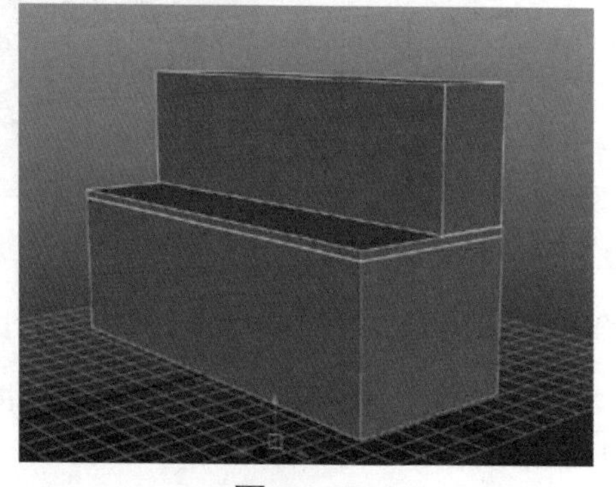
图 2-1-6

【Step5】大体形状搭建完成，需要调整每部分的结构，首先从桌面上部分开始。选中物体，切换到面模式［在模型上单击鼠标右键，选择“Face（面）”］> 选择一个面进行挤压［选择“Edit Mesh>Extrude（编辑网格 > 挤压）”菜单命令，单击“Offset（偏移值）”］，按住鼠标中键进行拖动，调整到合适的大小，如图 2–1–7 所示。

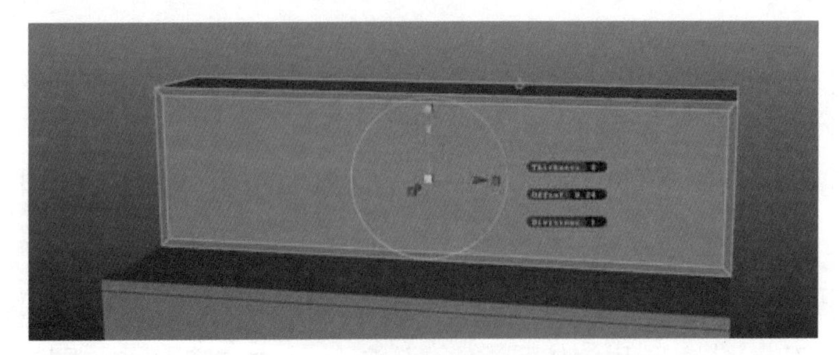

图 2–1–7

因为电脑桌上部分有一个横向的结构，所以需要先在横向上加一条中线（选择需要加中线的边后，先按住 Ctrl 键再单击鼠标右键），选择“Edge Ring Utilities>To Edge Ring Split（环边工具 > 环边并分割）”命令，如图 2–1–8 所示。

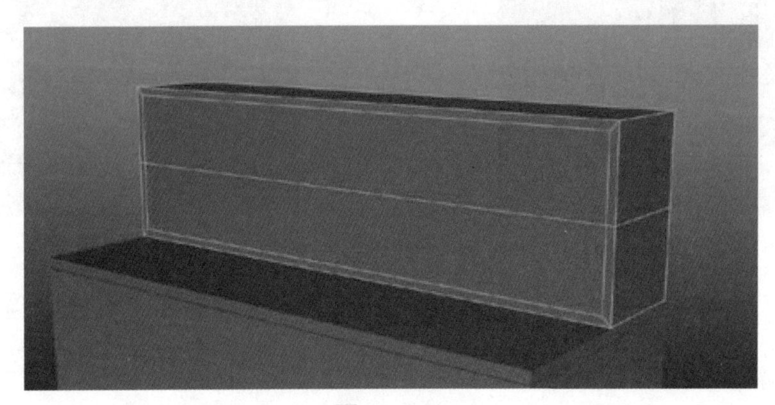

图 2–1–8

然后再利用倒角工具［选择加上去的中线，选择“Edit Mesh>Bevel Edge（编辑网格 > 倒角）”菜单命令］调整“Offset（偏移值）”参数，如图 2–1–9 所示。

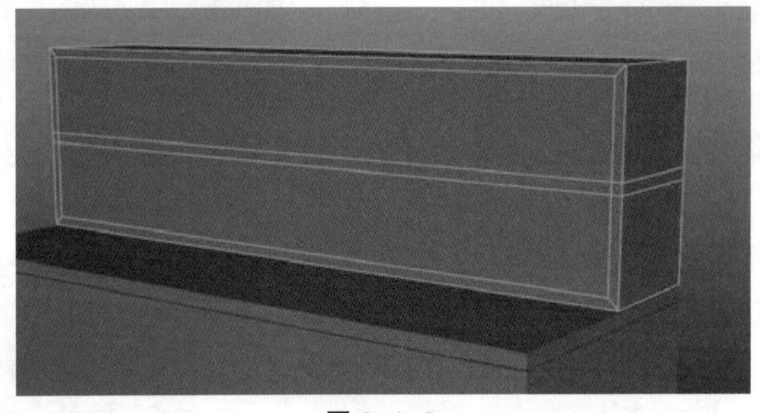

图 2–1–9

再在纵向上加一条环边线，切换点模式［在模型上按住鼠标右键选择“Ver tex（点）”］，利用缩放工具压平成一条直线拖拽到合适位置，如图 2–1–10 所示。

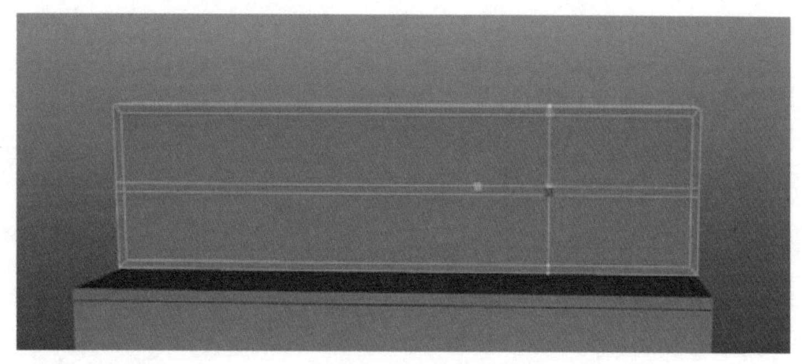

图 2-1-10

然后再利用倒角工具使其变成两条边，最后切换成面级别，选择面如图 2-1-11 所示。选择挤压命令后向 Z 轴负方向进行移动，如图 2-1-12 所示。

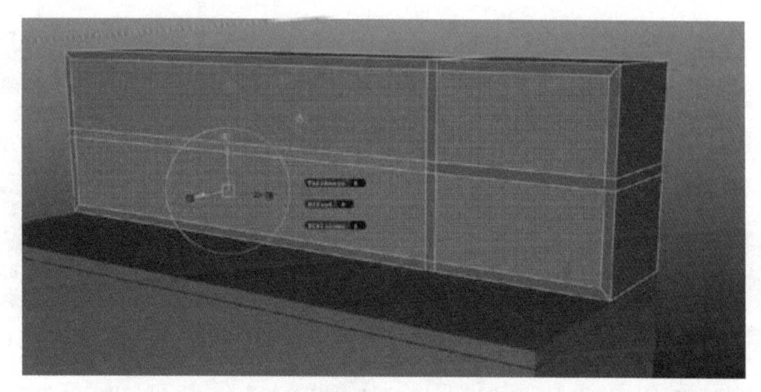

图 2-1-11

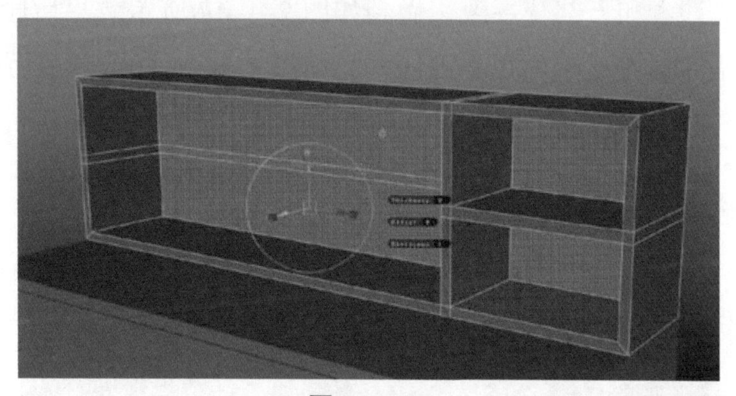

图 2-1-12

【Step6】将桌子下面的面删除，如图 2-1-13 所示，使用缩放工具在 Front（前）视图中将地平面上的点沿 Y 轴缩放成平的，如图 2-1-14 所示。

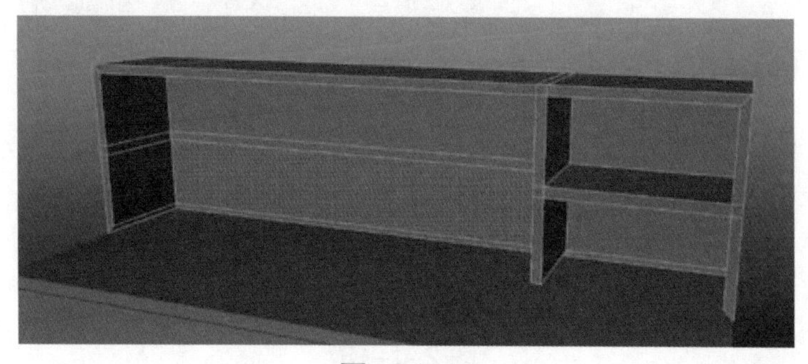

图 2-1-13

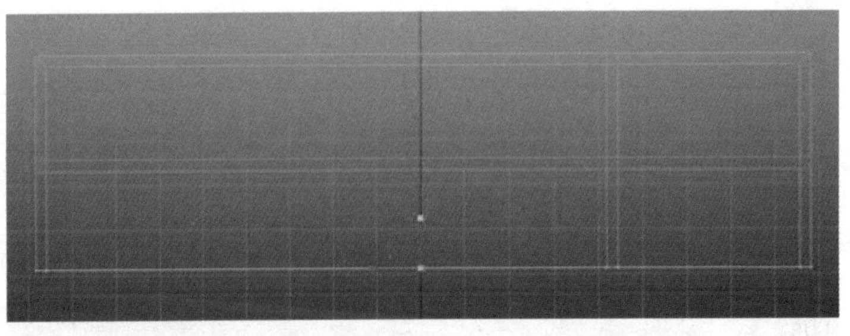

图 2-1-14

【Step7】使用插入环边工具（在模型模式下按住 Shift 键，单击鼠标右键，选择“Insert Edge Loop Tool”命令）沿边界对模型加线，达到约束模型变形的效果，如图 2-1-15、图 2-1-16 所示。

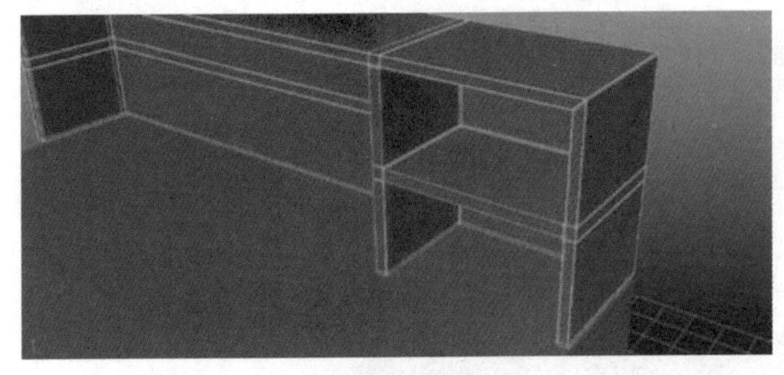

图 2-1-15

图 2-1-16

【Step8】由于桌面部分没有什么结构，所以只需进行卡线就可以了。接下来制作电脑桌下面的部分，方法基本和上部分一致，做到如图 2-1-17 所示效果后删除没用的面，如图 2-1-18 所示，用缩放工具把底部的点全部压平，如图 2-1-19 所示，最后卡线，如图 2-1-20 所示。

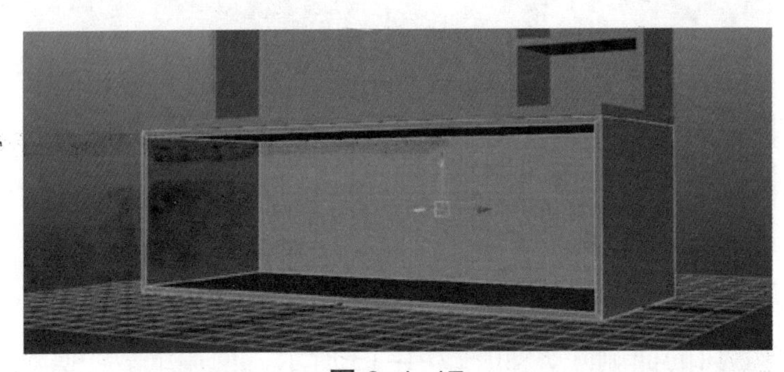

图 2-1-17

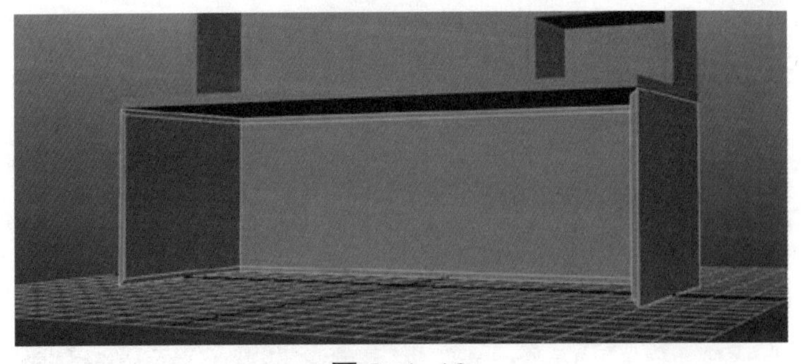

图 2-1-18

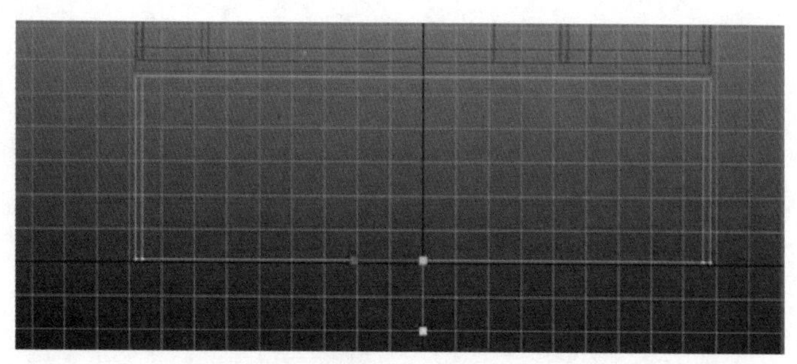

图 2-1-19

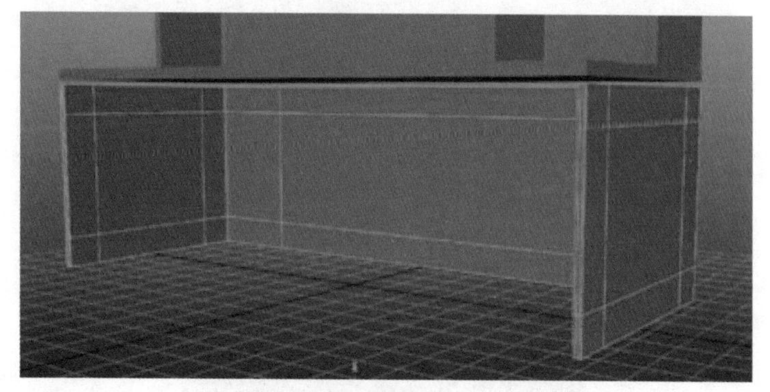

图 2-1-20

【Step9】制作的部分全部完成后，最后只需要再仔细调整电脑桌三个结构之间的衔接，整个任务完成，完成效果如图 2-1-21 所示。

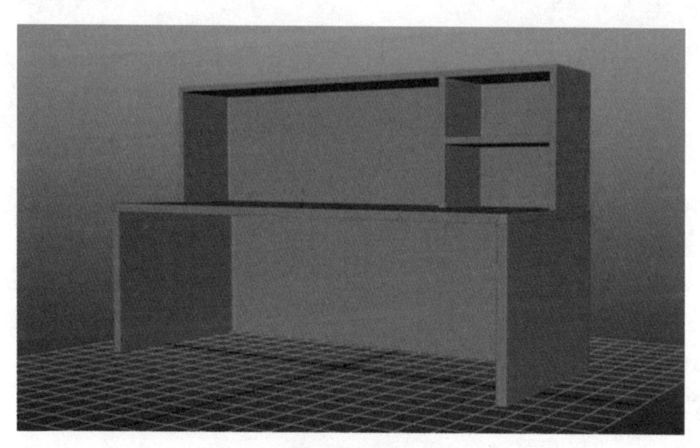

图 2-1-21

任务2.2 台历的制作

本任务的最终效果如图 2-2-1 所示。

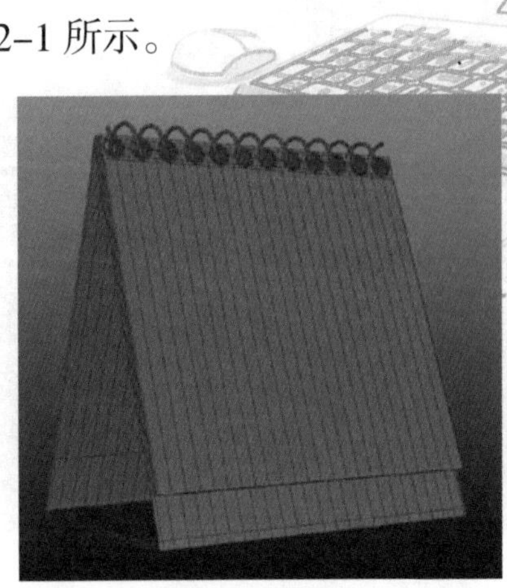

图 2-2-1

2.2.1 制作难度评定

难度等级：★

2.2.2 任务要求

（1）合理使用基本几何体制作日历的模型

（2）利用一些常用技巧对日历进行挖孔处理。

（3）熟练使用常用工具及常用命令

2.2.3 任务分析

日历的整个制作分为三部分，第一部分先制作出日历上方的孔的部分，第二部分将使用这些孔进行拼接后挤压出日历的台本形态，第三部分将制作上方的环扣。

涉及的命令：

（1）分割多边形工具［选择物体后按住键盘 Shift 键，同时单击鼠标右键向左移动选择“Split（分割）”，再向右移动选择“Split polygon Tool（分割多边形工具）”］。

（2）Edit Mesh>Insert Edge Loop Tool（编辑网格 > 插入环边工具）。

（3）选中一条边后按住键盘上的 Ctrl 键，再单击鼠标右键向左下方移动后选择 Edge

Ring Utilities（环边工具），再向右下移动选择 To Edge Ring Split（到环边并分割）。

（4）Edit Mesh>Merge Vertex Tool（编辑网格 > 焊接点工具）。

（5）Edit Mesh>Merge（编辑网格 > 焊接）。

（6）Mesh>Combine（网格 > 结合）。

制作视频

2.2.4　任务实施

【Step1】首先创建一个圆柱，选择“Create>Polygon Primitives>Cylinder（创建 > 多边形基本体 > 圆柱体）”菜单命令，如图 2-2-2（a）所示，调节它的“Subdivision Axis（细分轴心）”段数为 8，如图 2-2-2（b）所示，进入面级别［在模型上单击鼠标右键向下移动“Face（面）”］，选择底部的面并删除，只保留顶部的面，如图 2-2-2（c）所示。

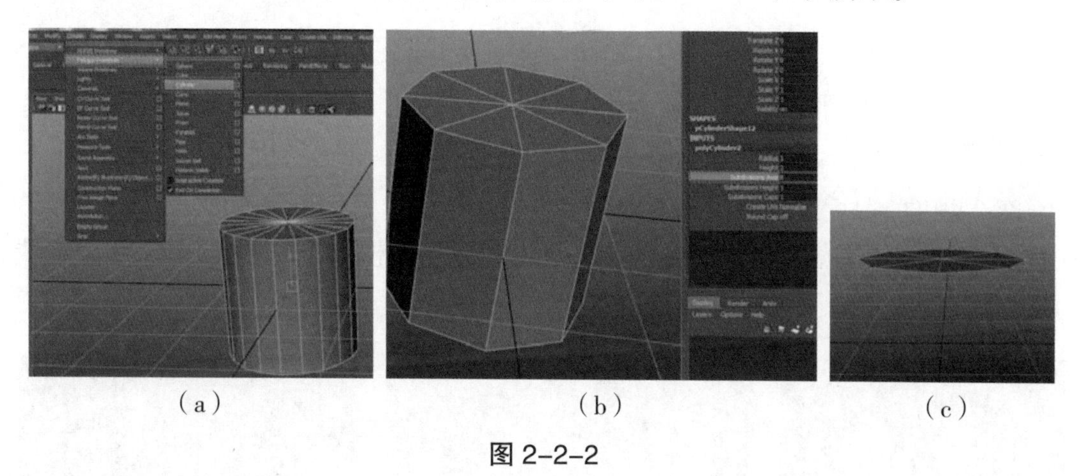

（a）　（b）　（c）

图 2-2-2

【Step2】进入边级别，双击外边缘的边选择一圈边，进行挤压［选择菜单命令“Edit Mesh>Extrude（编辑网格 > 挤压）”］，按 R 键缩放（为以后方便卡线用），然后删除里面的面，进入边级别，选择一半的环边挤压出来，然后用缩放工具使它变成一条直线。另一半同理，如图 2-2-3 所示。

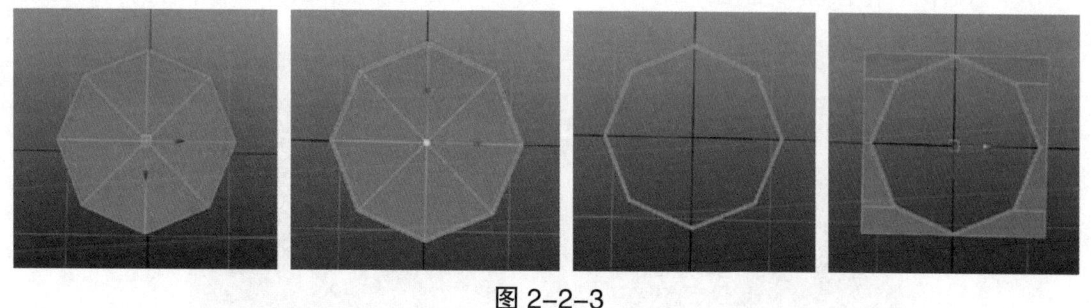

图 2-2-3

【Step3】进入物体级别［在模型上单击鼠标右键，选择“Object Mode（物体级别）”］，选择模型，按快捷键“Ctrl+D”复制一个模型，按 W 键切换到移动工具，按 X 轴正方向移动到理想位置（最好使点能重合在一起），然后按“Shift+D”键重复上次复制，复制出 10 个，这样就有 12 个孔了，如图 2-2-4、图 2-2-5 所示。

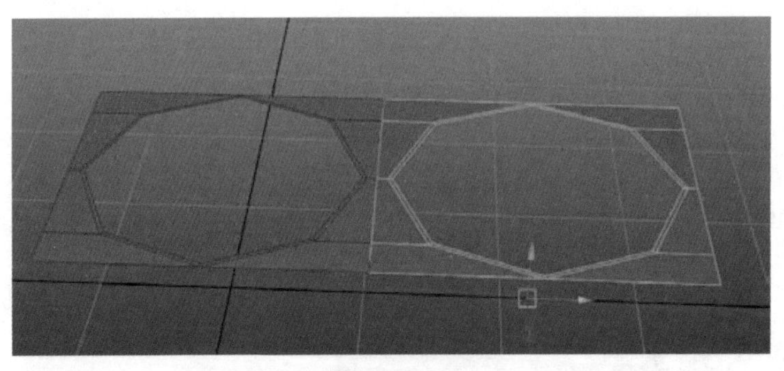

图 2-2-4

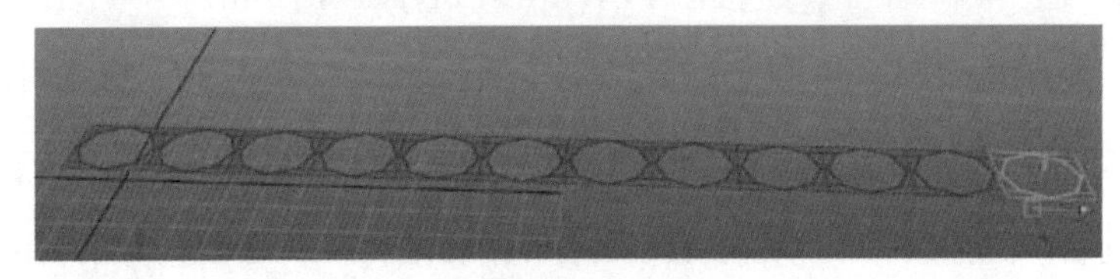

图 2-2-5

【Step4】进入物体模式全选结合模型［选择菜单命令“Mesh>Combine（网格 > 结合）”］，进入点模式全选点，然后合并顶点［先按住键盘上的 Shift 键，再按住鼠标右键先向上移动，选择“Merge Vertices（合并顶点）”，再向右移动，选择“Merge Vertices（合并顶点）”］，现在选择模型下面的边挤压出日历纸张的部分。然后进入面模式全选挤压出厚度并卡线，如图 2-2-6 所示。

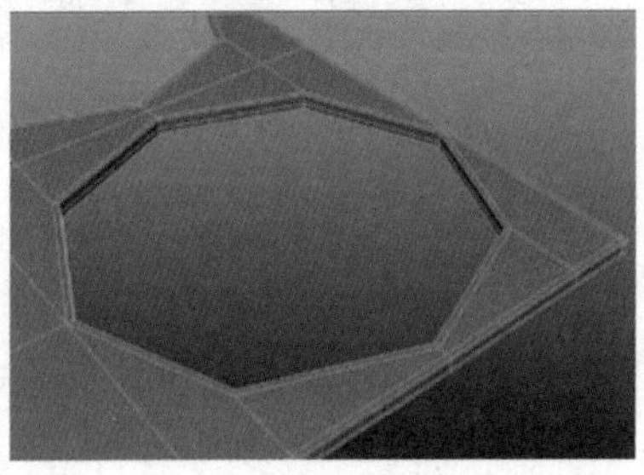

图 2-2-6

【Step5】接下来将模型复制出两个，一个调好角度位置摆放到图中位置，然后用另一个调整大小制作日历的纸张，如图 2-2-7 所示。

图 2-2-7

【Step6】制作日历的环扣。找到基本型螺旋［选择菜单命令“Create>Polygon Primitives>Helix（创建 > 多边形基本体 > 弹簧）”］，在右边通道栏中的操作历史栏里可以改变它的属性。增加长度，使它可以和日历的孔相对应，如图 2-2-8、图 2-2-9 所示。

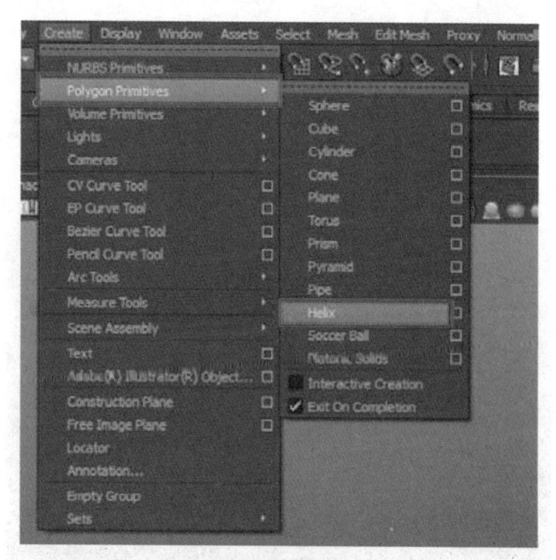

图 2-2-8

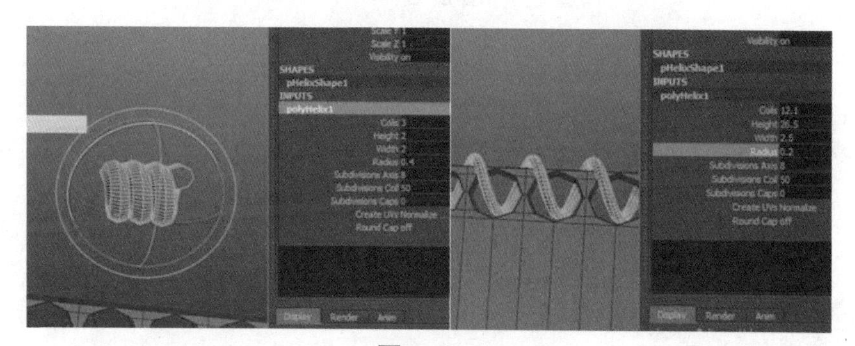

图 2-2-9

【Step7】将环扣放置在孔洞中，即完成日历的建模，如图 2-2-10 所示。

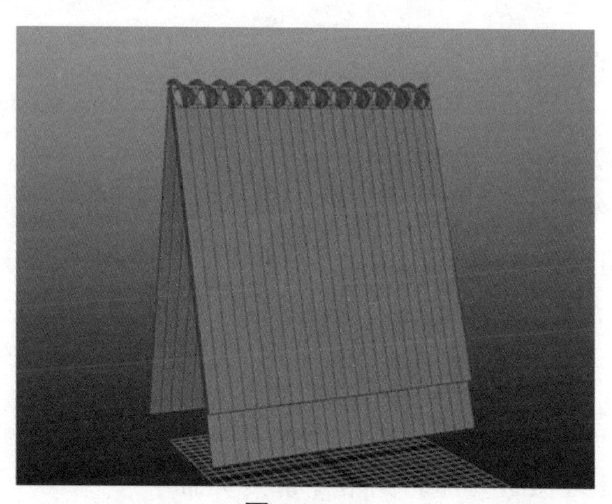

图 2-2-10

通过学习圆孔的制作，学习对模型的布线，对建模产生新的理解，为以后做类似的模型打下基础。

任务2.3　台灯的制作

本任务的最终效果如图 2-3-1 所示。

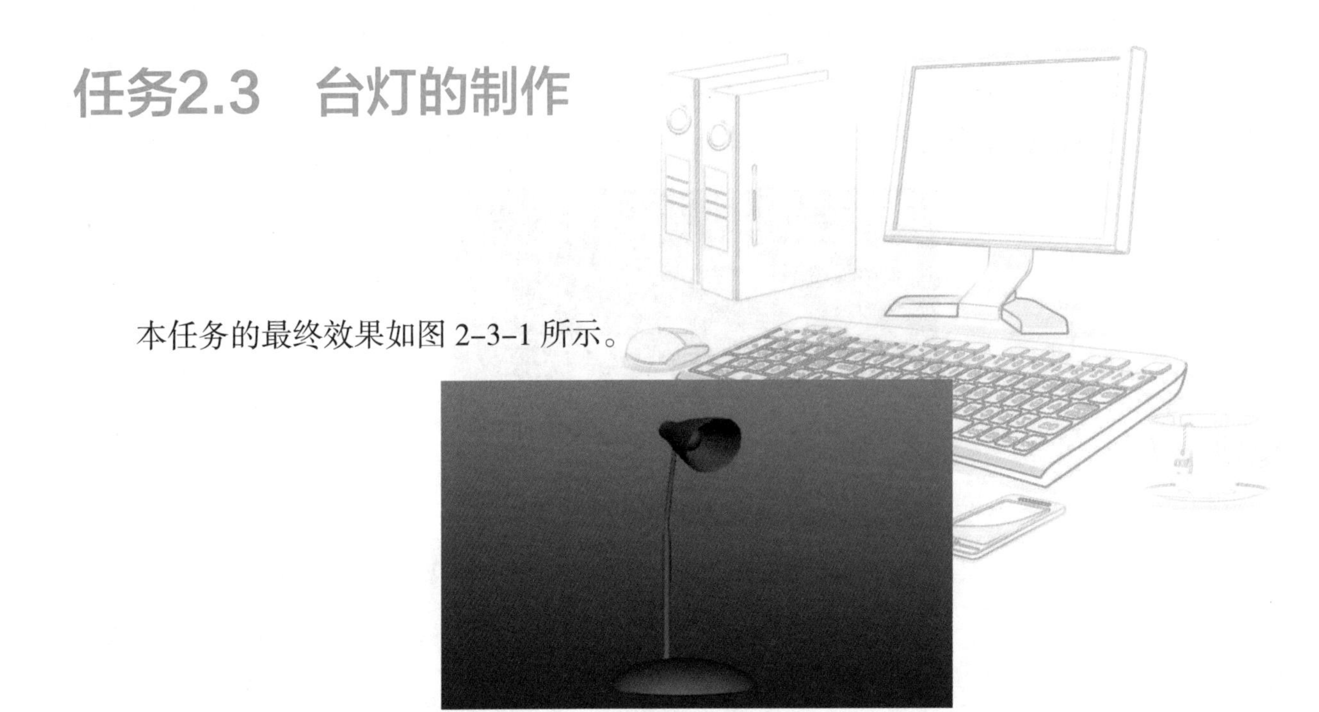

图 2-3-1

2.3.1　制作难度评定

难度等级：★

2.3.2　任务要求

（1）熟练掌握 Maya 基本几何体的创建，并使用基本体制作出台灯，以及了解各种命令的应用。

（2）理解及熟练掌握软选择。

2.3.3　任务分析

台灯结构：灯罩、灯臂、底座、灯泡。涉及的命令：

（1）挤压工具［Edit Mesh>Extrude（编辑网格 > 挤压）命令 > 修改 Offset（偏移值）参数］。

（2）合并［Mesh>Combine（网格 > 合并）命令］。

（3）桥接［Edit Mesh>Bridge（编辑网格 > 桥接）命令］。

（4）插入环形边工具［在物体模式下，Edit Mesh>Insert Edge Loop Tool（编辑网格 > 插入循环边工具）命令］。

（5）倒角工具［选择需要倒角的边后，Edit Mesh>Bevel Edge（编辑网格 > 倒角）命令 >

调整 Offset（偏移值）参数]。

（6）加中线[选择需要加中线的边，按住 Ctrl 键再按住鼠标右键选择 Edge Ring Utilities> To Edge Ring Split（环边工具 > 环边并分割）命令]。

（7）软选工具（打开和关闭的方式是按键盘上的 B 键）。

制作视频

2.3.4 任务实施

【Step1】首先制作灯罩，先创建一个圆柱体，紧接着在 Maya 操作界面右边的通道栏中先调整它的“Subdivisions Axis（轴向细分数）”参数值，把参数值改为 12，如图 2-3-2 所示，然后删除圆柱的两个顶面，在把“Rotate Z（旋转）”参数改为 90。接下来使用插入循环边工具[物体模式下在“Edit Mesh（编辑网格）”菜单下选择“Insert Edge Loop Tool（插入循环边工具）”命令]，插入边并调整形状达到如图 2-3-3 所示的效果。

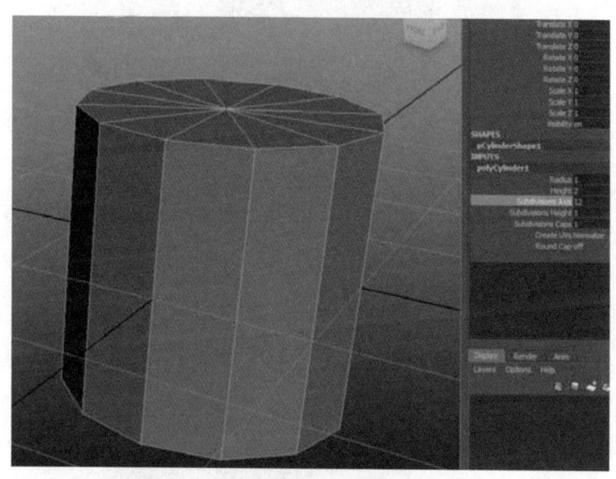

图 2-3-2

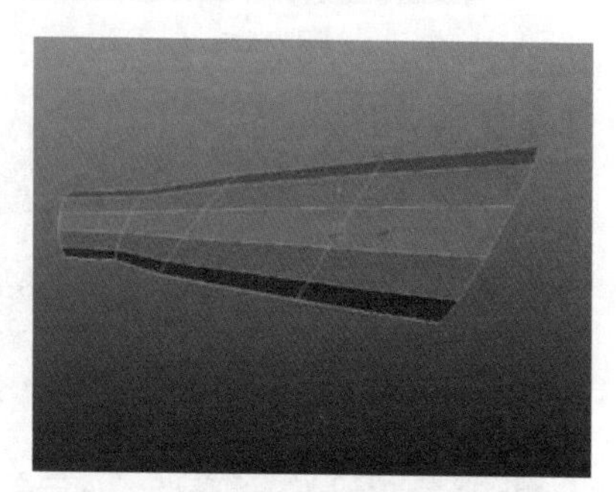

图 2-3-3

【Step2】现在需要使用到挤压命令，首先选择物体，在物体模式下使用挤压命令[在“Edit Mesh（编辑网格）”菜单下选择“Extrude（挤压）”命令]，然后按住鼠标中键拖动修改“Offset（偏移值）”参数，使物体拥有的厚度如图 2-3-4 所示，然后使用插入环形边工具[在“Edit Mesh（编辑网格）”菜单下选择“Insert Edge Loop Tool（插入循环边工具）”命令]进行卡线，如图 2-3-5 所示。

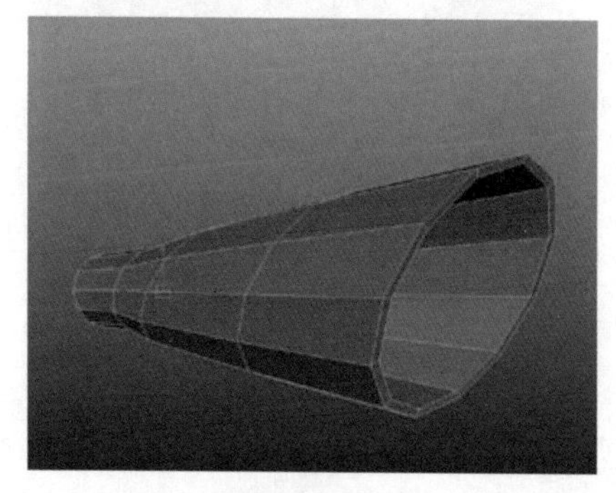

图 2-3-4

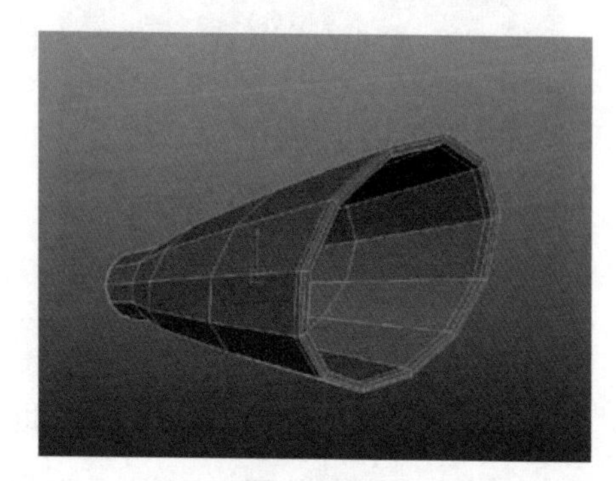

图 2-3-5

【Step3】制作台灯的灯臂。首先创建两个圆柱，依次调整它的“Subdivisions Axis（轴向细分数）”参数值，把参数值均改为8，然后删除不需要的顶面以及下底面，接下来利用旋转工具调整这三个几何体到一个合适的角度，摆出台灯低头的样子，如图2-3-6所示。接下来需要用到桥接命令，需要桥接的物体必须为一体，所以需要先合并［选择需要合并的物体，在“Mesh（网格）”菜单下选择“Combine（合并）”命令］，然后选择两圈要连接的开放边进行桥接［在“Edit Mesh（编辑网格）”菜单下选择“Bridge（桥接）”命令，如图2-3-7所示］，因为我们需要一个有弧度的桥接，因此需要调整“Bridge”的参数。打开“Bridge（桥接）”属性，选择“Smooth Path（平滑路径）”，把“Divisions（分段）”参数改为10，如图2-3-8所示。然后使用插入环形边工具卡线，如图2-3-9所示。

图2-3-6

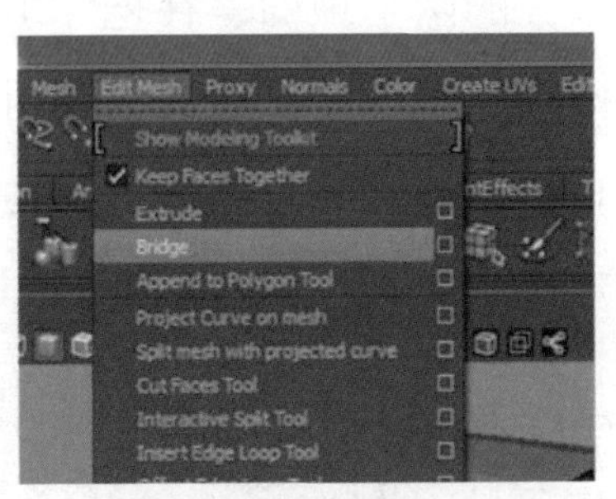

图2-3-7

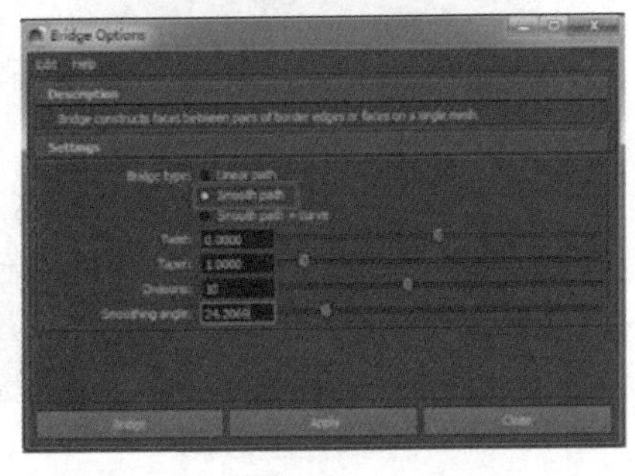

图2-3-8

图2-3-9

【Step4】制作台灯的底座。灯座的制作相对简单，首先创建一个球体，删除一半的面，如图2-3-10所示，再利用缩放工具沿Y轴缩放压扁球体，然后使用插入环形边工具进行调整以及卡线，达到如图2-3-11所示的效果。

图2-3-10

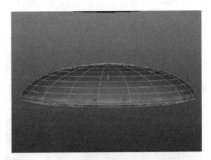

图2-3-11

【Step5】因为台灯的灯臂是能弯曲的，整体有一个很自然的弧度，这用倒角工具可以达到效果。选择灯臂全部的环线，如图2-3-12所示，使用倒角工具［选择需要倒角的边后，在“Edit Mesh（编辑网格）”菜单下选择“Bevel Edge（倒角）”]，在通道栏的属性面板里调整“Offset（偏移值）”参数到一个合适的数值，达到如图 2-3-13 所示的效果。

图 2-3-12

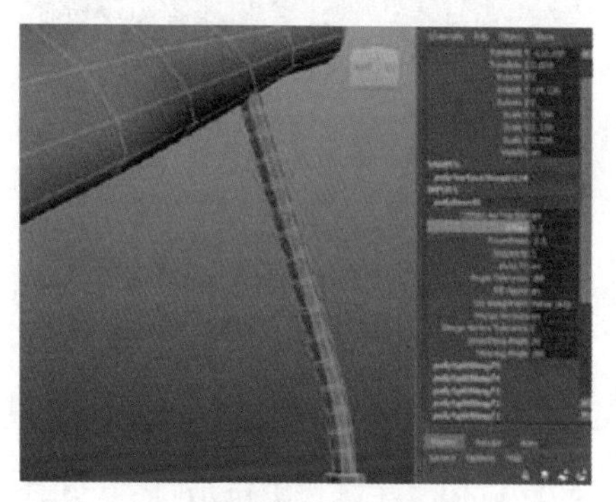

图 2-3-13

【Step6】因为台灯的灯臂是由一节一节的结构组成的，为了达到这个效果，我们在利用倒角工具分出的每段里分别在加一条中线［选择需要加中线的边后，先按住 Ctrl 键再单击鼠标右键，选择“Edge Ring Utilities（环边工具）”菜单下的“To Edge Ring Split（环边并分割）”命令］选择“Ring Split”环边并分割，如图 2-3-14 所示，然后把加出来的中线利用缩放工具逐个缩小一定比例，如图 2-3-15 所示。然后继续卡线，如图 2-3-16 所示。

图 2-3-14

图 2-3-15

图 2-3-16

【Step7】任务进行到这里，台灯的外形部分基本完成，我们只需要再做灯泡的部分就可以了。创建一个圆球后选择点模式，选择需要改变形状的部分，使用软选择，如图 2-3-17 所示，按下键盘的 B 键打开软选择，按住 B 键后拖动鼠标左键可以调整软选的范围，如图 2-3-18 所示，然后再利用缩放工具选择线进行缩放以调整它的形状，最终塑造出的形状如图 2-3-19 所示。同样这里我们需要卡线，如图 2-3-20 所示。

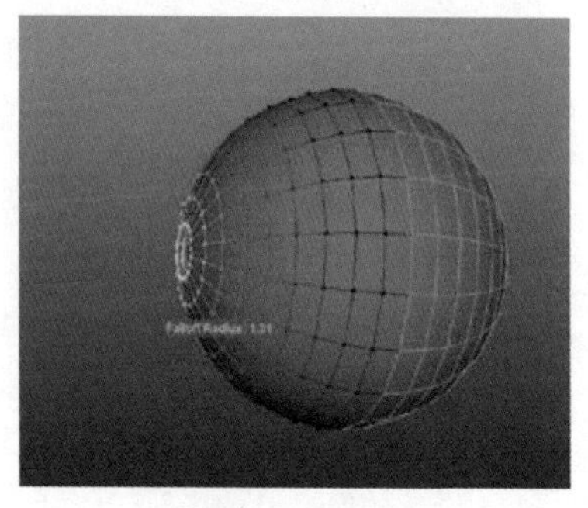

图 2-3-17

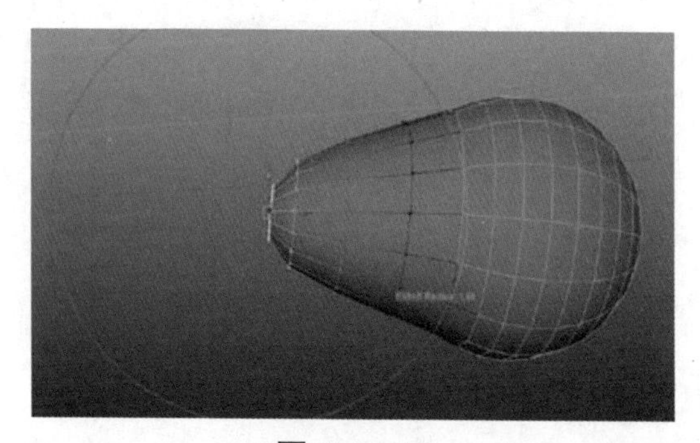

图 2-3-18

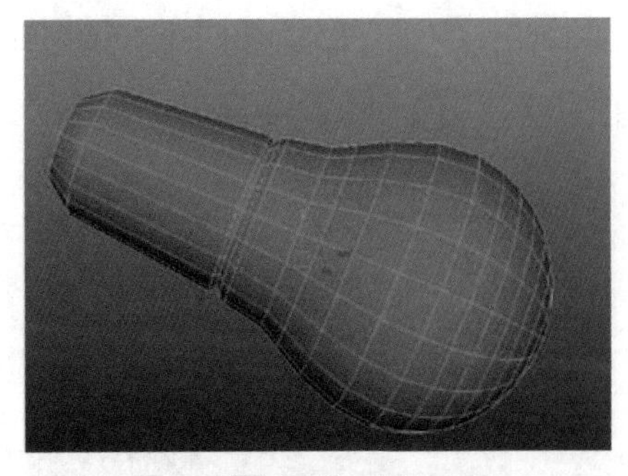
图 2-3-19

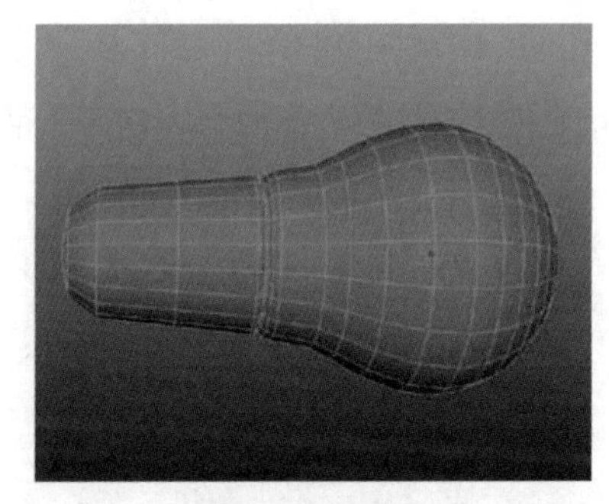
图 2-3-20

【Step8】整个模型制作完成后，只要仔细调整好每个部分的比例和角度，然后把它们合理地组合在一起，台灯就完成了，如图 2-3-21 所示。

图 2-3-21

任务2.4　艺术钟表的制作

本任务的最终效果如图 2-4-1 所示。

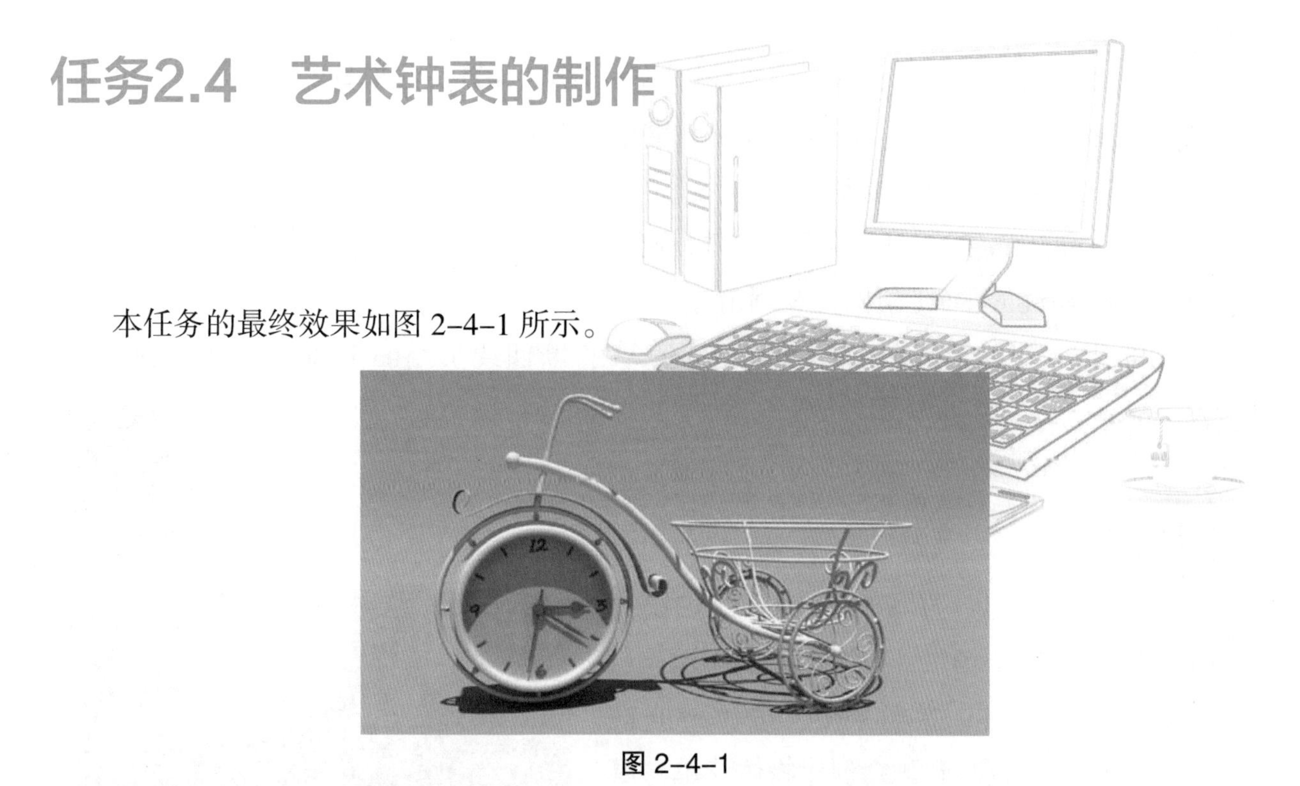

图 2-4-1

2.4.1　制作难度评定

难度等级：★★★

2.4.2　任务要求

（1）分析制作多组成部分物体制作顺序。

（2）把握简单物体的比例概念。

（3）学习 Polygon 和 NURBS 两种基础建模方式。

（4）细致观察艺术表结构，不断练习 Maya 视窗操作，熟记常用命令，理解 Polygon 与 NURBS 两种建模方式的区别和联系。

2.4.3　任务分析

该艺术表主要分为表盘和框架两个部分，我们将分别使用 Polygon 建模方式和 NURBS 建模方式进行创建。在制作中，首先使用 Polygon 创建表盘部分，以表盘为第一个比例物，添加配件，制作细节，随后进入 NURBS 创建模式，绘制曲线，用曲线表示铁艺框架的走向，最后统一挤压成体。

涉及的命令：

（1）Edit Mesh>Insert Edge Loop Tool（编辑网格 > 插入循环边线工具）。

（2）Edit Mesh>Offset Edge Loop Tool（编辑网格 > 偏移环边线工具）。

（3）Edit> Ctrl+D（编辑 > 复制）。

（4）Edit> Duplicate Special（编辑 > 特殊复制）。

（5）Edit Mesh>Bevel（编辑网格 > 倒角）。

（6）Edit Nurbs（编辑 Nurbs），Detach Curves（打断曲线），Attach Curves（附加曲线），等参线（Isoparm）。

Step1~Step14
制作视频

2.4.4 任务实施

【Step1】新建场景：打开 Maya 软件，按快捷键“Ctrl+N”，新建一个场景，如图 2-4-2 所示。

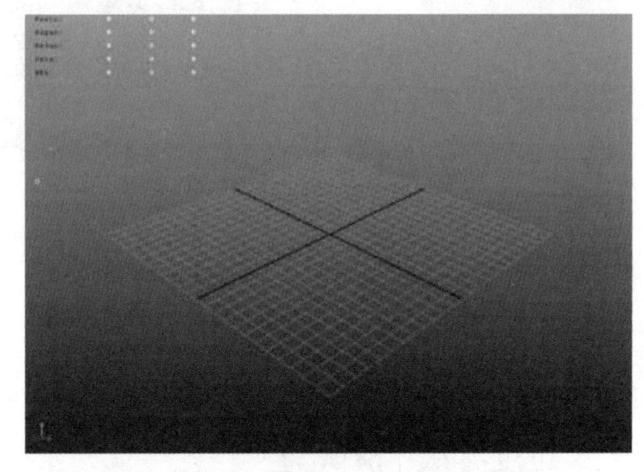

图 2-4-2

【Step2】创建物体：在场景中，按住 Shift 键并单击鼠标右键，可以看到热盒创建物体菜单，鼠标移动到“Poly Cylinder”上松开，即可在世界中心创建出一个圆柱体；或直接单击菜单中的圆柱体进行创建，按下键盘上的 5 键可以实体显示物体表面，方便编辑，如图 2-4-3 所示。

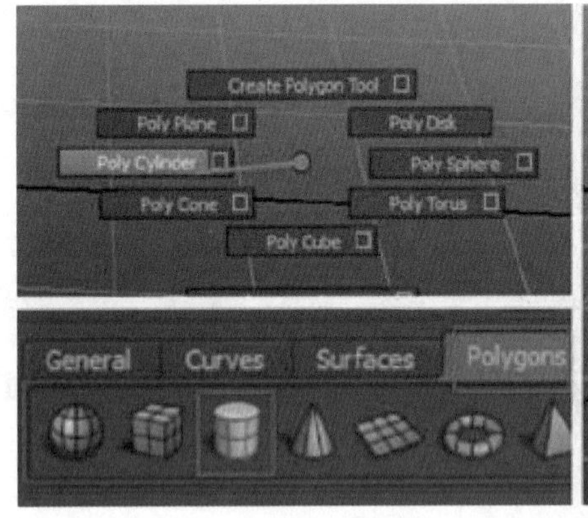

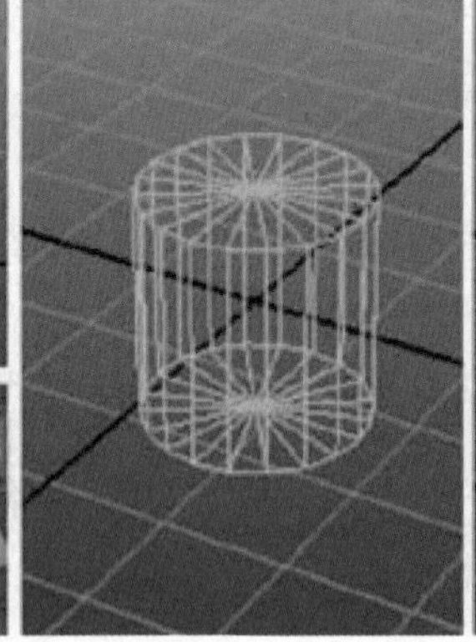

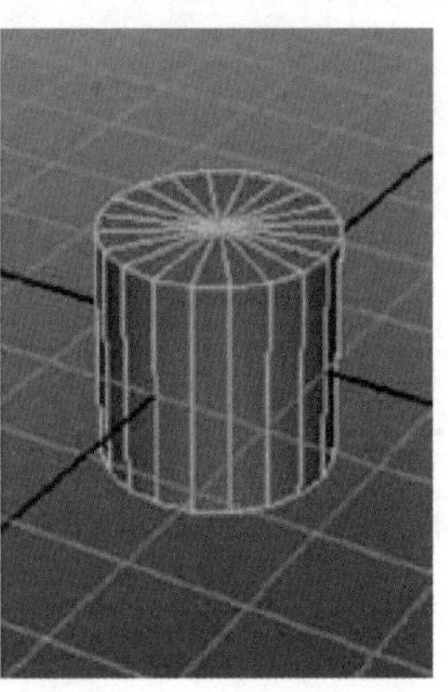

图 2-4-3

【Step3】修改基本体：按键盘上的 R 键（缩放工具），对圆柱体形状进行编辑，单击中间方块为整体缩放，单击另外三个轴向的方块为单独缩放该轴向，如图 2-4-4 所示，选中圆柱，按快捷键“Ctrl+A”打开属性，选择“INPUTS（输入）”，调整“Subdivisions Axis（细分轴心）”、“Subdivisions Height（细分高度）”或“Subdivisions Caps（细分盖）”，增加圆柱细分，如图 2-4-5 所示。

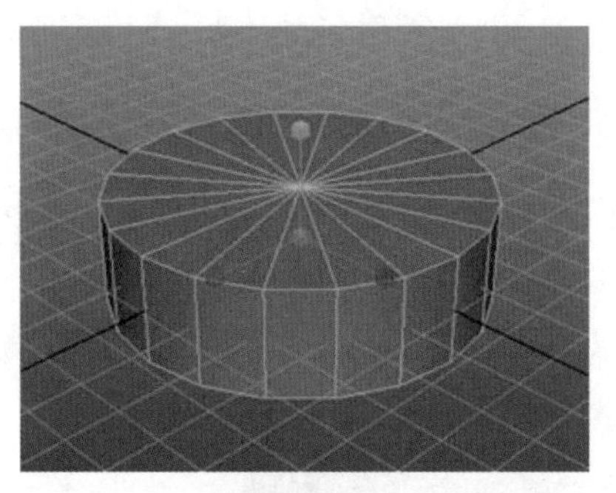

图 2-4-4

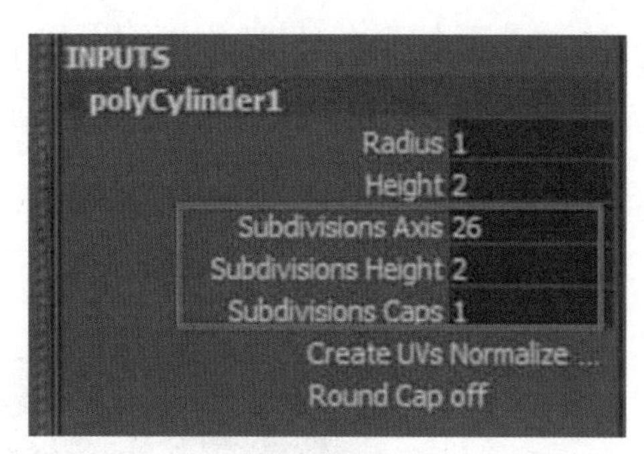

图 2-4-5

【Step4】快捷选面：选中顶面中心点，按快捷键“Ctrl+F11”，则可选中连接到该点的所有面，即顶面，如图 2 4 6、图 2-4-7 所示。

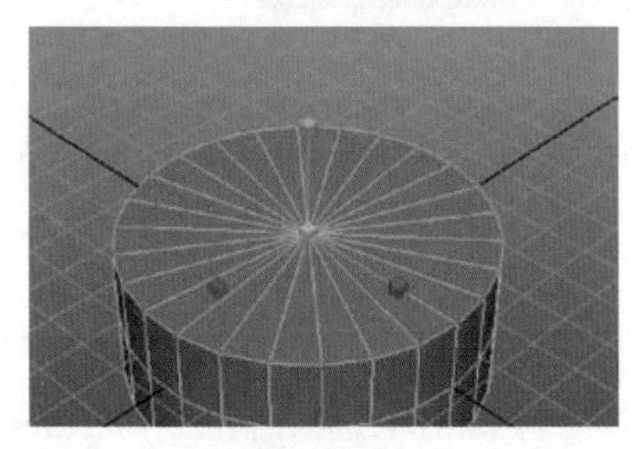

图 2-4-6

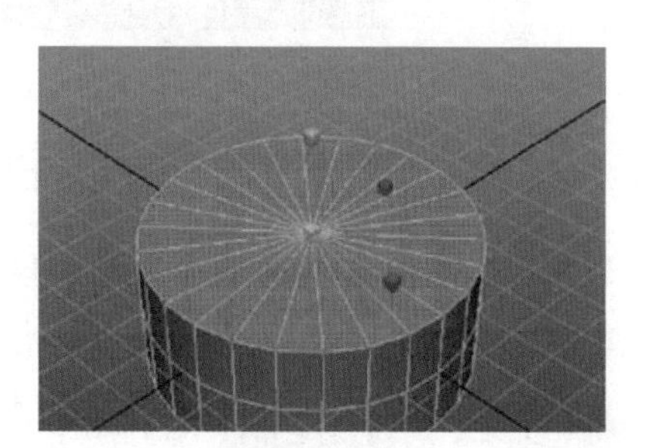

图 2-4-7

【Step5】挤压命令：选择“Edit Mesh>Extrude（编辑网格 > 挤压）”命令。可见挤压命令操作手柄，拖拽箭头或方块可调整形状，挤压命令也可在选中面之后，在按住 Shift 键并单击鼠标右键的热盒菜单中找到，如图 2-4-8、图 2-4-9 所示。

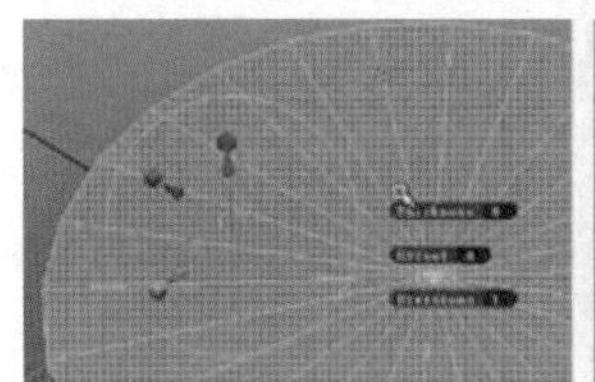
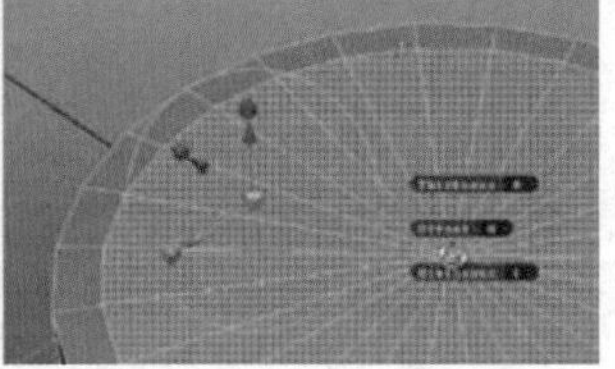

图 2-4-8

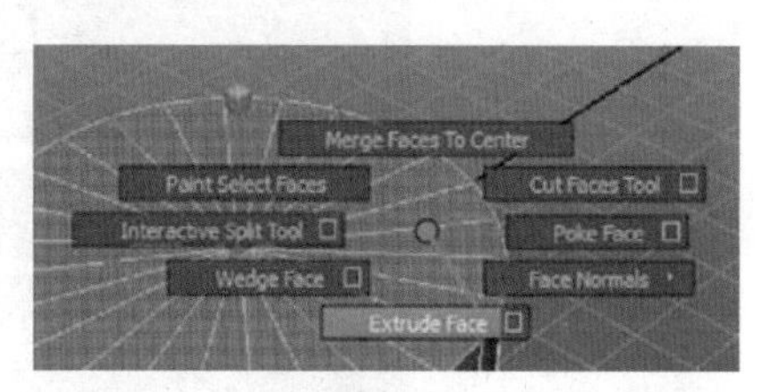

图 2-4-9

【Step6】偏移环边工具：选择“Edit Mesh>Offset Edge Loop Tool（编辑网格 > 偏移环边工具）”命令，选中作为中心线的一条线之后，使用该工具单击这条线，即可生成两条沿该线对称的线，使用鼠标中键拖动进行调整，释放鼠标即可完成加线，如图 2-4-10 所示。

【Step7】挤压面制作细节：选中底面和一部分侧面，运行挤压命令，如图 2-4-11 所示，得到如图 2-4-12 所示效果。

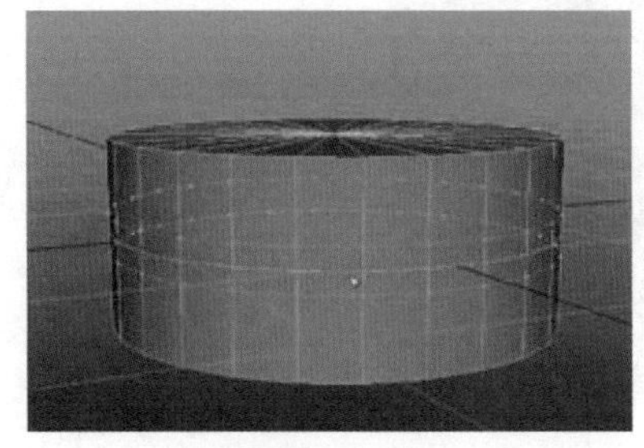

图 2-4-10

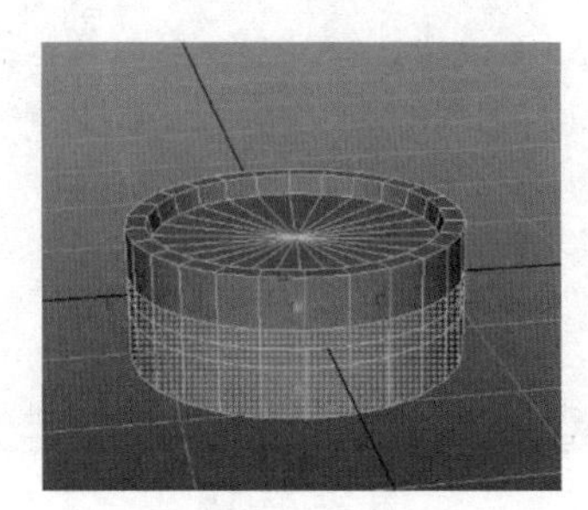

图 2-4-11

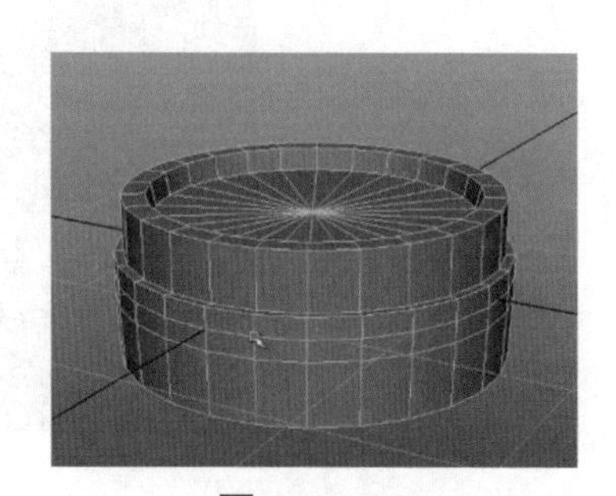

图 2-4-12

【Step8】添加平分线：选中要平分的棱，按住Ctrl键，并按住鼠标右键，鼠标滑向“Edge Ring Utilities（环边工具集）”，菜单自动跳转到第二张图的内容，选择“To Edge Ring and Split（环边并分割）”，即可得到中分线。将这条线向上提起，则可使表盘边缘有弧度，如图2-4-13所示。

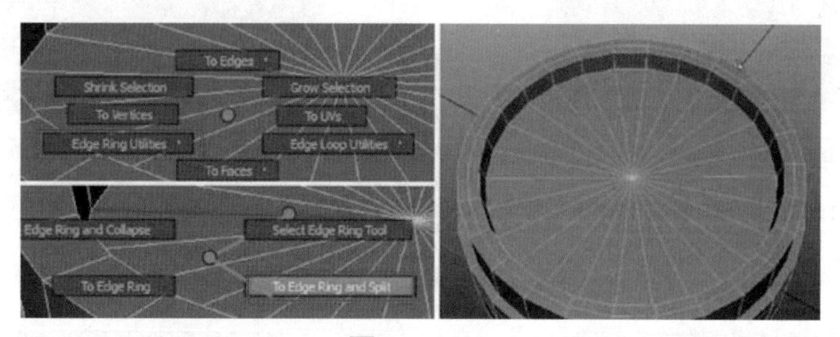

图2-4-13

【Step9】特殊复制功能：删除表盘下面的面，选中物体，选择“Edit>Duplicate Special（编辑>特殊复制）”菜单命令，单击后面的□，可打开特殊复制的参数属性，每次使用首先单击属性框内的“Edit>Reset Settings（编辑>重置设定）”，确保不受上次设定影响。“Instance（关联）”使复制出的物体在复制后仍然与原物体保持同样变化。“Translate（移动）”“Rotate（旋转）”“Scale（缩放）”三个选项后的三列分别表示X、Y、Z三个轴的改变量，将“Scale（缩放）”的Y轴值改为-1，则可得到镜像并关联效果，如图2-4-14所示。

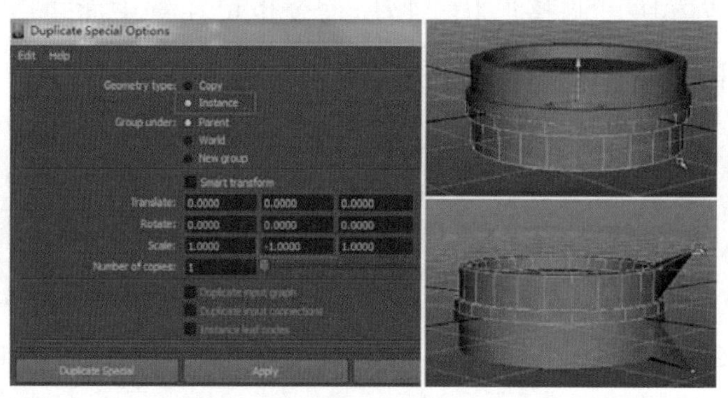

图2-4-14

【Step10】倒角卡线：按数字键3（高质量显示），会发现物体变形。因此我们需要将会变形的线段进行倒角约束，防止其变形。首先选中会变形的线，选择菜单命令“Edit Mesh>Bevel（编辑网格>倒角）”，可将一条线展为两条或多条，如图2-4-15所示。

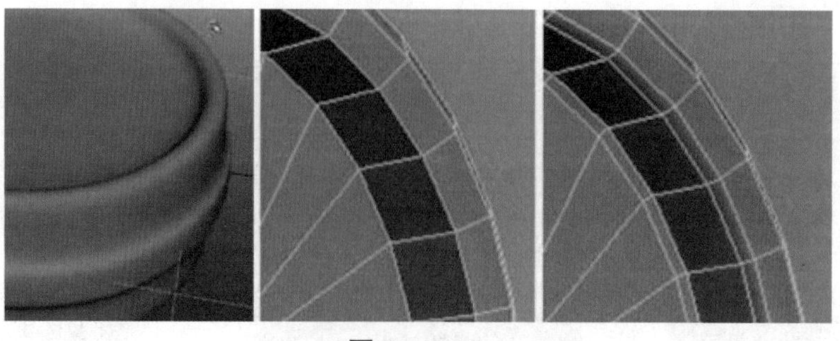

图2-4-15

"Bevel（倒角）"命令产生的两条线的距离可通过属性中的"Offset（偏移）"值进行调整（如图 2-4-16 所示）。卡线后再按 3 键显示时，物体就不会变形了（如图 2-4-17 所示）。也可在选中线后按住 Shift 键和鼠标右键，在热盒菜单中选择"Bevel"命令（如图 4-4-18 所示）。

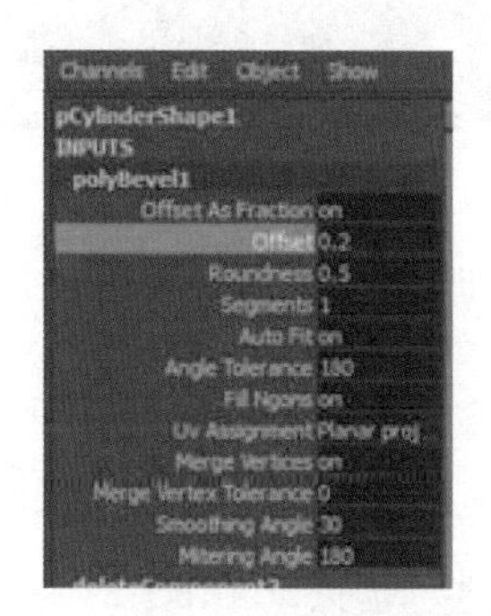

图 2-4-16

图 2-4-17

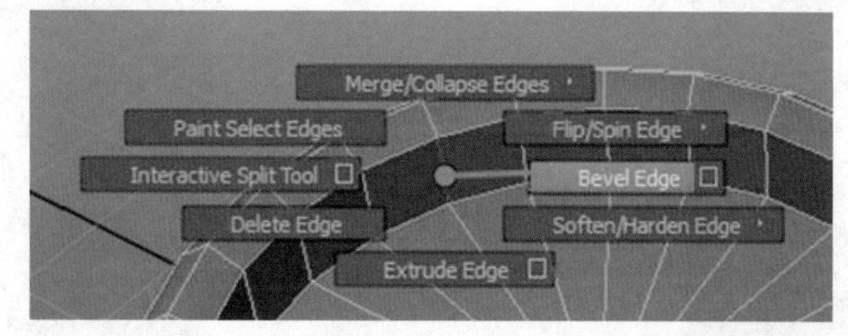

图 2-4-18

【Step11】制作指针：创建一个圆柱，调整段数，压扁，选中两个侧面进行挤压，多次挤压产生指针的柄，按 G 键可重复上次操作工具，方便快速重复挤压命令，如图 2-4-19、图 2-4-20 所示。

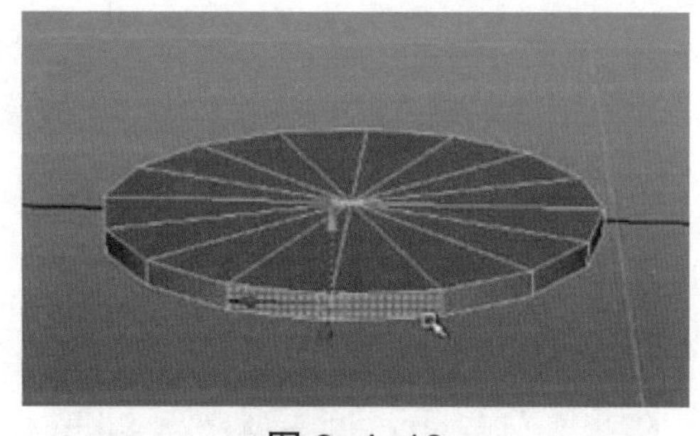
图 2-4-19

图 2-4-20

【Step12】插入循环边线工具：在多边形上以某个边为基准，插入一条新的环状线将它们切开。执行"Edit Mesh>Insert Edge Loop Tool（编辑网格 > 插入循环边线工具）"命令，在模型的一条边上拖拽鼠标，观察新插入环形边的位置与走向，释放鼠标完成操作（注：该工具使用之后需要按键盘上的 Q 键终止）。反复使用并调整指针形状，然后卡线，如图 2-4-21、图 2-4-22 所示。

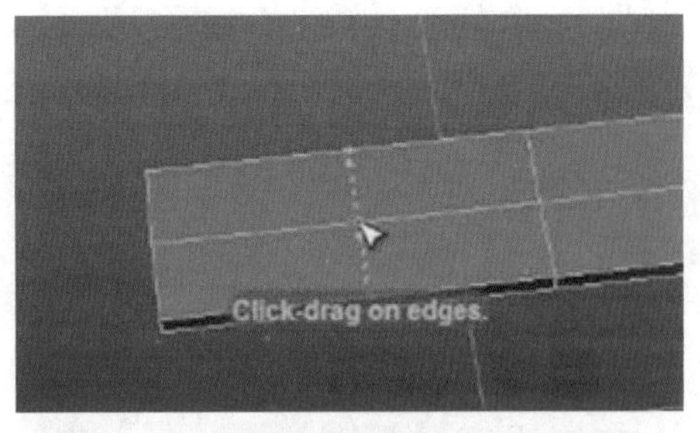

图 2-4-21

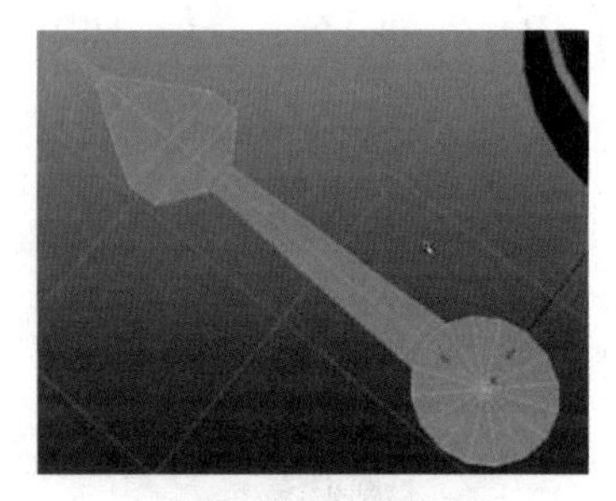

图 2-4-22

【Step13】复制功能：选择物体，按快捷键“Ctrl+D”，则可复制该物体。复制时针，用其作为基本型编辑产生分针和秒针，如图 2-4-23 所示。

【Step14】吸附功能：按住键盘上的 V 键，用鼠标中键移动物体，即可使物体吸附到其他物体的点上。调整指针大小，将其吸附到表盘中心点，调整高度，如图 2-4-24 所示。

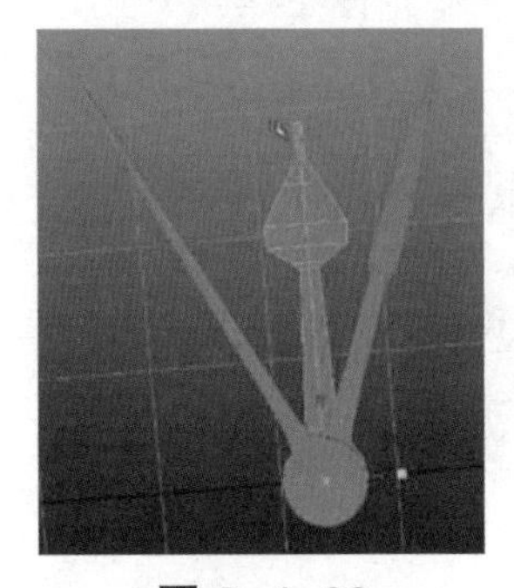

图 2-4-23

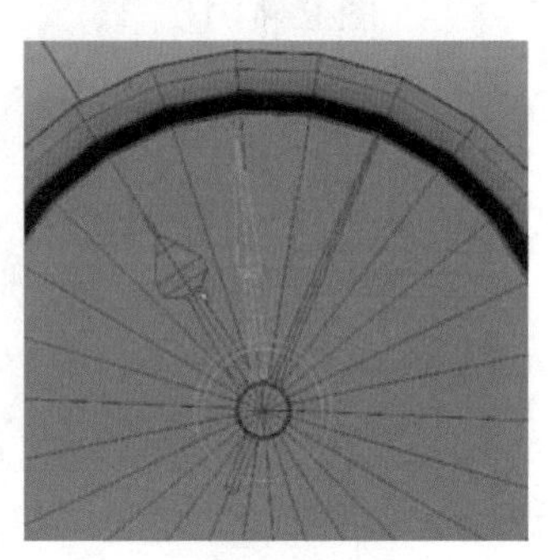

图 2-4-24

【Step15】增加时间刻度：单击“Create>Text（创建 > 文本）”后面的□，打开文本编辑，在“Text”框内输入要生成的文本即可，如图 2-4-25、图 2-4-26 所示。

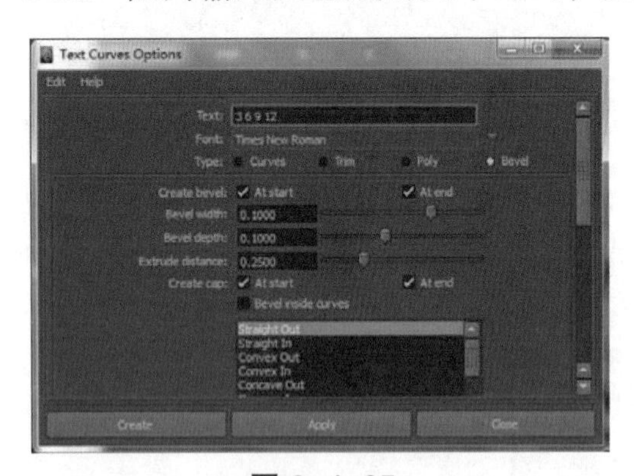

图 2-4-25

Step15~Step18
制作视频

图 2-4-26

【Step16】分离命令：选中文本，执行“Mesh>Separate（网格 > 分离）”命令，可将合并成整体的物体分离开来，单独调整，放到表盘上，如图 2-4-27 所示。

【Step17】制作剩余刻度：创建一个立方体，将其所有棱倒角（Bevel），如图 2-4-28、图 2-4-29 所示。

图 2-4-27

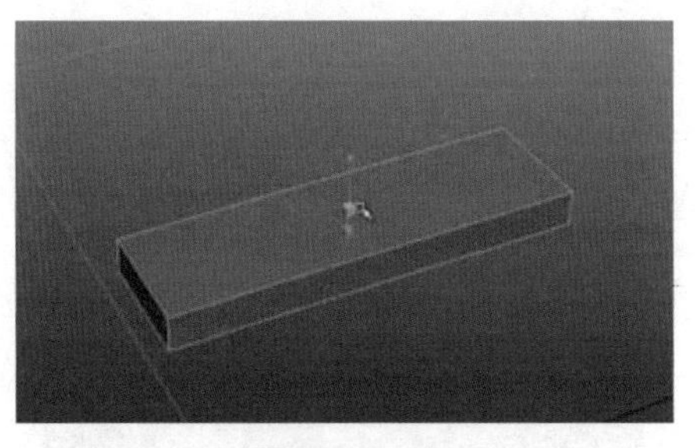

图 2-4-28

图 2-4-29

【Step18】调整物体中心点：物体在能看到操作手柄状态下，单击“Insert”，可见图标变成图 2-4-31 模式，这就是物体中心，在这个模式下可对物体操作中心进行移动，移动过程中可按住键盘上的 V 键进行吸附。移动物体操作中心后重新使用移动等命令时，可发现物体移动中心改变，如图 2-4-30、图 2-4-31、图 2-4-32、图 2-4-33 所示。

图 2-4-30

图 2-4-31

图 2-4-32

图 2-4-33

将刻度的物体中心放在表盘中心上，然后复制物体，通过修改属性中的旋转度数将刻度摆好，如图 2-4-34、图 2-4-35 所示。

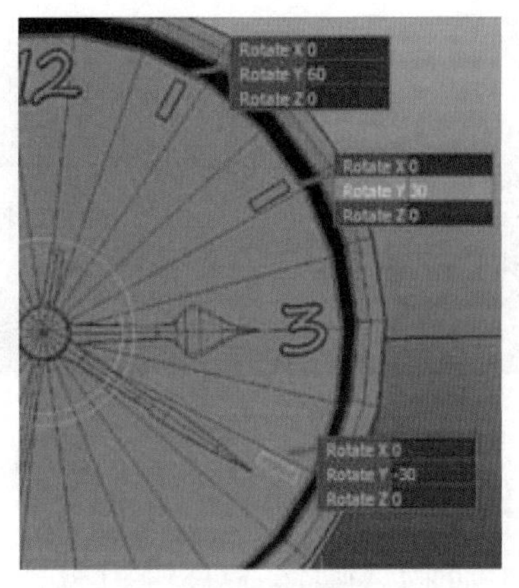

图 2-4-34

图 2-4-35

【Step19】修改表盘和指针材质球：如图 2-4-36 所示。

Step19~Step22
制作视频

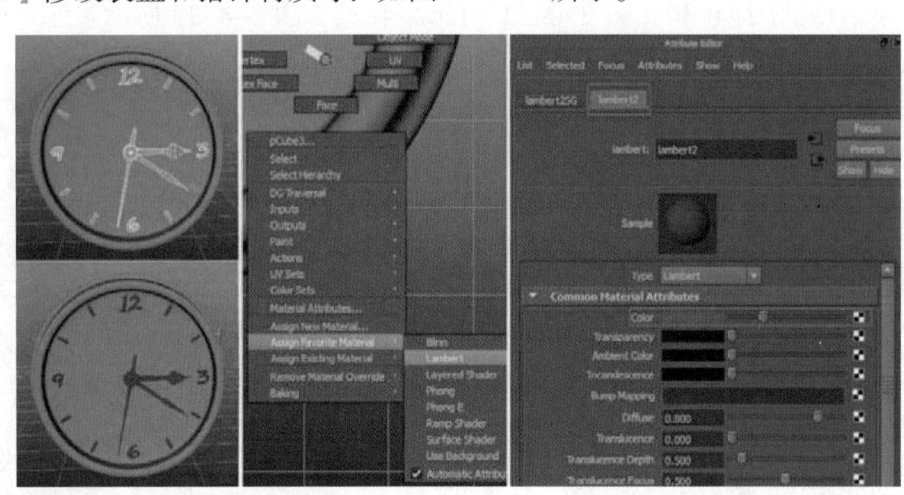

图 2-4-36

【Step20】合并点工具：选择表盘的上下两部分，执行“Mesh>Combine（网格 > 合并）”命令，可将两个物体合并。这时两个物体中间相接的点是重叠的，并没有缝合。所以框选中间这一行点，执行“Edit Mesh>Merge（编辑网格 > 合并）”命令，将重叠的点合并在一起，如图 2-4-37、图 2-4-38 所示。

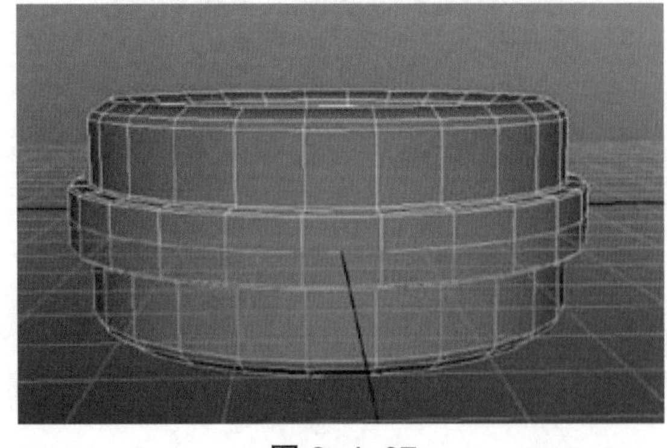

图 2-4-37

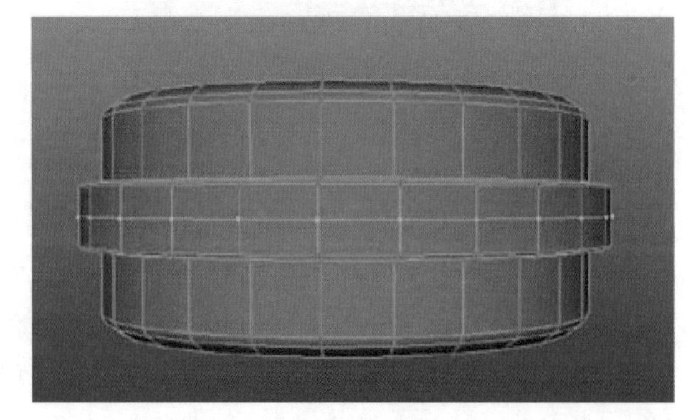

图 2-4-38

【Step21】增加表的外环：创建一个圆环，调整参数使其套在表盘外围，段数与表盘相等，如图 2-4-39、图 2-4-40 所示。

图 2-4-39

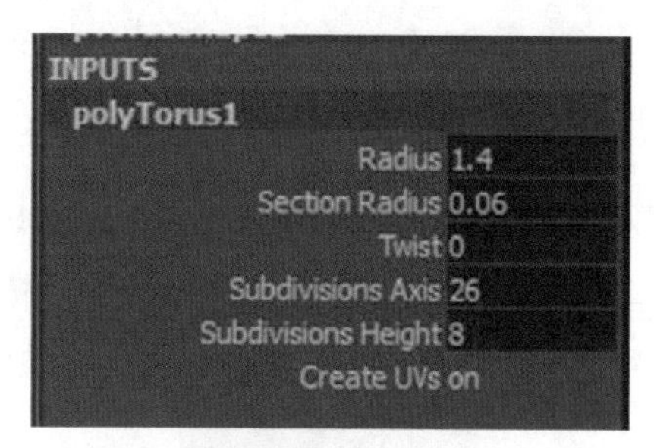

图 2-4-40

【Step22】等距离创建一个小球：选侧面挤压后，再选其中两面挤压，卡线定型，如图 2-4-41 所示。

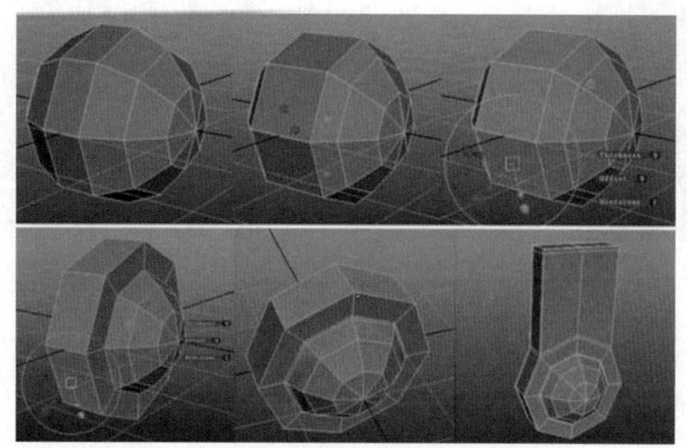

Step23~Step29
制作视频

图 2-4-41

【Step23】按上一次变化进行复制：将零件置于合适位置，移动中心吸附表盘中心（如刻度制作方式），按快捷键“Ctrl+D”复制出第二个，修改参数使其旋转 60°，之后按快捷键“Shift+D”，每按一次就会复制一个零件，且自动旋转 60°，在使用按上一次变化复制工具过程中要注意，第一次按快捷键“Ctrl+D”后不要有多余的操作或者撤销，否则按快捷键“Shift+D”可能失效，如图 2-4-42 所示。

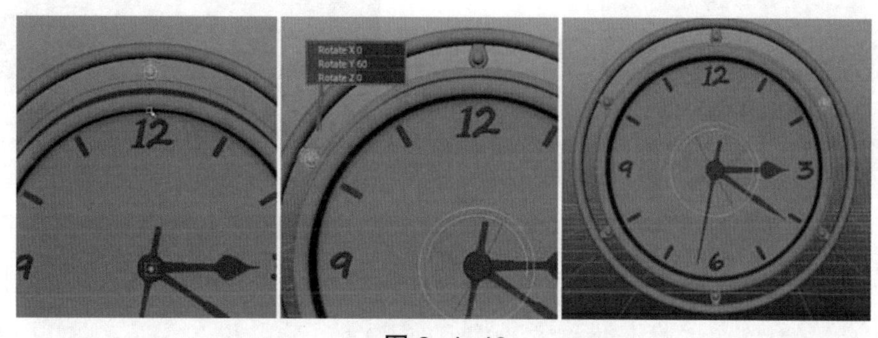

图 2-4-42

【Step24】打组工具：执行“Edit>Group（Ctrl+G 键）”命令，可将多个物体组成一个组，作为整体，但是与“Combine（合并）”功能有区别，打组后，各个物体还是能够独立选择，选择组内单个物体，按键盘上的↑键，就能够快速选中组。

选中组后按“Ctrl+D”键复制该组，调整组属性中的“Scale X”和“Scale Z”值均为 -1，即可使表盘背面同样有指针和刻度。

【Step25】创建 CV 曲线工具：执行“Create>CV Curve Tool（创建 > 创建 CV 曲线工具）”命令，开始绘制曲线。注意，曲线是自动吸附网格平面的，因此要切换到非透视视图进行绘制。在绘制曲线过程中，由于属性设定，前三个点不会显示，到第四个点才会显示曲线，绘制完成后按 Enter 键可以确定曲线，如图 2-4-43、图 2-4-44 所示。

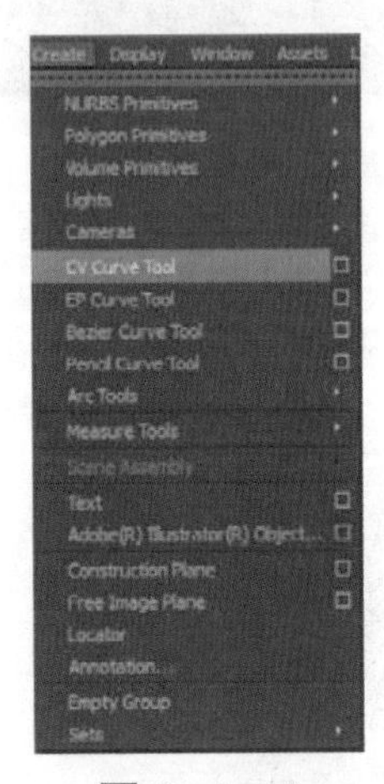

图 2-4-43

图 2-4-44

编辑绘制出的曲线点的位置：在曲线上按住右键，选择“Control Vertex（控制点）”，就可以单独调整曲线点的位置了，如图 2-4-45、图 2-4-46 所示。

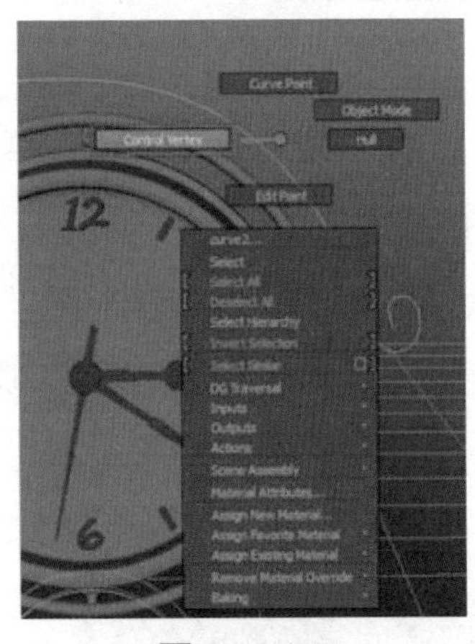

图 2-4-45

图 2-4-46

调整好形状后，继续绘制另外几条曲线，如图 2-4-47 所示。

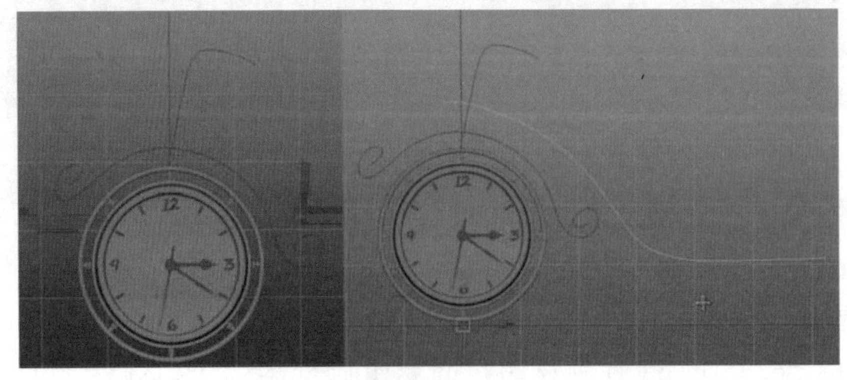

图 2-4-47

【Step26】复制表盘的外圈：移动并调整位置，作为小车的后轮，如图 2-4-48 所示。

图 2 4-48

【Step27】显示物体中心：在小圈中绘制一根曲线，这条曲线相当于车条，旋转中心要与后轮旋转中心重叠，因此需要显示后轮的物体中心。

选中后轮，按“Ctrl+A”键打开属性栏，选中物体选项卡，在“Pivots（枢轴）”中勾选“Display Rotate Pivots（显示旋转枢轴）”，则可在显示模型的同时显示物体的中心点。

选中曲线，按键盘上的 Insert 键后，按住键盘上的 V 键（吸附点）即可将曲线的中心点吸附到后轮的旋转中心上，如图 2-4-49、图 2-4-50、图 2-4-51、图 2-4-52 所示。

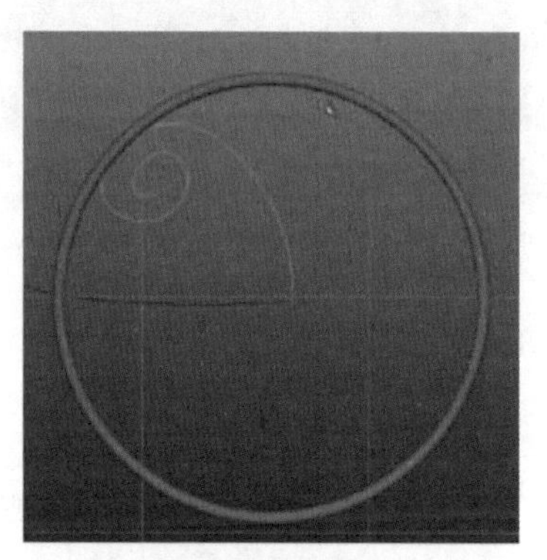

图 2-4-49

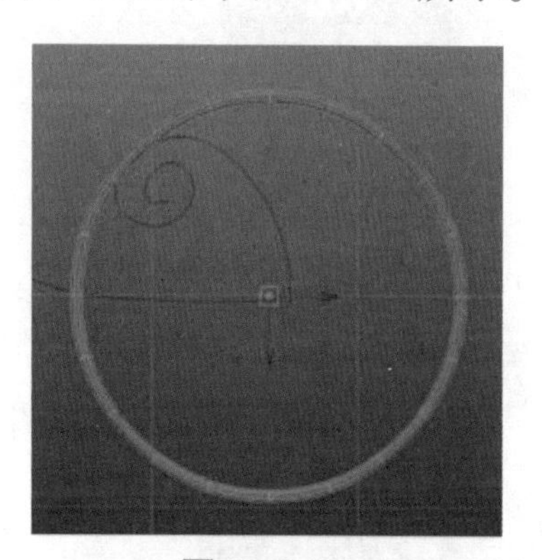

图 2-4-50

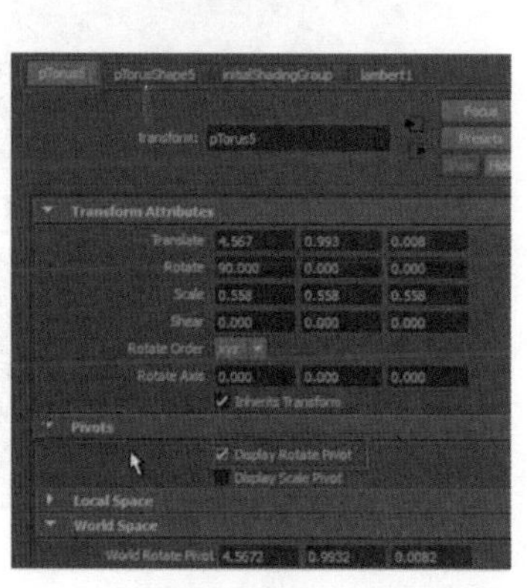

图 2-4-51

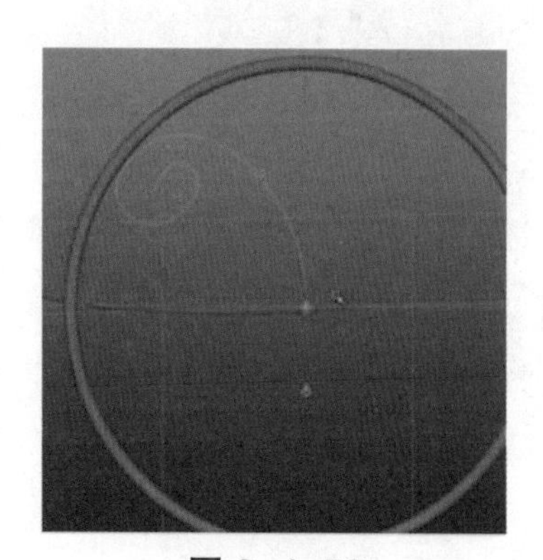

图 2-4-52

吸附中心后，按“Ctrl+D”键（复制）曲线旋转 60°，按“Shift+D”键即可重复上次复制操作，制作出另外五条花纹，如图 2-4-53 所示。

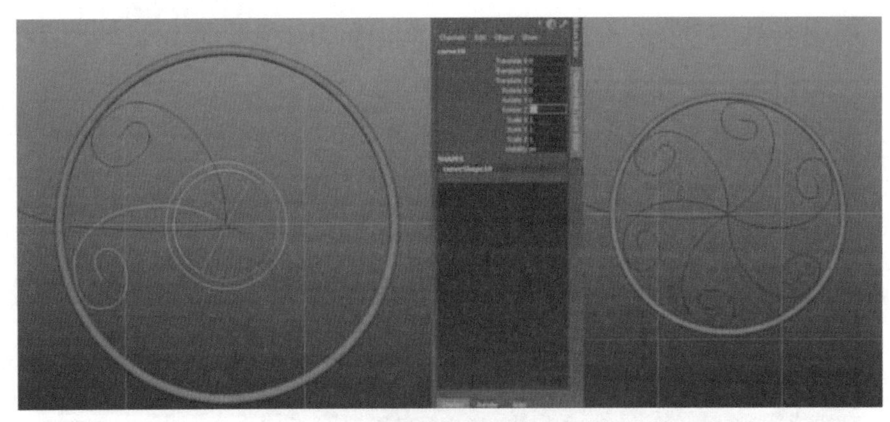

图 2-4-53

【Step28】打断曲线：切换到“Surfaces（曲面）”模块（可以按 F4 键快捷切换），转回透视视图，选中曲线，按住右键选择“Curve Point（曲线点）”，即可选中曲线上的点。注意，曲线点与控制点不同，曲线点是曲线上真实的点，而控制点是方便控制曲线的把手，如图 2-4-54、图 2-4-55 所示。

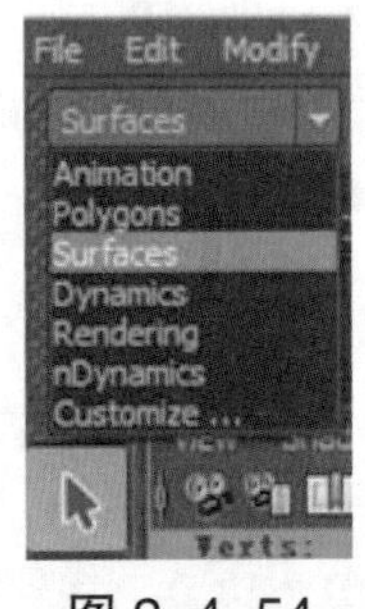

图 2-4-54

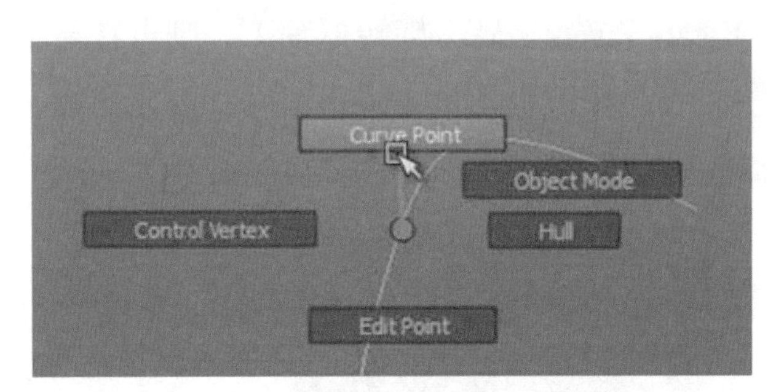

图 2-4-55

选中合适的曲线点后，选择“Edit Curves>Detach Curves（编辑曲线 > 打断曲线）”命令，即可从该点将曲线打断为两条，如图 2-4-56、图 2-4-57、图 2-4-58 所示。

图 2-4-56

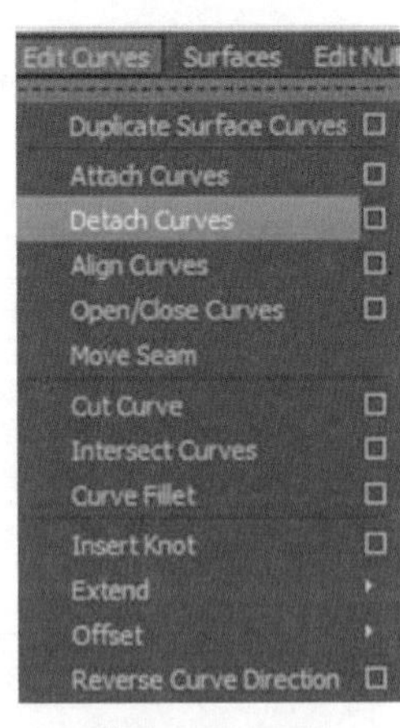

图 2-4-57

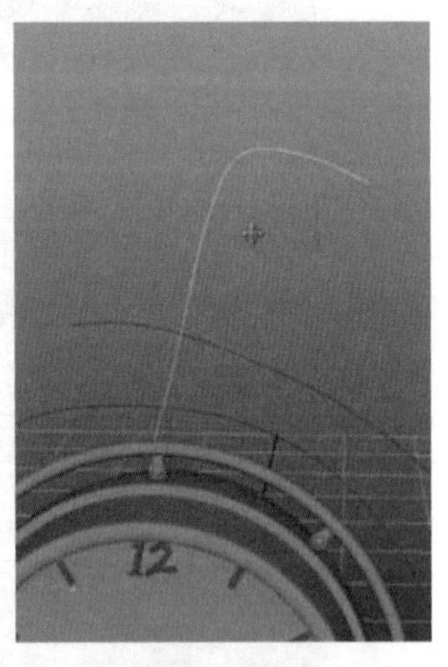

图 2-4-58

选择作为车把手部分的曲线，按 Insert 键后，按 C 键吸附曲线，曲线的中心点则会沿着曲线滑动，将其中心点吸附到曲线下端，然后将车把手横向旋转，再复制一个，将属性中的旋转角度数值改为负数，即可得到左右对称的车把手，如图 2-4-59 所示。

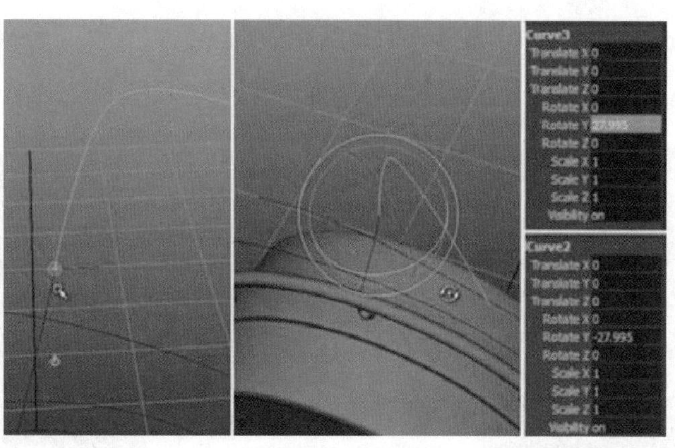

图 2-4-59

【Step29】将小车后轮和曲线打组，向两侧移动，如图 2-4-60、图 2-4-61 所示。

图 2-4-60

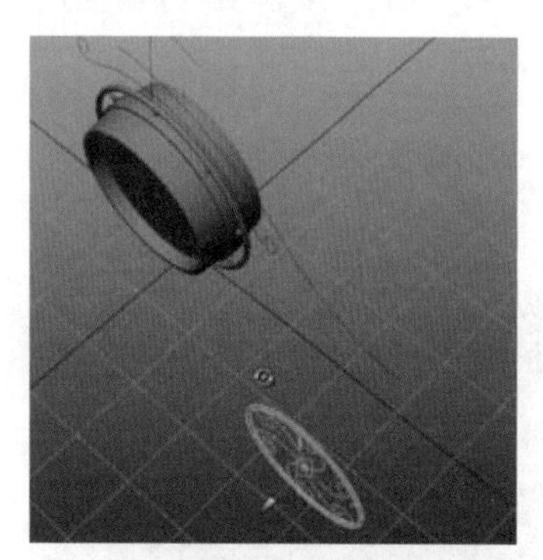

图 2-4-61

选中车横梁上的曲线点，再次运行打断曲线工具，如图 2-4-62、图 2-4-63 所示。

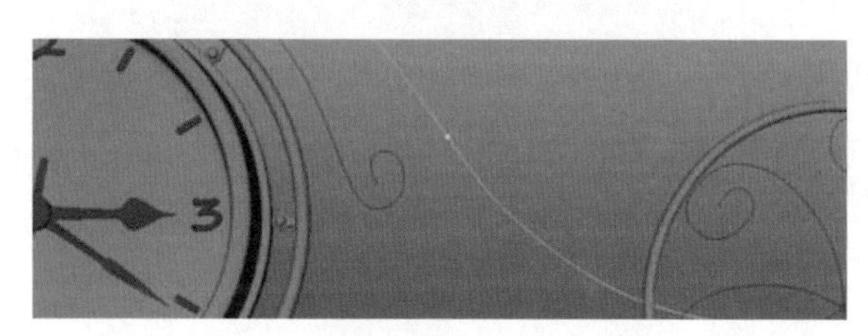

图 2-4-62

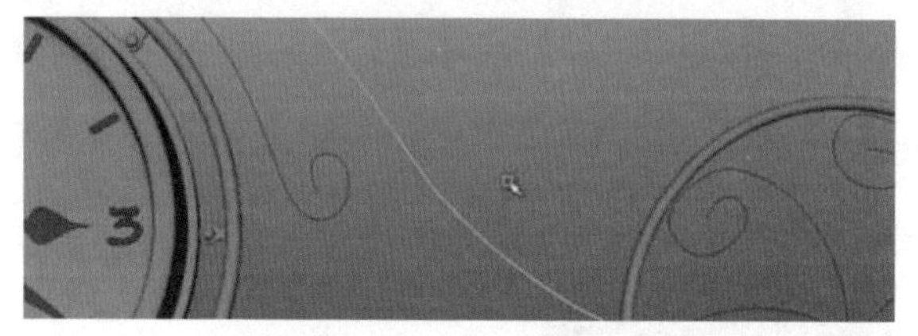

图 2-4-63

与车把手的制作方法相同，将横梁向后的部分变为“Y”形，分别连接车轮，如图 2-4-64 所示。

图 2-4-64

【Step30】按“Ctrl+G”键将车轮与曲线打组，复制，参数“Scale Z”修改为 -1，则可得到镜像，如图 2-4-65、图 2-4-66 所示。

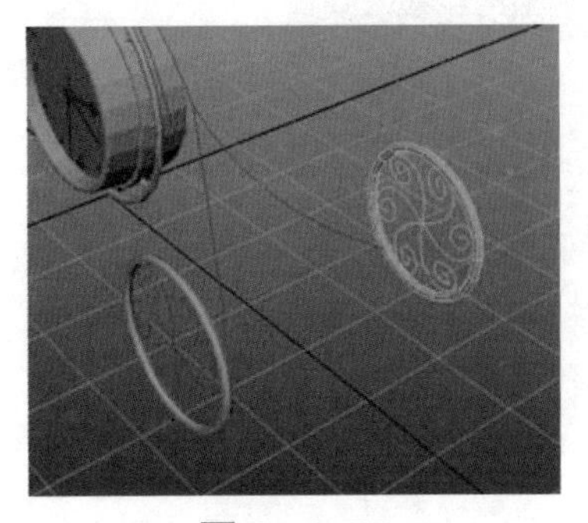
图 2-4-65

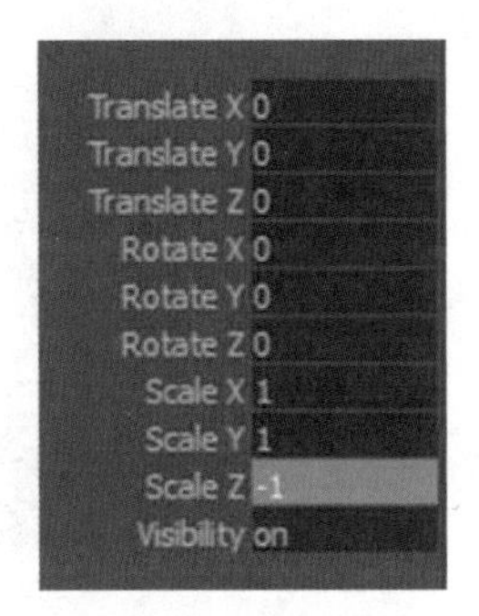

图 2-4-66

Step30~Step41
制作视频

【Step31】制作花篮部分：创建圆环曲线，摆放位置如图 2-4-67 所示。

【Step32】切换到非透视视图勾线，制作花篮纵向曲线，如图 2-4-68、图 2-4-69 所示。

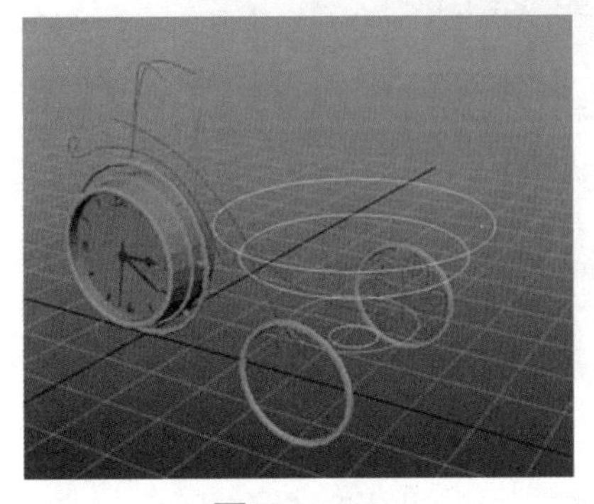
图 2-4-67

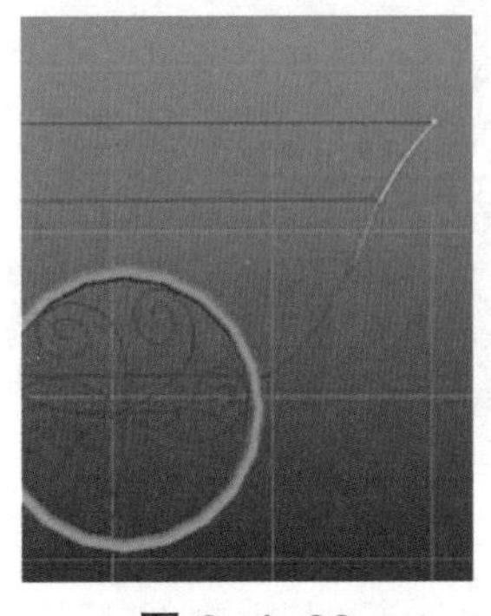
图 2-4-68

图 2-4-69

【Step33】选中最下面的小圈，中置中心点（选择“Modify>Center Pivot”命令），然后在属性栏中，调整“Display Rotate Pivot（显示旋转中心）”，如图 2-4-70、图 2-4-71、图 2-4-72、图 2-4-73 所示。

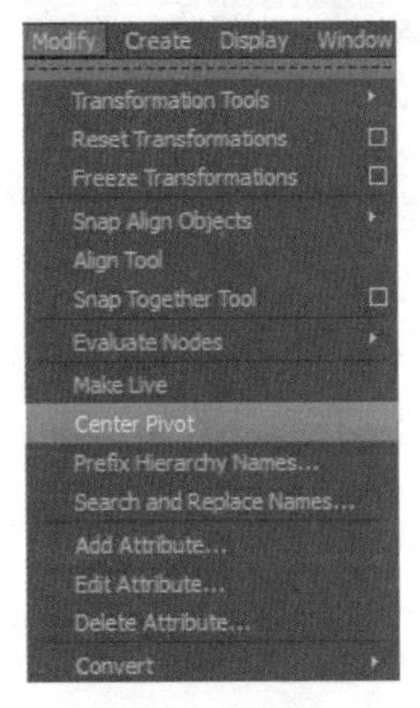

图 2-4-70

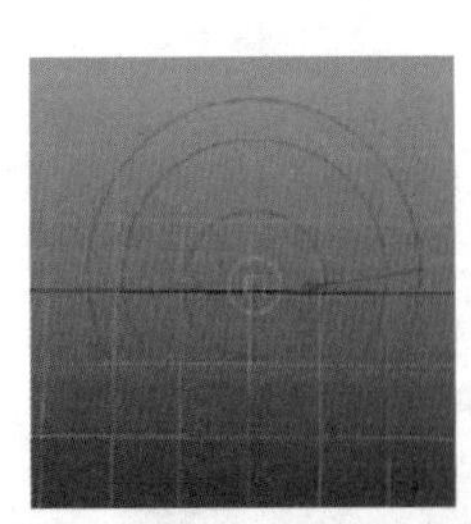
图 2-4-71

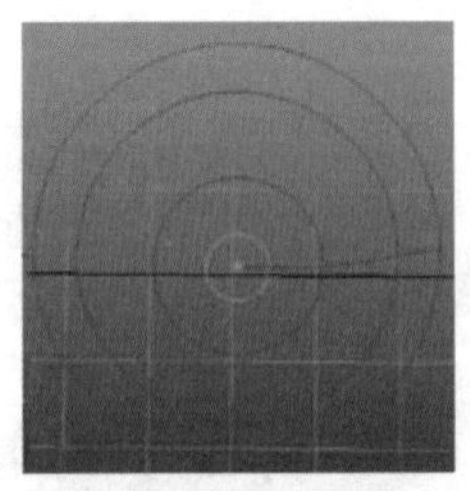
图 2-4-72

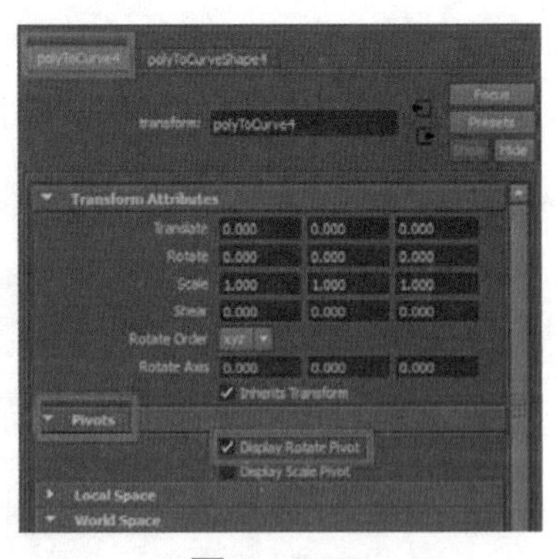

图 2-4-73

【Step34】将纵向曲线旋转中心吸附到该点，如图 2- 4-74 所示，旋转复制得到如图 2-4-75 所示效果。

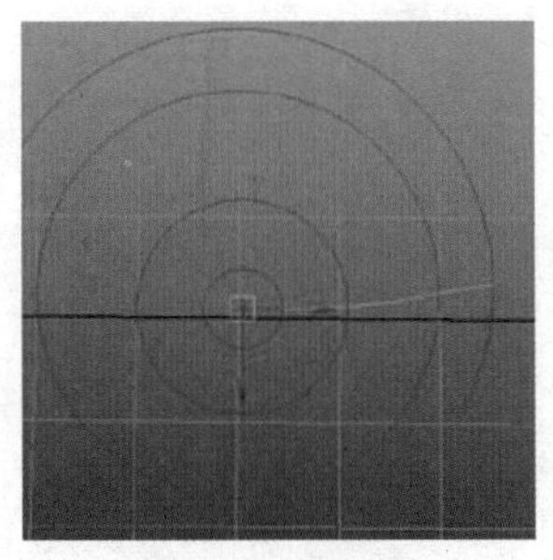

图 2-4-74

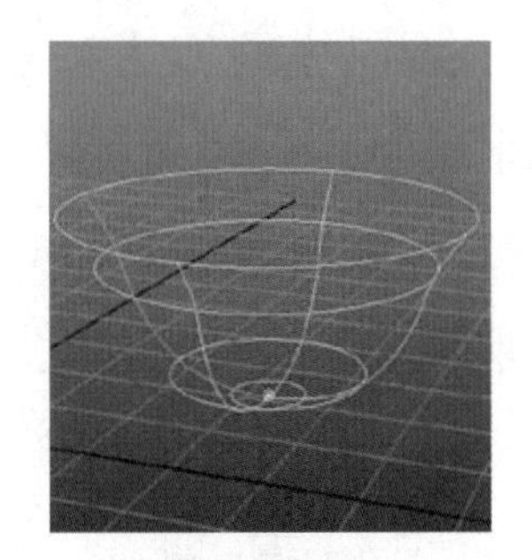

图 2-4-75

【Step35】如上文所示方法添加细节则可得到花篮，如图 2-4-76、图 2-4-77 所示。

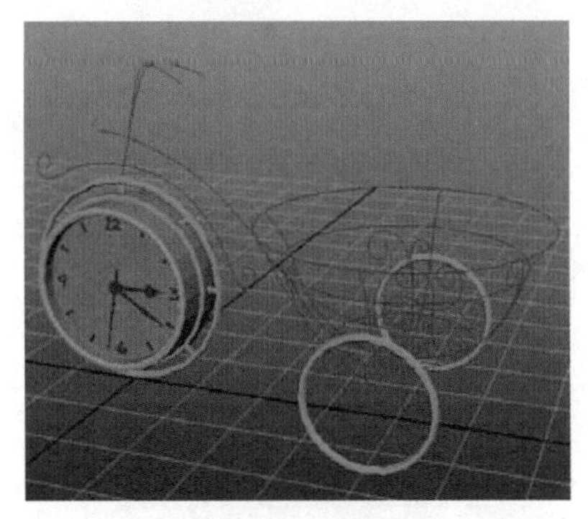

图 2-4-76

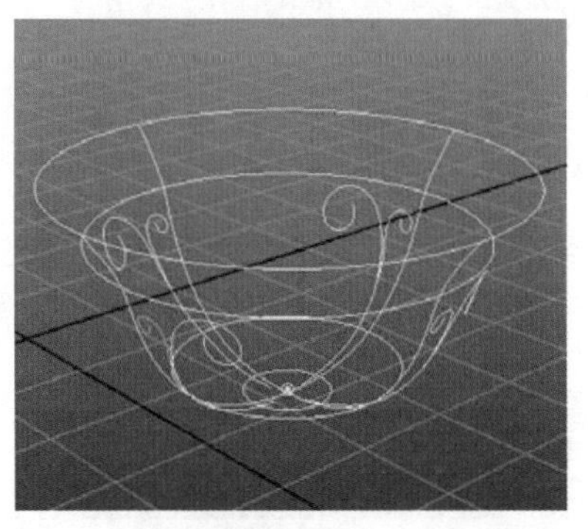

图 2-4-77

【Step36】Extrude（挤压）：创建圆环曲线，调整大小并移动到合适位置，按住 Shift 键加选之前画好的曲线，单击“Surfaces>Extrude（曲面 > 挤压）”后面的□，调整参数应用，则可得到圆管，如图 2-4-78、图 2-4-79、图 2-4-80 所示。

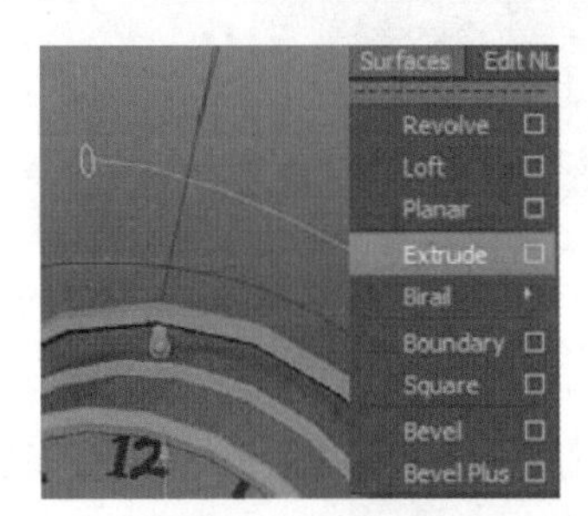

图 2-4-78

图 2-4-79

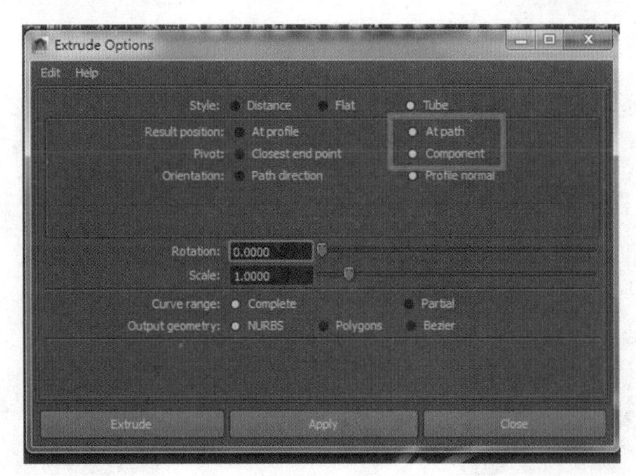

图 2-4-80

【Step37】用同样的方法对其他曲线进行操作，可以得到如图 2-4-81 所示效果。

图 2-4-81

【Step38】用“Attach Curves（附加曲线）”命令创建方形曲线：此时的曲线是直接由四段直线围成的，不能够直接进行挤压。单击“Edit Curve>Attach Curves（编辑曲线 > 附加曲线）”后的□，调整属性，如图 2-4-82、图 2-4-83、图 2-4-84 所示。

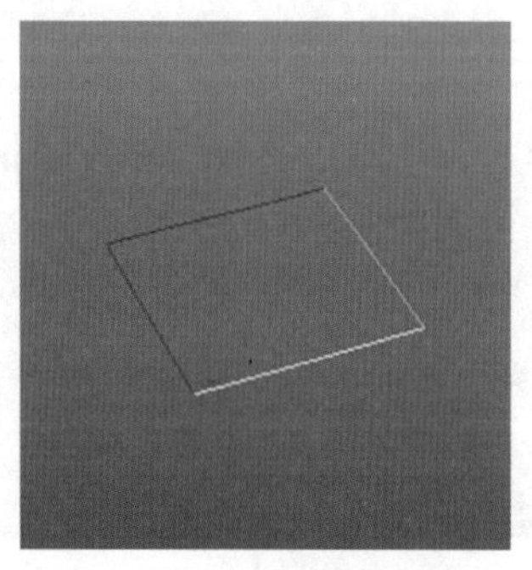

图 2-4-82

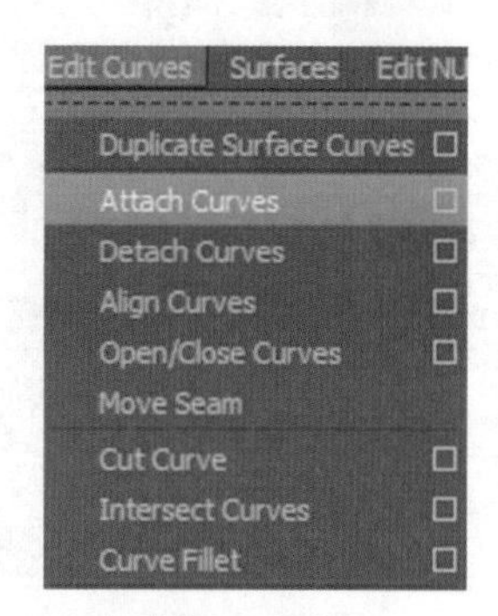

图 2-4-83

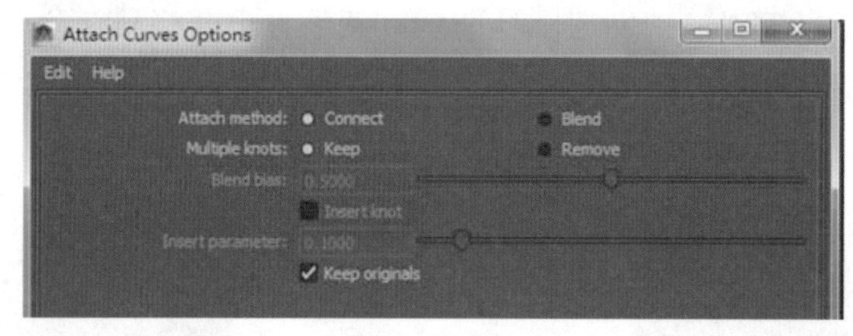

图 2-4-84

选中全部方形曲线，运行 Attach Curves 命令，即可将其拼合成为连续的曲线。但是此时的曲线还不能直接使用，需要清理物体的历史。执行“Edit>Delete by Type>History（编辑 > 按类型删除 > 历史）”命令，可以删除选中物体的历史。这样得到的曲线会变为合并前和合并后两组，如图 2-4-85、图 2-4-86 所示。

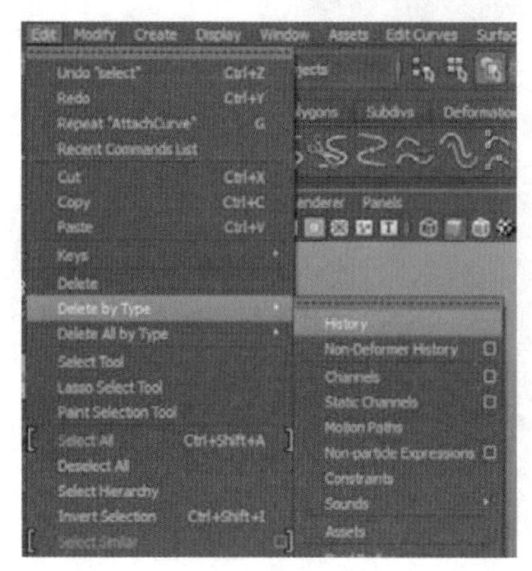

图 2-4-85

图 2-4-86

将不必要的部分删除，取已经连接为整体的方形曲线进行编辑，如图 2-4-87 所示，挤压出如图 2-4-88 所示效果。

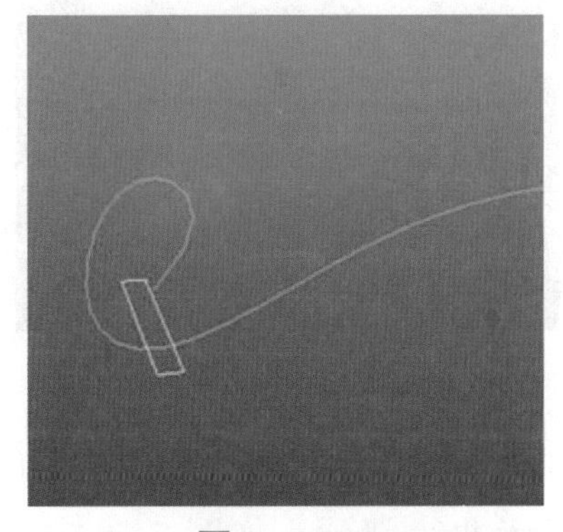

图 2-4-87

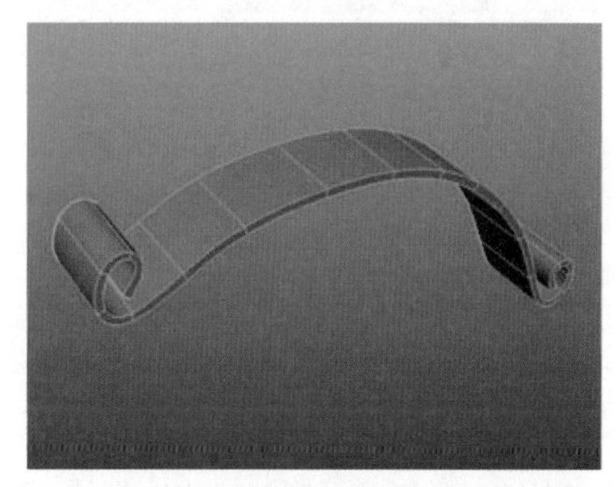

图 2-4-88

【Step39】NURBS 物体加线方式：在 NURBS 物体上按住右键，选择“Isoparm(等参线)”，延边拖动即可加线，如图 2-4-89、图 2-4-90 所示。

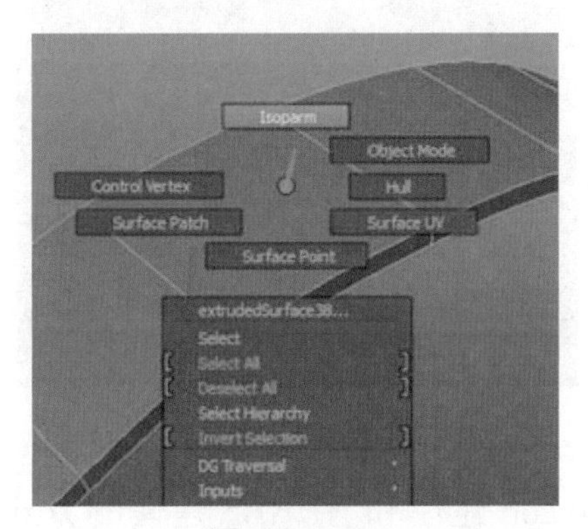

图 2-4-89

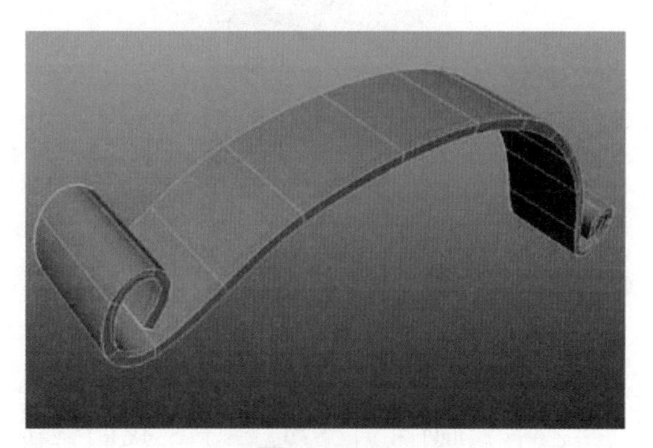

图 2-4-90

单击加入一条等参线后，执行“Edit Curves>Insert Knot（编辑曲线 > 插入结）”命令，可以确认插入等参线，如图 2-4-91、图 2-4-92 所示。

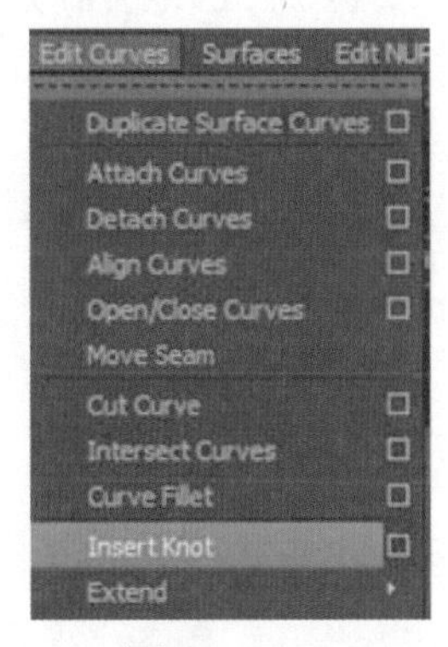

图 2-4-91

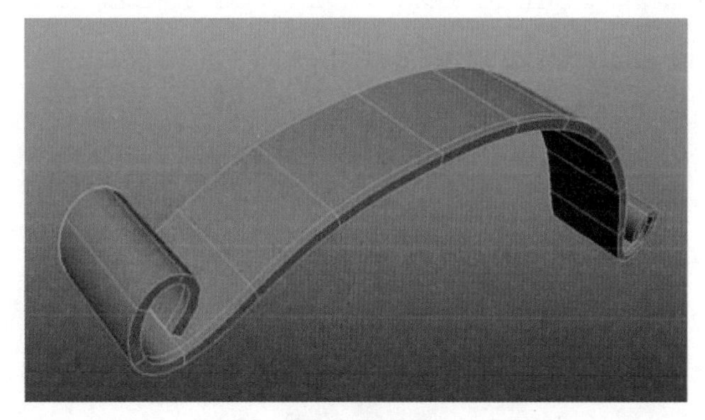

图 2-4-92

【Step40】创建几个球体放在车把手和横梁的端头，创建圆柱作为后轮之间的车轴，然后模型就基本完成了，如图 2-4-93、图 2-4-94 所示。

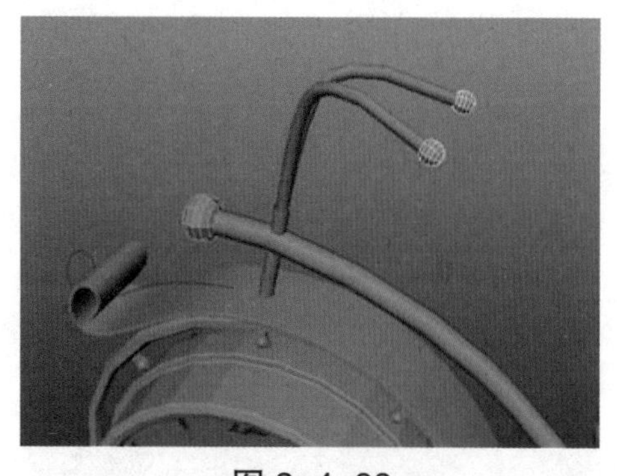
图 2-4-93

图 2-4-94

【Step41】到此制作基本完成，为了不影响查看效果，我们可以在“Show（显示）”选项中去掉“NURBS Curves（NURBS 曲线）”，这样就不会显示曲线部分，如图 2-4-95、图 2-4-96 所示。

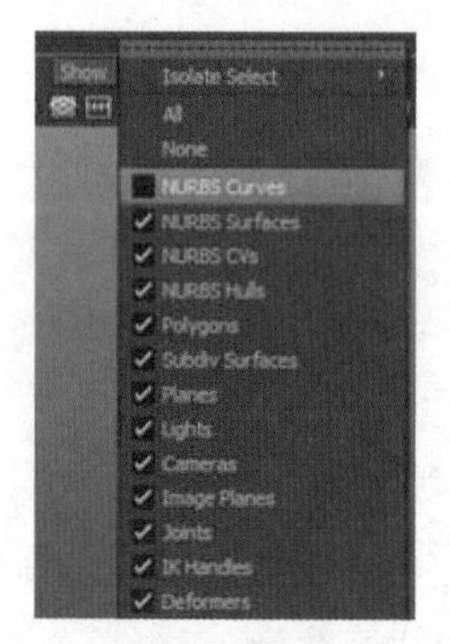

图 2-4-95

图 2-4-96

在艺术表制作的任务过程中，我们初步认识了 Polygon 建模和 NURBS 建模的方式，熟悉了基本命令。在任务中，首先要有制作思路，在制作表盘这种有重复部件的机械物体时，要多利用 Maya 自带的基本体进行变形处理，将已经制作好的部件进行复制摆放，尽量避免手动调整局部和重复劳动，以免形状过于随意。在曲线的运用中，要注意曲线绘制过程中点的数目，区分曲线点和控制点。

任务2.5　玫瑰花的制作

本任务的最终效果如图 2–5–1 所示。

图 2–5–1

2.5.1　制作难度评定

难度等级：★★

2.5.2　任务要求

（1）创建与编辑 NURBS 曲线。

（2）NURBS 曲线生成曲面。

（3）NURBS 曲面编辑。

（4）配合动画模块的变形器调整曲面的形状。

（5）掌握 NURBS 建模特点，利用少量的控制点调出平滑的曲面，分析玫瑰花花瓣的形状，根据花瓣的形状创建曲线，再生成曲面，通过调整达到最终目的。

2.5.3　任务分析

首先创建曲线，然后曲线放样成面再进行进一步的调整，对玫瑰花花瓣的单片弧度进行编辑，再进行复制和茎部的制作等。

涉及的命令：

（1）Edith Curves>Insert Knot（编辑曲线 > 插入点工具）。

（2）Edith Curves>Detach Curves（编辑曲线 > 打断曲线）。

（3）Surfaces>Loft（曲面 > 放样）。

（4）Edit NURBS>Insert Isoparms（编辑 NURBS> 插入等参线）。

（5）编辑曲面（单击鼠标右键，选择“Hull”或“Control Vertex”）。

（6）Edit NURBS>Sculpt Geometry Tool（编辑 NURBS> 雕刻工具）。

（7）Surfaces>Extrude（曲面 > 挤出）。

（8）Create Deformers>Nonlinear>Bend（创建变形器 > 非线性 > 弯曲）。

2.5.4 任务实施

【Step1】新建场景：打开 Maya 软件，按“Ctrl+N”键，新建一个场景，如图 2-5-2 所示。

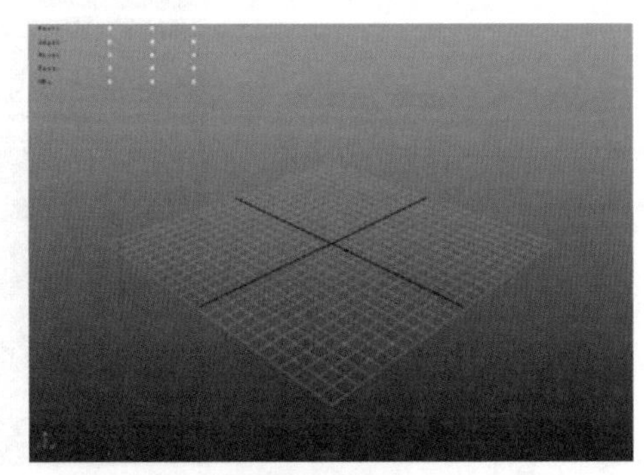

图 2-5-2

【Step2】单击工具架上“Curves（曲线）”标签中的圆形曲线，在场景中拖动创建圆形曲线，如图 2-5-3 所示。

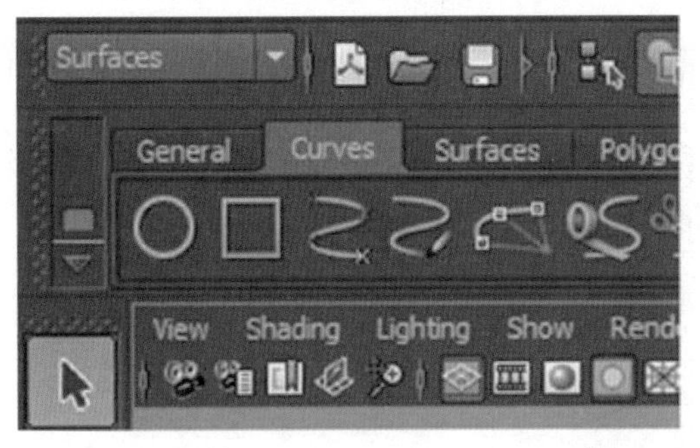

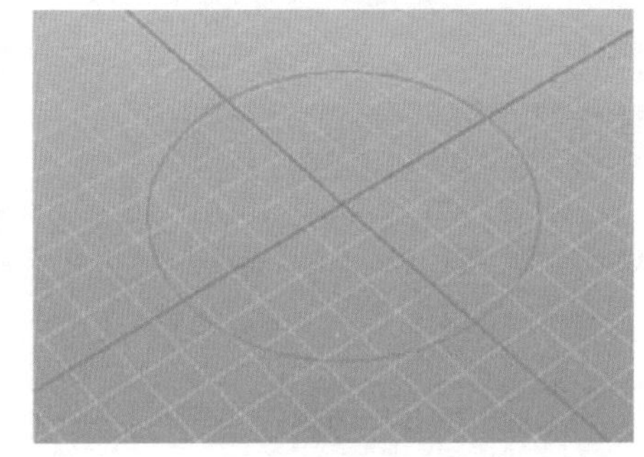

图 2-5-3

【Step3】将视图切换到顶视图，选择该曲线，单击右键选择“Curve Point（曲线点）”，在需要断开曲线的地方按住 Shift 键设置两个点，该点为黄色显示，如图 2-5-4 所示。

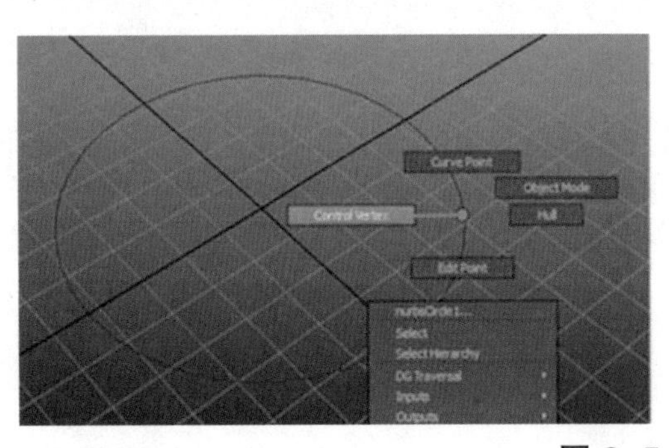

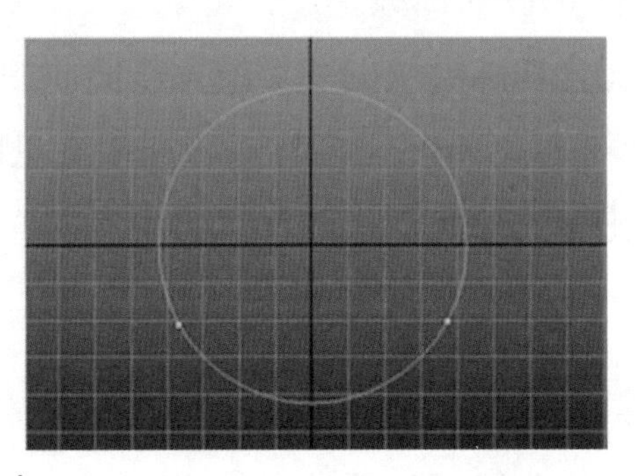

图 2-5-4

【Step4】选择“Edith Curves（编辑曲线）”菜单，选择“Insert Knot（插入点）”，在曲线中插入刚才设置的两个点，如图 2-5-5 所示。

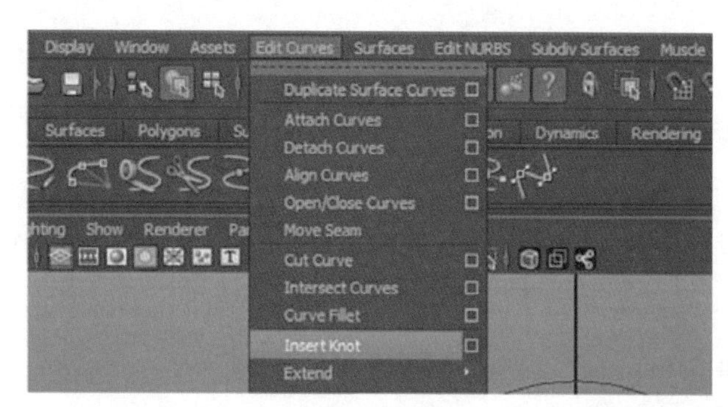

图 2-5-5

【Step5】选择该曲线，单击右键选择“Edit Point（编辑点）”，选择曲线插入的两点，然后执行“Edith Curves>Detach Curves（编辑曲线 > 打断曲线）”命令，如图 2-5-6 所示。

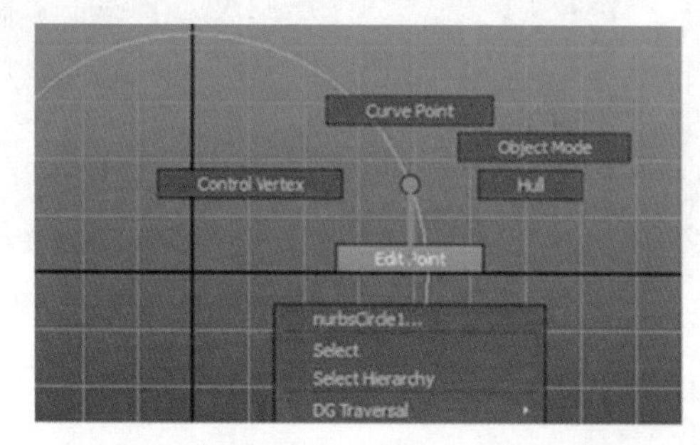

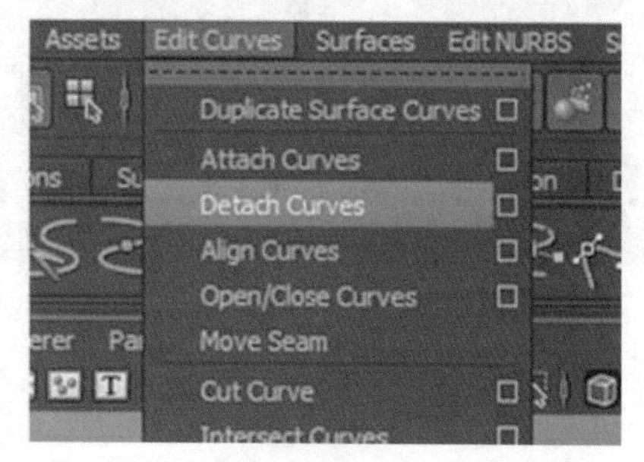

图 2-5-6

【Step6】将断开后的曲线保留小弧度那个曲线，以此曲线复制三条曲线（注意调整空间大小关系，因为这关系到花瓣的造型），按 Q 选择键，从上往下依次选择四条曲线，执行“Surfaces>Loft（曲面 > 放样）”命令，生成 NURBS 曲面，如图 2-5-7 所示。

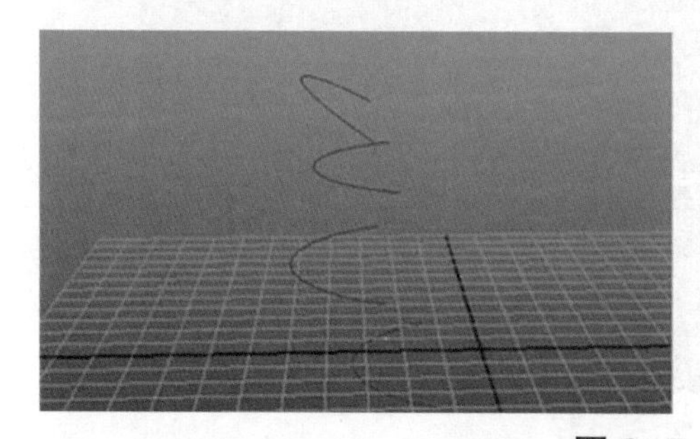

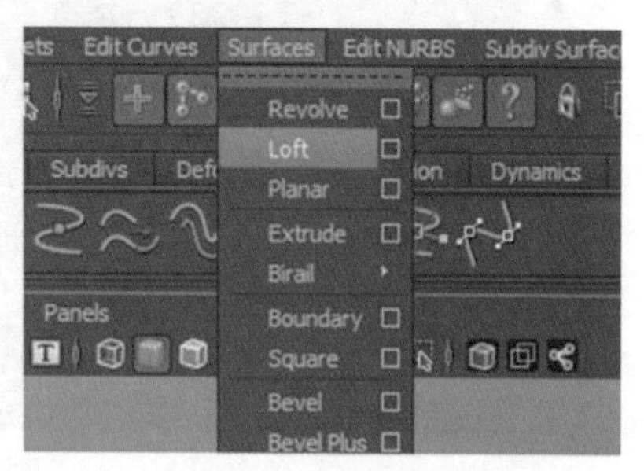

图 2-5-7

【Step7】将模型和曲线分开，调整曲线的位置和大小，直到模型接近花瓣形状位置。曲线和玫瑰花模型建立不同的图层，隐藏不必要的物体，如图 2-5-8 所示。

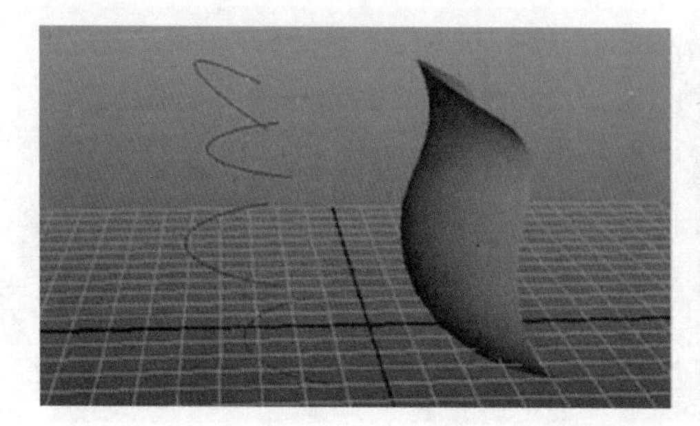

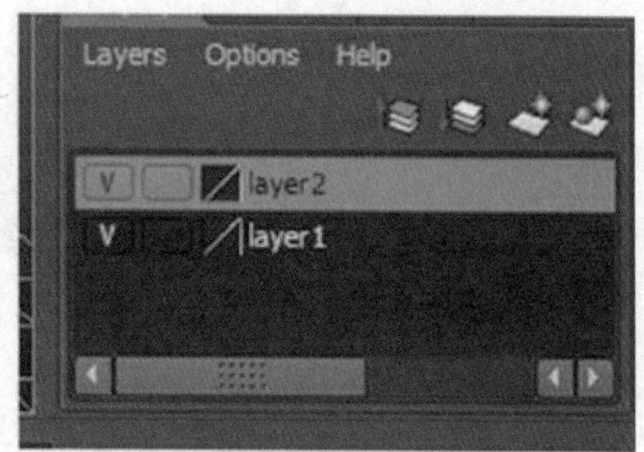

图 2-5-8

【Step8】将曲面沿 Y 轴旋转 1.5° 或在通道框中的“Rotate Y”中直接输入数值，在顶视图按 W 键，再按下键盘上的 Insert 键，将中心点移动到所视位置，再按下键盘上的 Insert 键，如图 2-5-9 所示。

【Step9】复制命令：选择“Edit（编辑）>Duplicate（复制）”设置盒，在“Rotate Y”中输入 120，“Number of copies（复制份数）”设为 2，“Geometry type（几何体类型）”设为“Instance（关联）”，单击“Apply”按钮，如图 2-5-10 所示。

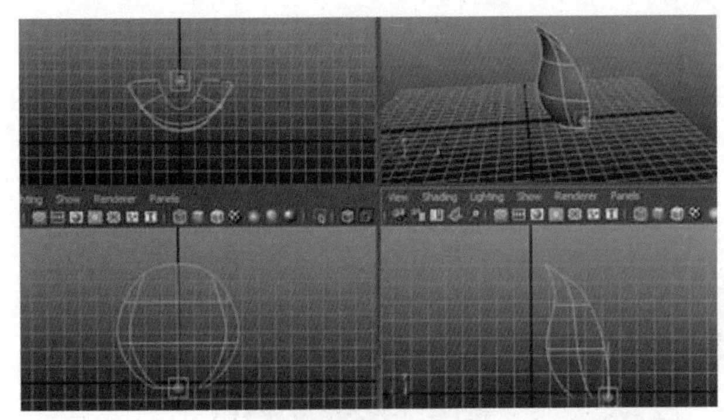

图 2-5-9

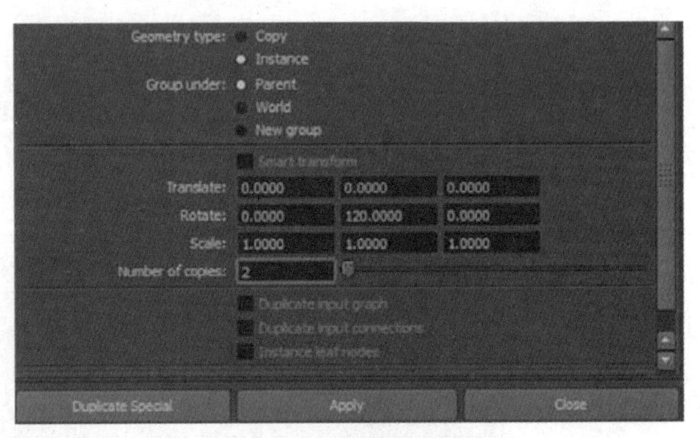

图 2-5-10

【Step10】添加曲线：选择第一个曲面，单击鼠标右键，选择“Isoparm（等参线）”，先选最中间的线向左拖动一下，再按下 Shift 键，再选线向左拖一次，重复操作向右对应位置拖两次，此时应该有四条黄色虚线。选择“Edit NURBS>Insert Isoparms（编辑 NURBS> 插入等参线）”，加入等参线，如图 2-5-11 所示。

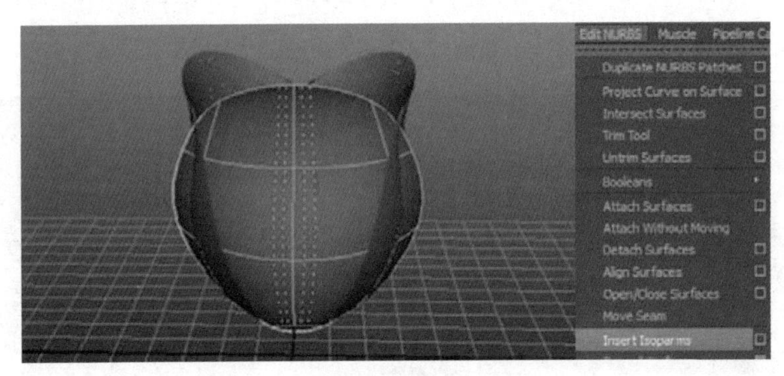

图 2-5-11

【Step11】调整工具：单击鼠标右键，选择“Hull(壳)”，选择曲面最中间的“Hull(壳)”，或单击鼠标右键，选择“Control Vertex(控制点)”，对花瓣进行形状调节，如图 2-5-12 所示。

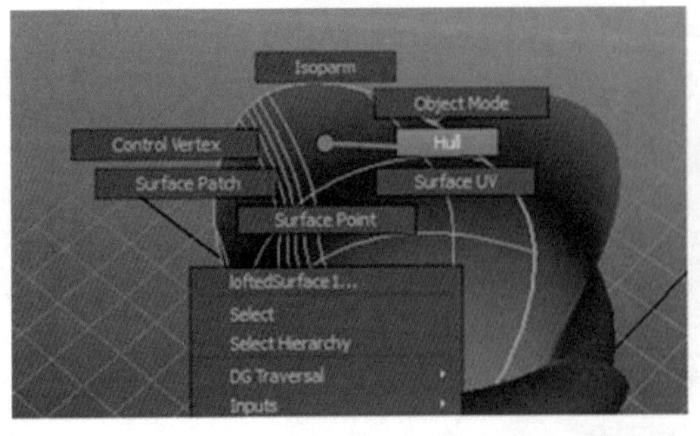

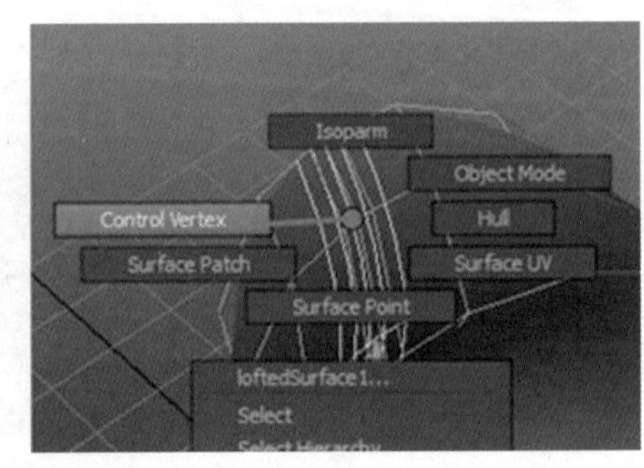

图 2-5-12

【Step12】接下来重复在上部加多两条等参线，单击鼠标右键选择“Hull（壳）”，选最上面的“Hull”往外下方拖动。按键盘的↑键，再往上方拖动，做出花瓣的基本造型。拖动角上的点，调整花瓣造型，可以配合快捷键 B 进行调节，如图 2–5–13 所示。

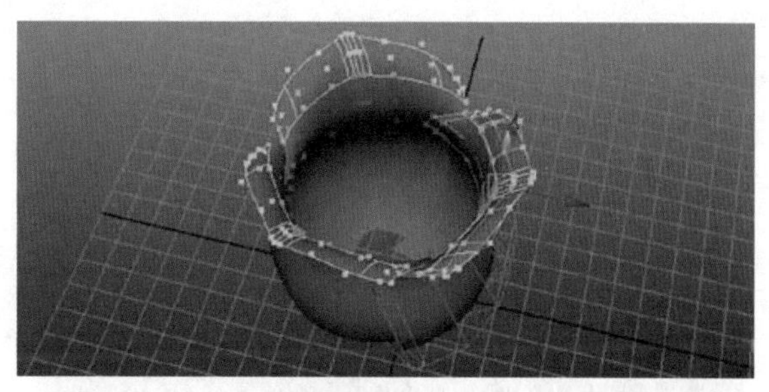

图 2–5–13

【Step13】制作其他花瓣：选取三块花瓣，关联复制［Instance（关联）］，按 R 键，按“Ctrl 键 + 鼠标左键”，按 Y 轴图标缩小。通过调整 Hull 和 CV 点来调整花瓣形状。复制出其他花瓣，沿 Y 轴旋转，调整形状，用同样的方法制作其他花瓣，要注意花瓣之间的关系，大多是一片嵌一片，如图 2–5–14 所示。

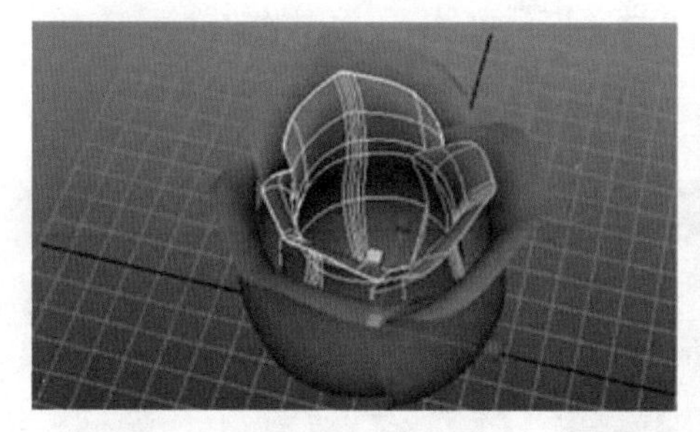

图 2–5–14

【Step14】细节雕刻：花的整体完成之后，加入细节。先选择要加细节的花瓣，然后选择“Edit NURBS>Sculpt Geometry Tool（编辑 NURBS> 雕刻几何体工具）”后面的□，选择“Brush”中的画笔，调节“Opacity（透明）”值大小来控制效果强弱，按“B 键 + 鼠标左键”来控制笔刷大小，如图 2–5–15 所示。

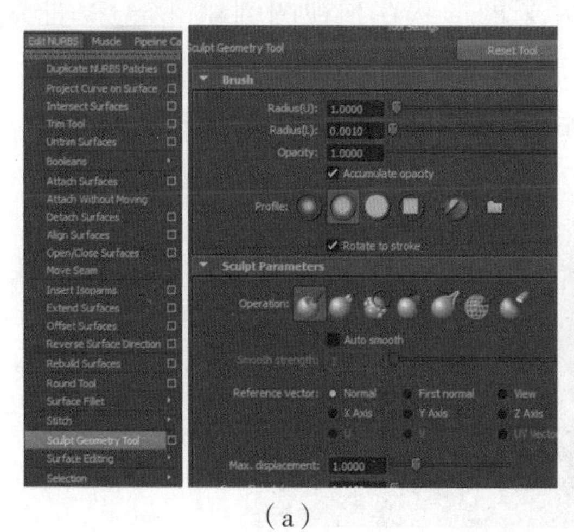

（a）

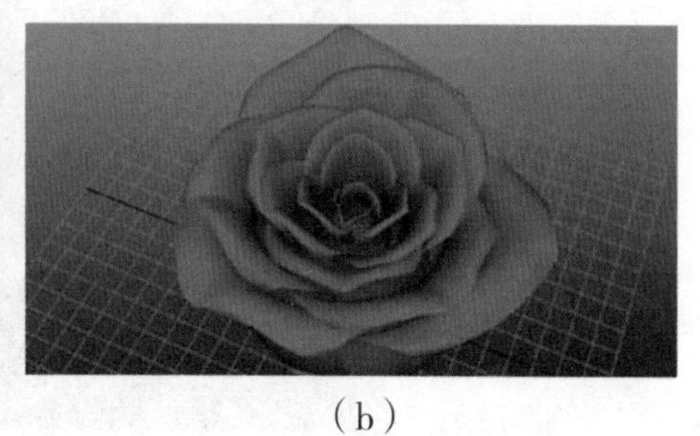

（b）

图 2–5–15

【Step15】茎的制作：首先选择“CV Curve Tool（控制点曲线工具）”建立一条曲线，创建曲线点的距离越均匀越好。这条曲线就是茎的形态，创建后按键盘上的 Enter 键完成操作。选择“Create>NURBS Primitives>Circle（创建 > 原始事物 > 圆）”创建一个圆环曲线，并把圆环放在刚才建立的曲线的一头，如图 2-5-16 所示。

图 2-5-16

【Step16】先选择圆环曲线，然后按住 Shift 键，单击花的茎部曲线，单击“Surfaces>Extrude（曲面 > 挤压）”后边的小方框，打开挤压工具的设置面板，按照图 2-5-17（a）进行设置，设置好后单击“Apply”按钮执行选择圆环曲线，并放缩它调整挤压物体的粗细，调整到适当大小，如图 2-5-17（b）所示。

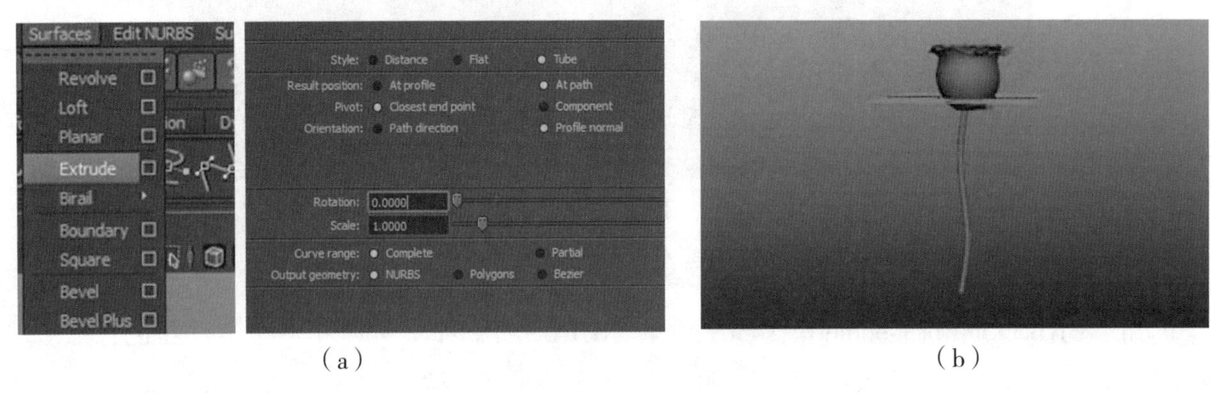

（a）（b）

图 2-5-17

【Step17】叶的制作：选中叶子，再按叶子的形状在顶视图创建一条 CV 曲线，作为叶子的一个边，单击“Edit>Duplicate（编辑 > 复制）”后面的小方框，打开复制的属性面板，将“Scale”的 Z 轴数值改成 -1，设置好后单击“Apply”按钮，如图 2-5-18 所示。

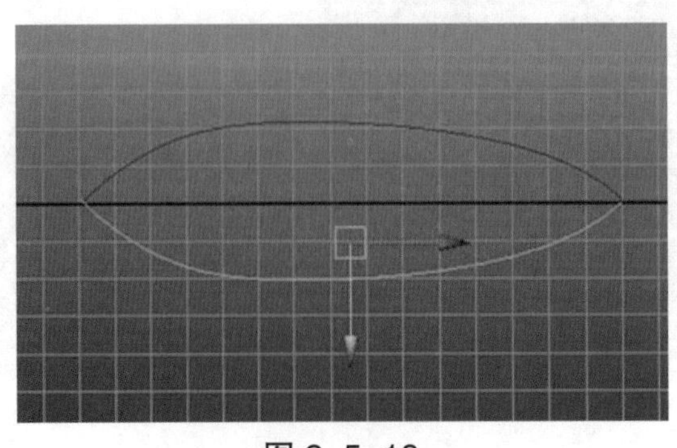

图 2-5-18

【Step18】制作曲面：依次选择两条曲线，选择“Surfaces>Loft（曲面 > 放样）”命令，调节右边的属性，将“Section Spans（截面跨度数）”的数值调成 6，删除历史，删除不用的曲线，如图 2-5-19 所示。

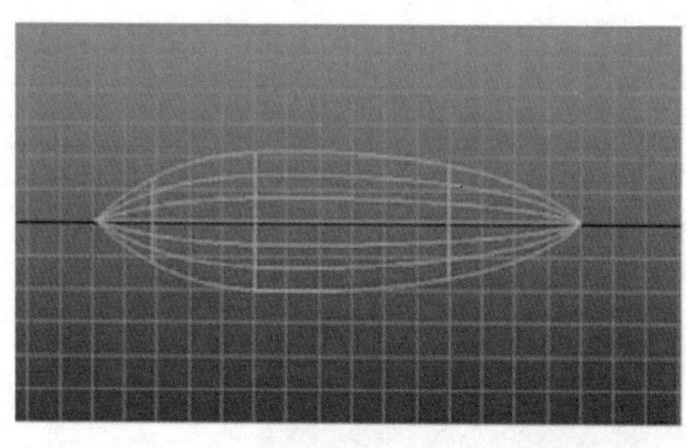

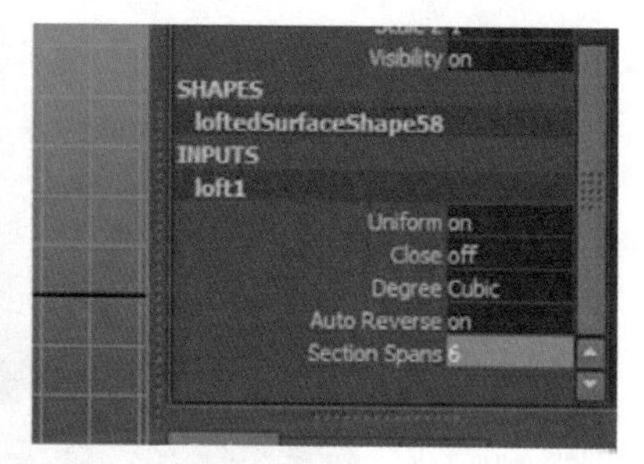

图 2-5-19

【Step19】塑造叶子的形状：按 F2 键切换到“Animation”模块，确认叶子处于选择状态，选择“Create Deformers>Nonlinear>Bend（创建变形器 > 非线性 > 弯曲）”命令，创建一个变形器，旋转变形器 Z 轴 90°，按 T 键显示出可控点，移动三个可控点到理想的位置，然后删除叶子的历史，再对叶子进行深入雕塑，如图 2-5-20 所示。

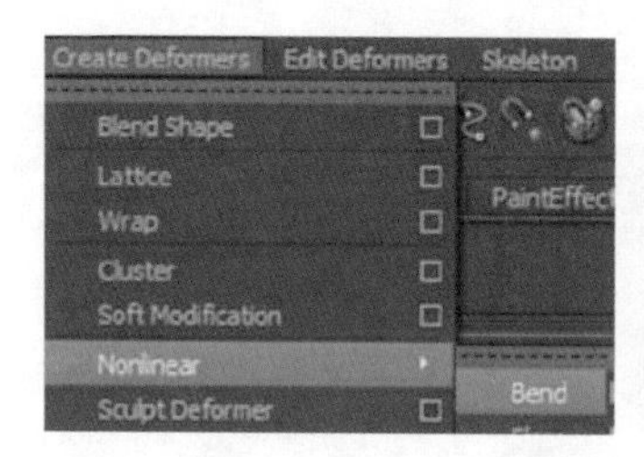

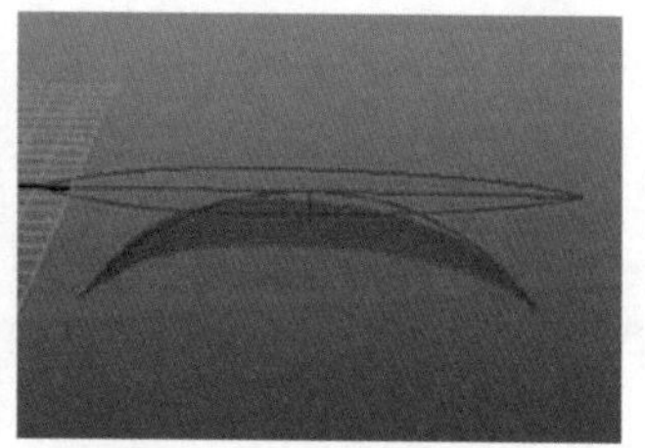

图 2-5-20

【Step20】花的各部分都已经完成了，再把它们摆放在一起即可，如图 2-5-21 所示。

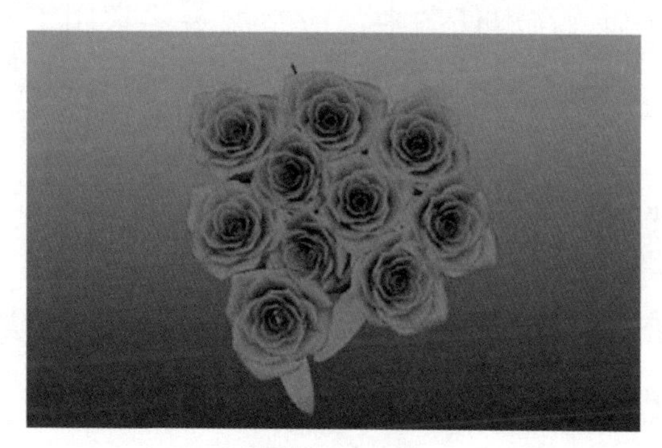

图 2-5-21

任务2.6　笔记本电脑的制作

本任务的最终效果如图 2-6-1 所示。

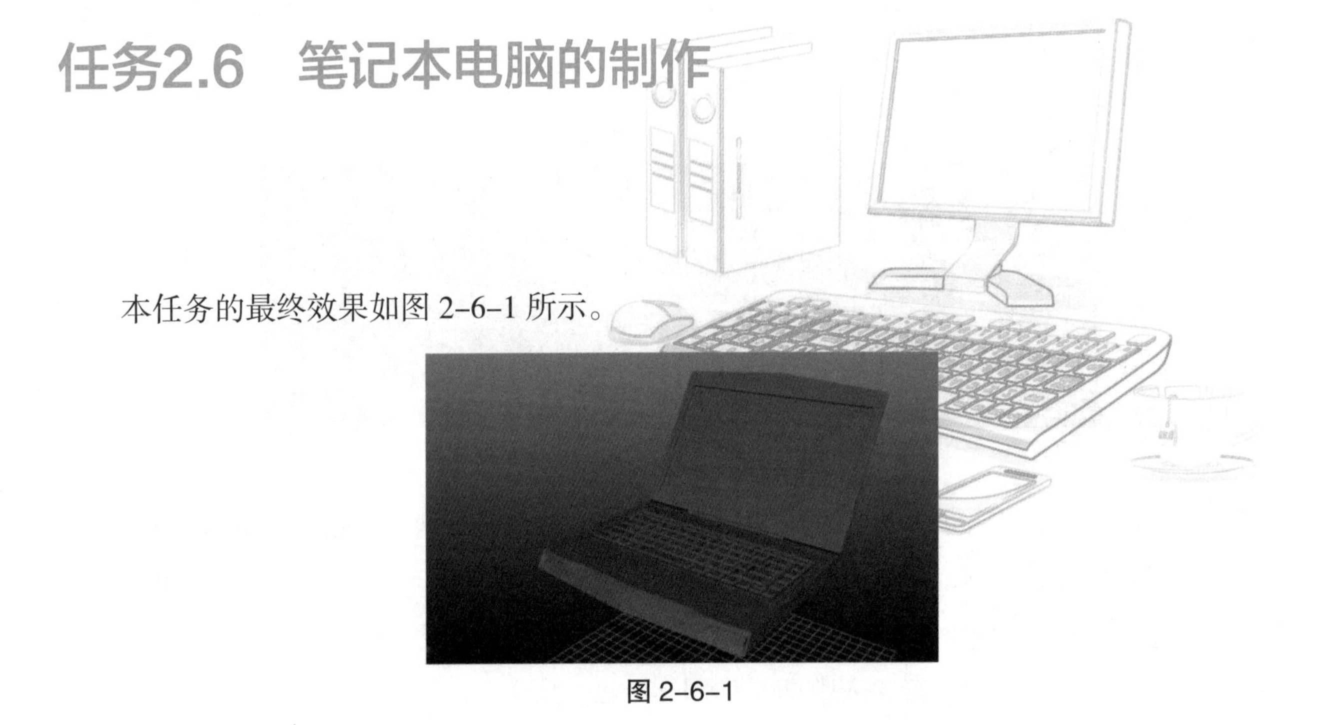

图 2-6-1

2.6.1　制作难度评定

难度等级：★★★

2.6.2　任务要求

本任务模型相对较为复杂，在本任务中，应掌握一些常用工具与命令，学习对较复杂物体的制作思路。

2.6.3　任务分析

对笔记本进行整体分析，首先制作笔记本的键盘，接着按照笔记本键盘的大小扩展出笔记本底座的部分，最后制作笔记本屏幕。

涉及的命令：

（1）Extrude 挤压工具［Edit Mesh>Extrude（编辑网格 > 挤压）］。

（2）Edit Mesh>Insert Edge Loop Tool（编辑网格 > 插入循环边线工具）。

（3）Edit Mesh>Bevel Edge（编辑网格 > 倒角）。

（4）Edit>Duplicate（编辑 > 复制）。

（5）Edit>Duplicate Special（编辑 > 特殊复制）。

（6）菜单 Mesh>Extract（网格 > 提取）。

（7）Edit Mesh>Cut Face Tool（编辑网格 > 切面工具）。

（8）Edit Mesh>Megre（编辑网格 > 焊接）。

2.6.4 任务实施

Step1~Step10
制作视频

【Step1】先创建一个立方体，单击“Create>Polygon Primitives>Cube（创建 > 多边形几何体 > 盒子）”命令，如图 2-6-2 所示。

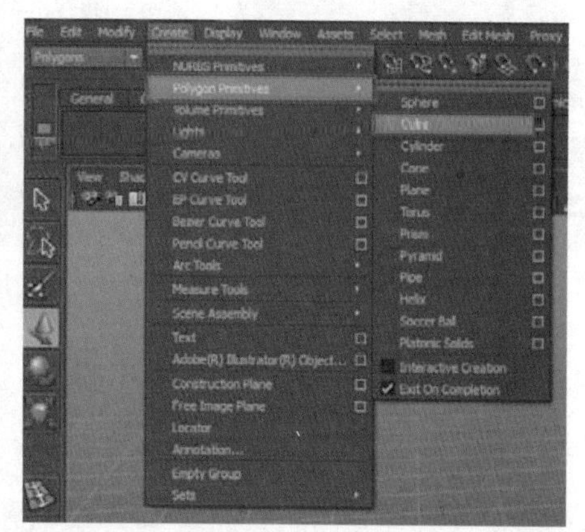

图 2-6-2

【Step2】切换到面模式下［单击鼠标右键选择“Face（面）”］。按键盘上的 R 键切换到缩放键，调整形状。按 W 键切换到移动，单击 Y 轴向的手柄调整，这样就得到了按键的基本形状，如图 2-6-3 所示。

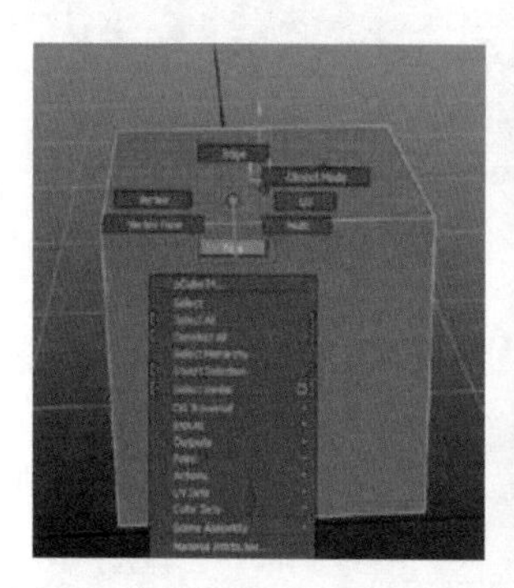

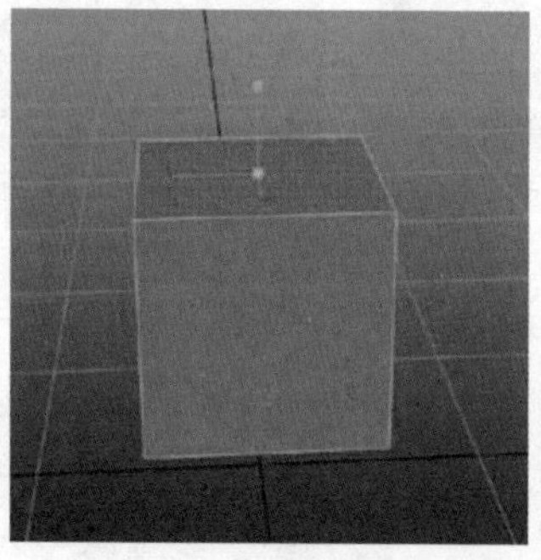

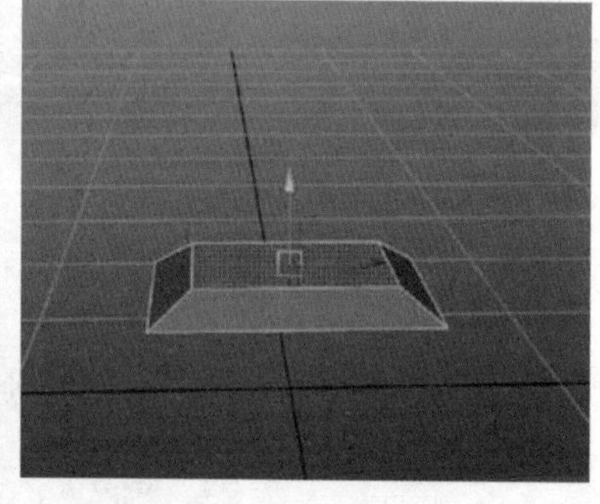

图 2-6-3

【Step3】因为上面的面是弧面的，所以我们要对按键添加细节，如图 2-6-4 所示。

图 2-6-4

【Step4】在按键上添加一条中线，利用到环行边并分割工具，选中一条边后按住键盘上的 Ctrl 键，再按住鼠标右键向左下方移动，选择“Edge Ring Utilities（环边工具）”再向右下移动，选择“To Edge Ring Split（到环边并分割）”，如图 2-6-5 所示。

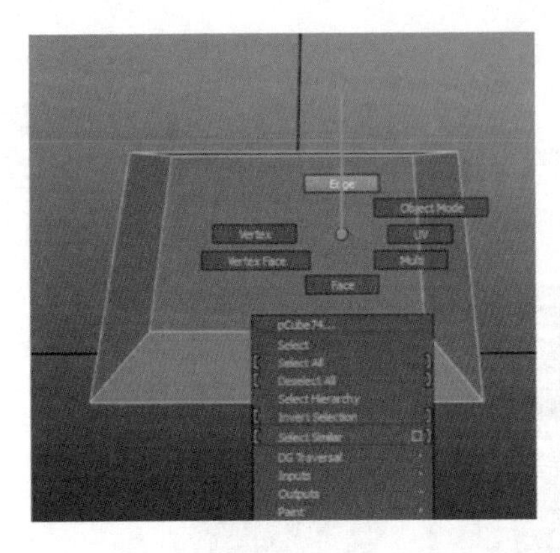

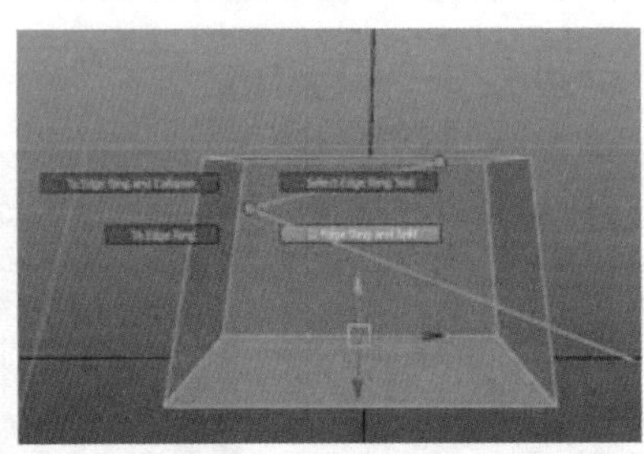
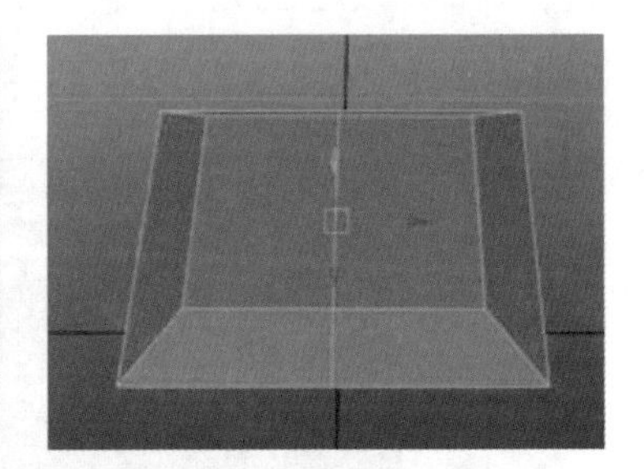

图 2-6-5

【Step5】使用倒角工具［执行菜单命令“Edit Mesh>Bevel Edge（编辑网格 > 倒角）”］可以把刚加出来的边线一分为二。然后重复上一步在中间加一条环线，如图 2-6-6 所示。

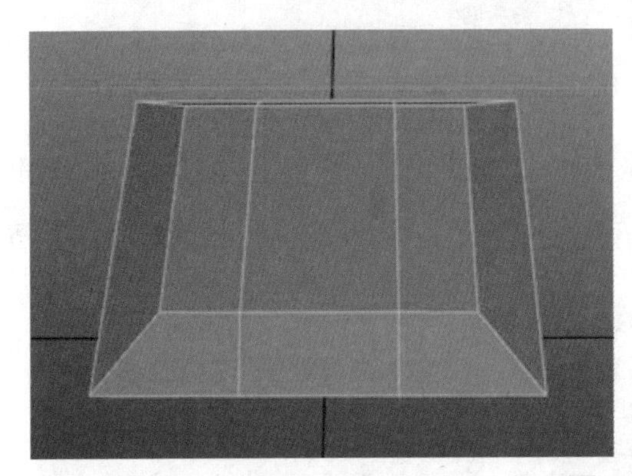
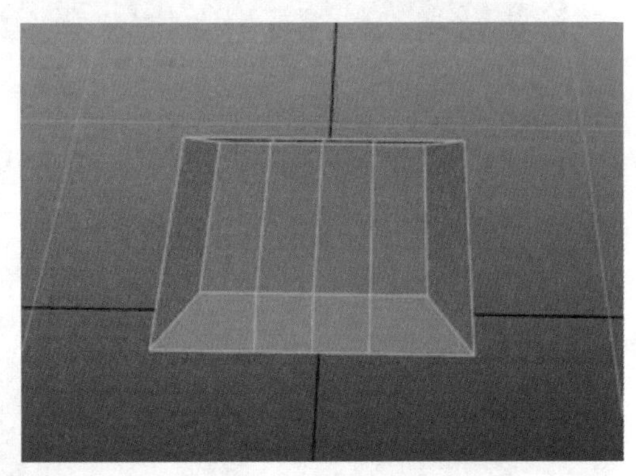

图 2-6-6

【Step6】按 W 键切换到移动选择边调整出弧度，如图 2-6-7 所示。

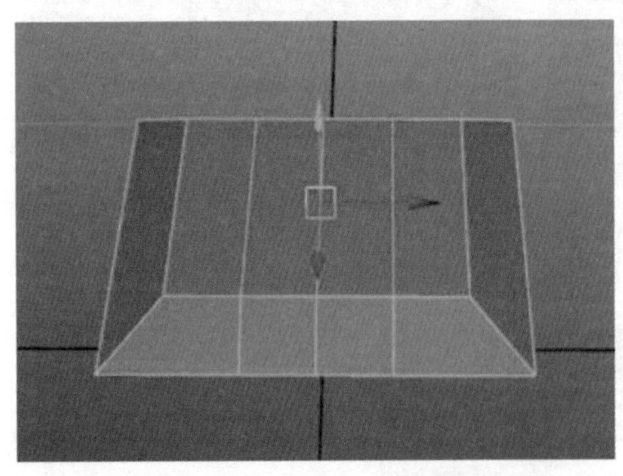
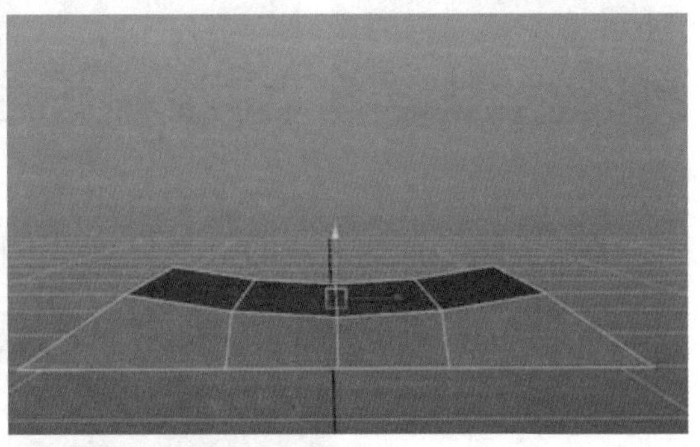

图 2-6-7

【Step7】按数字键 3 用 NURBS 模式显示观察物体，这时发现在 NURBS 模式显示下物体的形状变形了，这样是不行的，如图 2-6-8 所示。

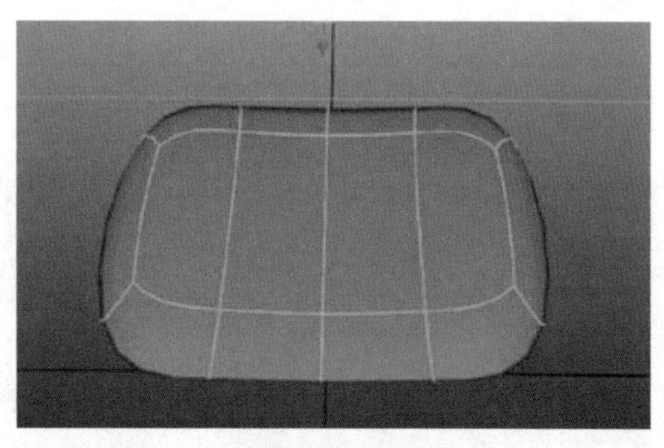

图 2-6-8

【Step8】接下来开始卡边（卡边就是用两条线把做出来的结构线保持住，使它在NURBS 模式显示下能够保持形状。卡出来的边线离结构线越近，形状就越生硬、越锋利，反之则越圆滑、越柔和，具体视情况而定），如图 2-6-9 所示。

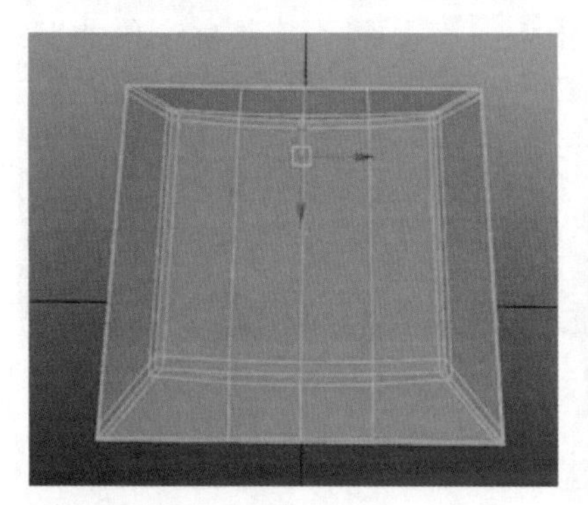
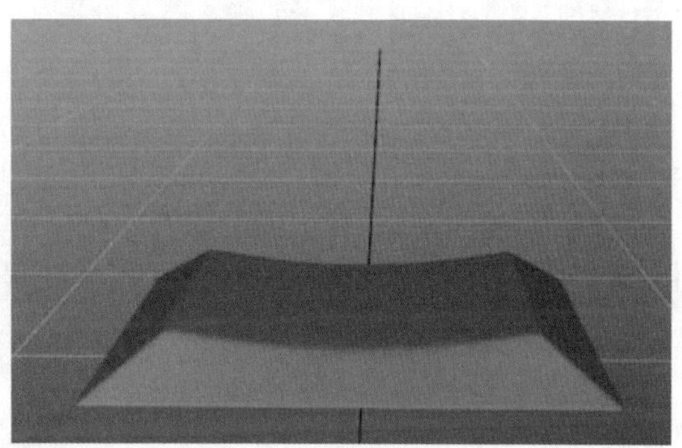

图 2-6-9

【Step9】物体模式下按快捷键“Ctrl+D”复制一个，用移动工具摆好位置后，按“Shift+D”键重复上一次复制，复制出所需数目，再按照键盘的排列摆放好按键，如图 2-6-10、图 2-6-11 所示。

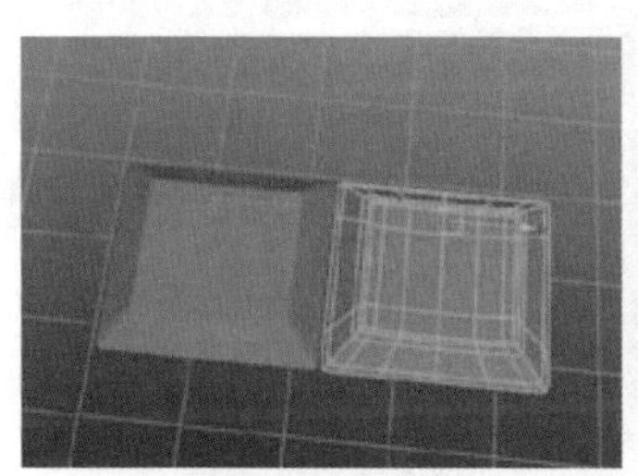
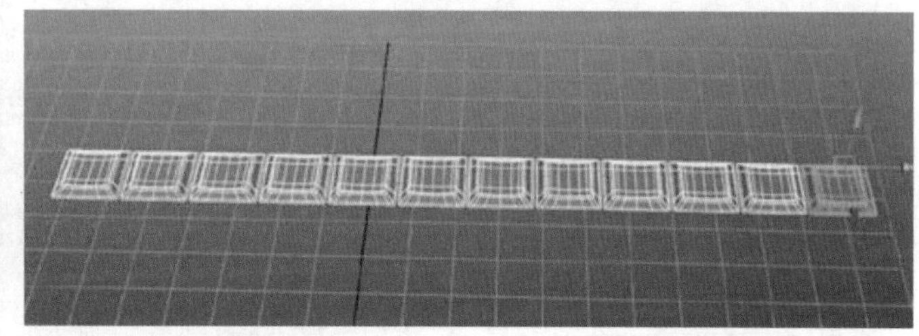

图 2-6-10

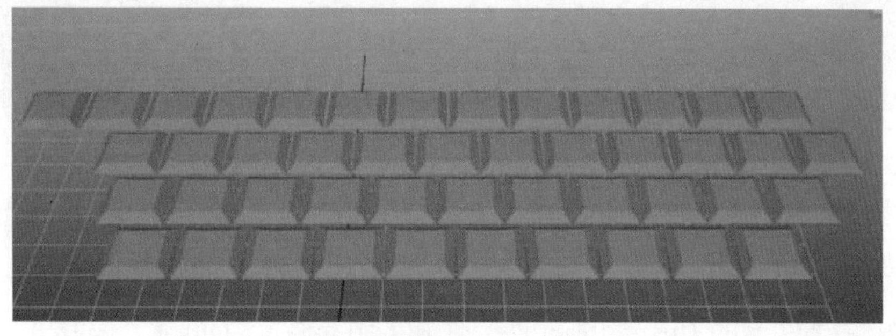

图 2-6-11

【Step10】单独拿出一个按键，利用缩放改变大小，用于制作不同大小的按键。之后到顶视图调整位置，这样键盘按键就制作完成了，如图 2-6-12 所示。

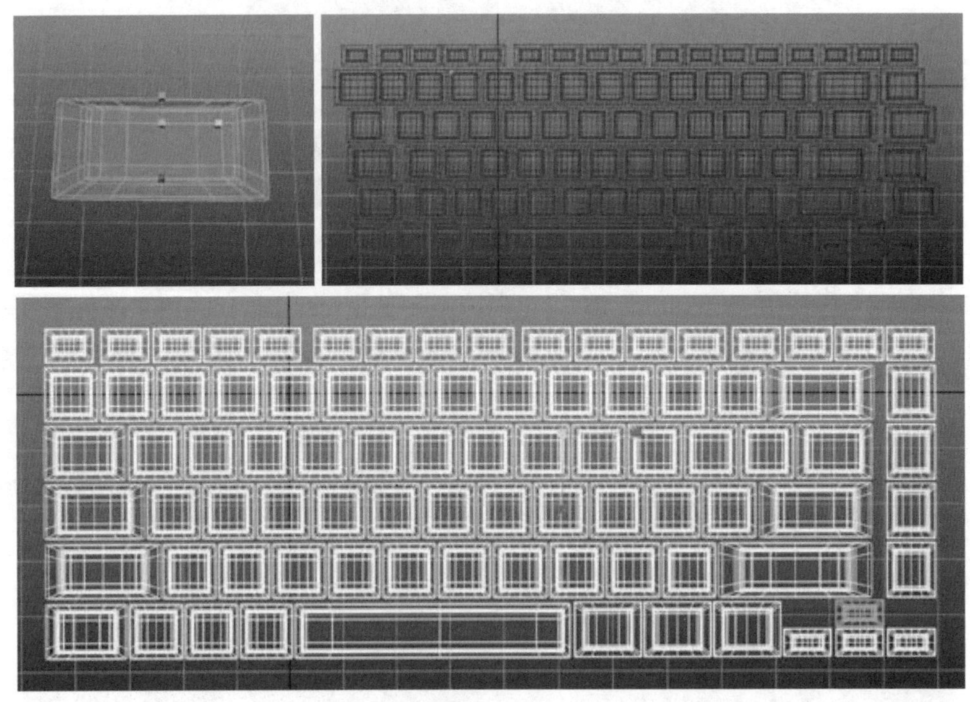

图 2-6-12

【Step11】现在制作键盘边缘的部分。首先创建一个立方体，到顶视图用移动工具把立方体调整到合适的位置，之后用缩放工具从 X 轴和 Z 轴来缩放立方体，之后再进入侧视图，选择立方体的底面，用立方体从 Y 轴方向向上拖动到适合位置，如图 2-6-13 所示。

Step11~Step22
制作视频

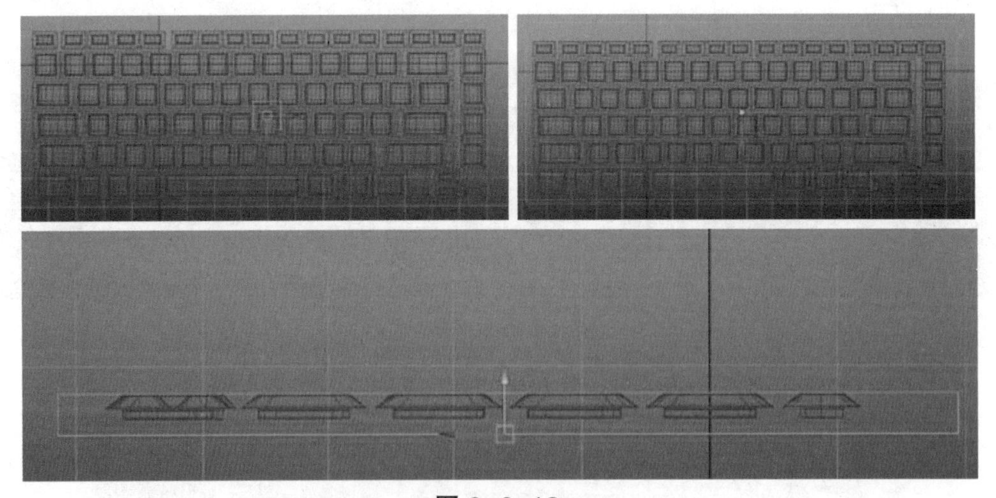

图 2-6-13

【Step12】回到透视图，切换到面模式，选择立方体的顶面进行挤压［选择“Edit Mesh>Extrude（编辑网格 > 挤压）”命令］。可以调整挤压的属性，通过属性值可以更加精确地修改。方法是在按住键盘上的 Ctrl 键的同时按住鼠标中键在“Offset（偏移）”上面左右拖动，使这个面达到合适大小，如图 2-6-14 所示。

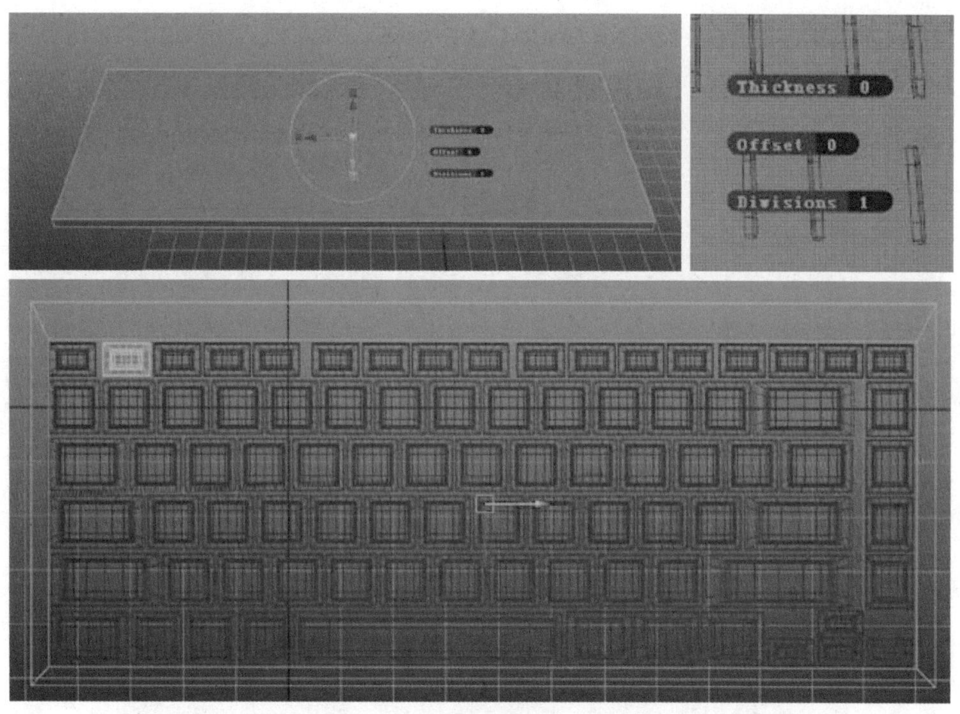

图 2-6-14

【Step13】回到透视图里，在面模式下，选择刚刚挤压缩放的面再挤压一次，按住 Y 轴向的手柄向下拖动，可以挤压出一个凹槽，如图 2-6-15 所示。

图 2-6-15

【Step14】在这里同样需要卡线。使用“Shift+I”键（单独显示）可以使操作更便捷。在物体模式选择模型后，按键盘上的“Shift+I”键即可将模型单独显示，之后可以更方便地卡边线，如图 2-6-16 所示。现在，笔记本的键盘部分就制作完了。

图 2-6-16

【Step15】现在开始制作笔记本机身。创建一个立方体，按照笔记本的比例调整机身的大体形状，如图 2-6-17 所示。

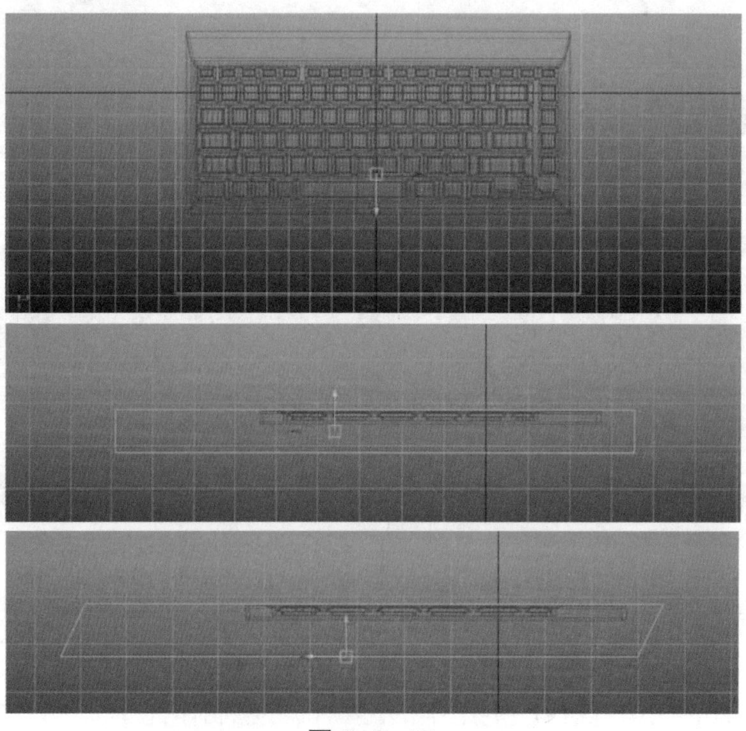

图 2-6-17

【Step16】切换到透视图，选择顶面挤压，调整至如图 2–6–18、图 2–6–19 所示形状。

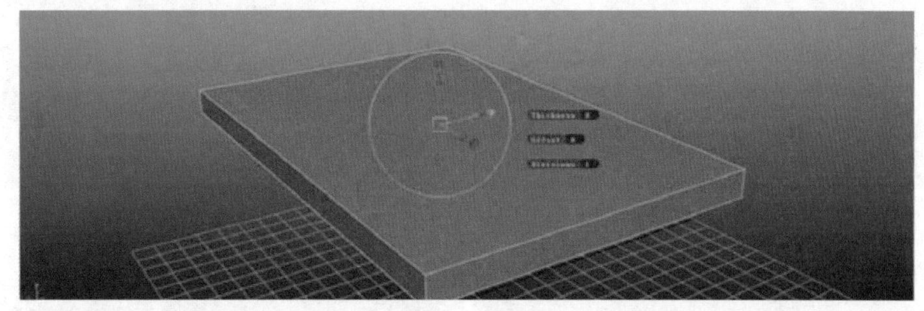

图 2–6–18

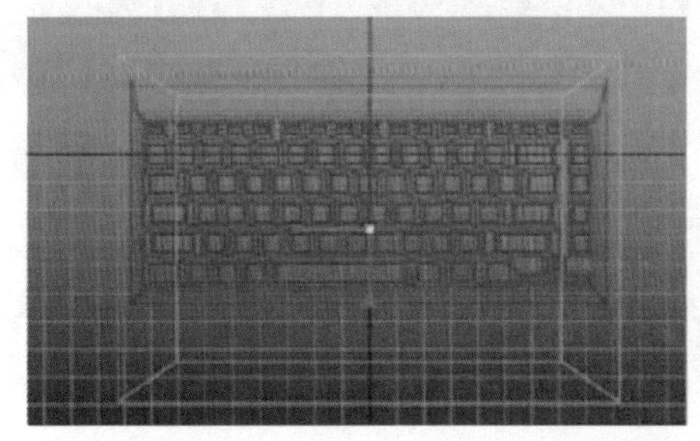

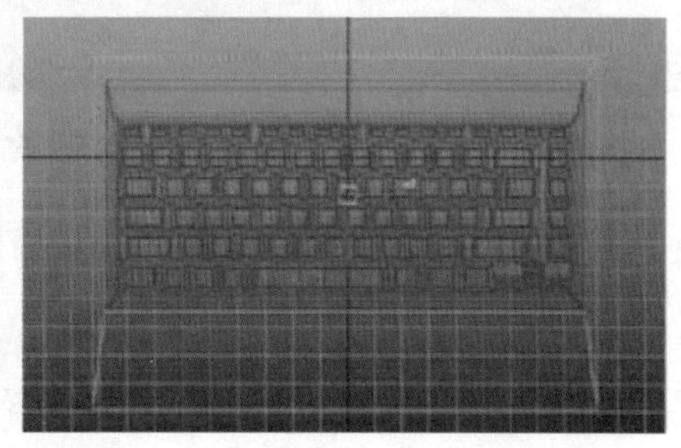

图 2–6–19

【Step17】再次挤压，按 W 键切换到移动工具，拖动 Y 轴向的手柄向下，可以做出凹槽（键盘的部分就会漏出来），如图 2–6–20 所示。

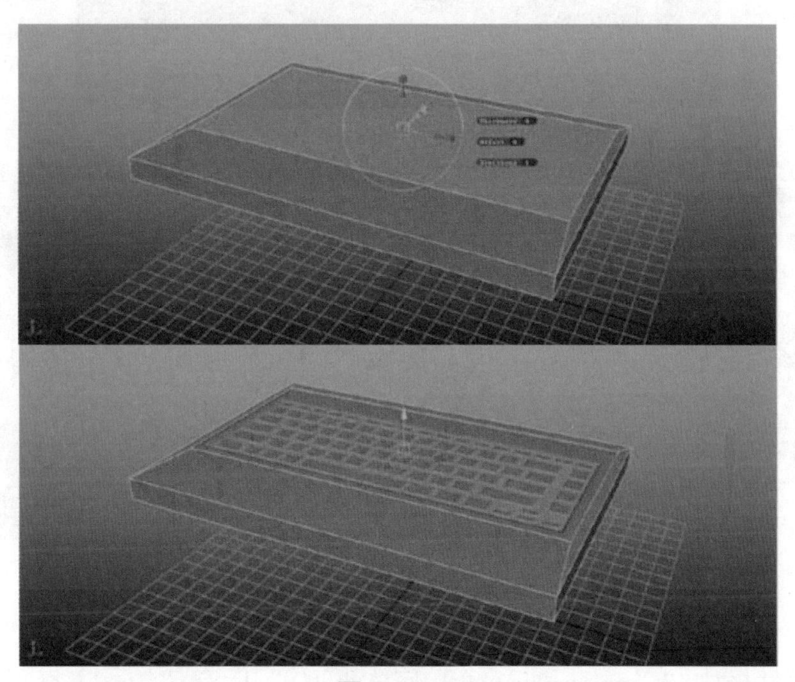

图 2–6–20

【Step18】这时可以利用关联复制来制作笔记本的对称部分。回到透视图，选择边模式，加上一条中线后切换至面级别，选择一半的面删除（快捷键是 Delete 键），如图 2–6–21 所示。

图 2-6-21

【Step19】切换到模型模式，鼠标放在模型上按住右键向右上角方向滑动，如图 2-6-22（a）所示，选择没有删掉的一半，找到菜单上的“Edit>Duplicate Special（编辑 > 特殊复制）”命令，单击后面的小方框会弹出它的属性设置界面，如图 2-6-22（b）所示。

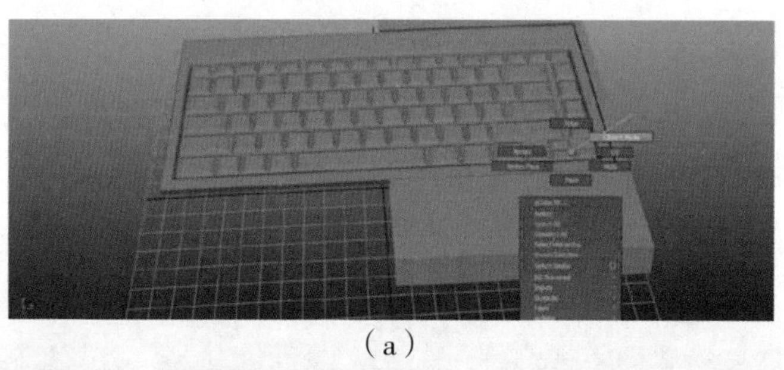

（a）

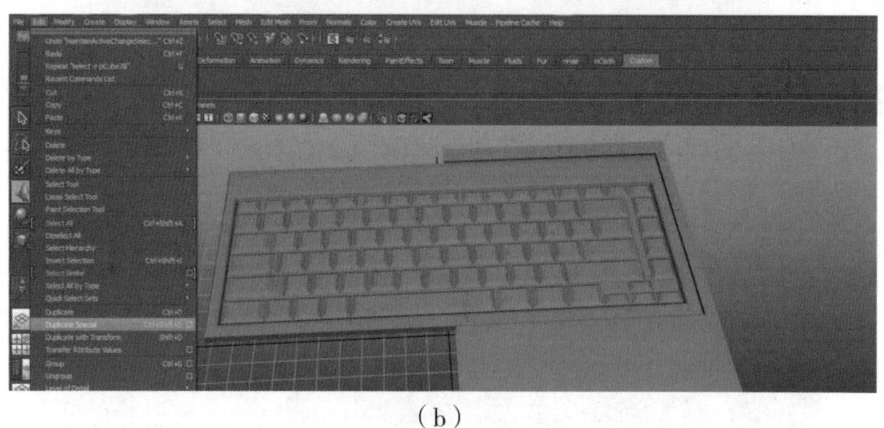

（b）

图 2-6-22

【Step20】属性框中“Geometry type（几何体类型）”后有“Copy（复制）”和“Instance（关联复制）”两个选项。下面有一个表格，纵向分别为 X 轴方向、Y 轴方向和 Z 轴方向。横向分别代表移动、旋转、缩放。选择关联复制，然后把 X 轴向的缩放数值调整为 -1，然后单击“Apply（应用）”按钮就完成了关联复制。对左边或右边的模型进行操作时，另一半也如此操作，如图 2-6-23 所示。

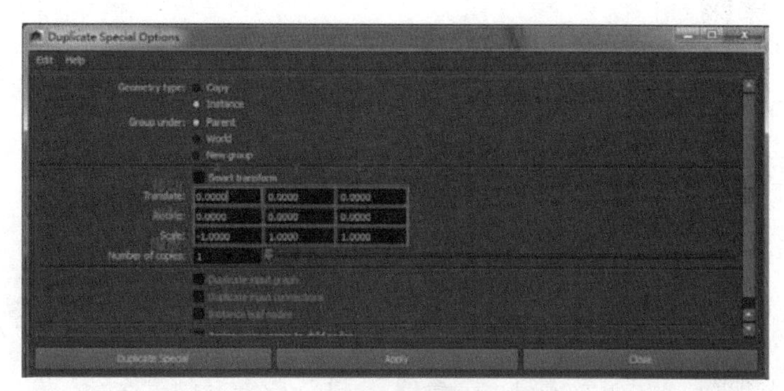

图 2-6-23

【Step21】现在制作对称的细节部分，先加一条中线，选择中线分出来的左侧的边进行倒角［Edit Mesh>Bevel（编辑网格 > 倒角）］，然后在通道栏中的操作历史记录栏中单击“Bevel（倒角）”，打开相关的属性，选择“Offset（偏移值）”后，按住鼠标中键在视图中左右拖动，可以改变倒角的大小（同时按住键盘上的 Ctrl 键会更容易调整），如图 2-6-24 所示。

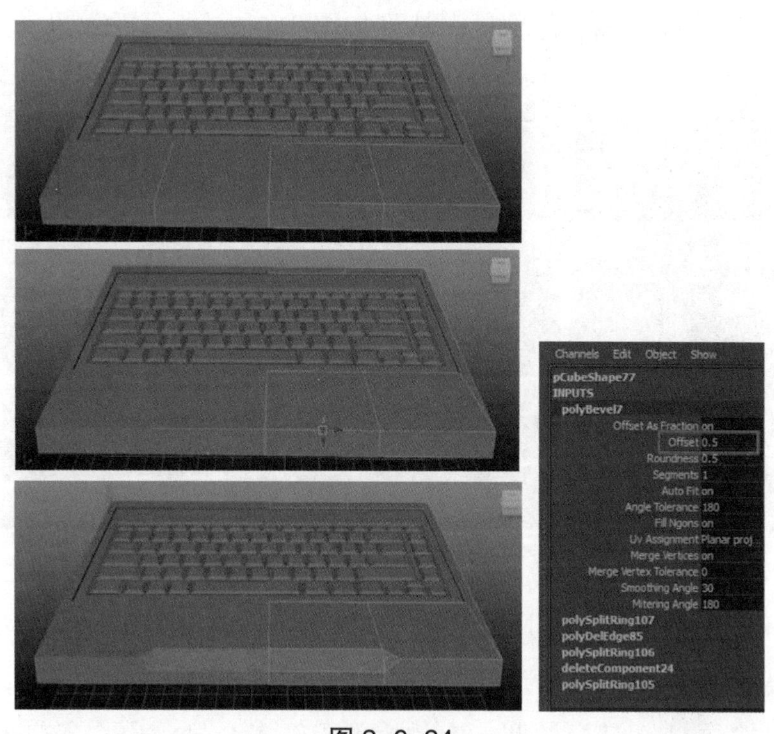

图 2-6-24

【Step22】使用分割多边形工具［在物体模式下选择模型（模型线条为绿色），按住 Shift 键同时按下鼠标右键向左拖动，选择“Split（分割）”，再向右拖动，选择“Split Polygon Tool（分割多边形工具）”］，可以自由地加线制作出笔记本细节的部分，如图 2-6-25 所示。

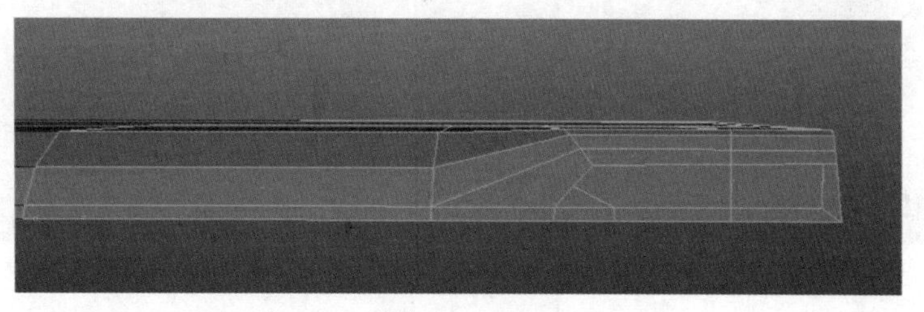

图 2-6-25

【Step23】加好细节后，现在开始分离出组成笔记本机身的部件。切换到面模式，选择需要分离的面后，利用提取［选择“Mesh>Extract（网格 > 提取）”命令］，分离出想要的效果，如图 2-6-26 所示。

Step23~Step29
制作视频

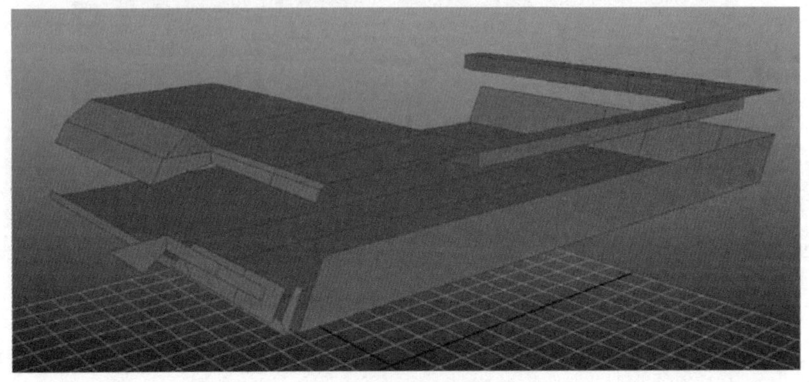
图 2-6-26

【Step24】逐个制作出分离出的部件，达到如图 2-6-27 所示的效果。

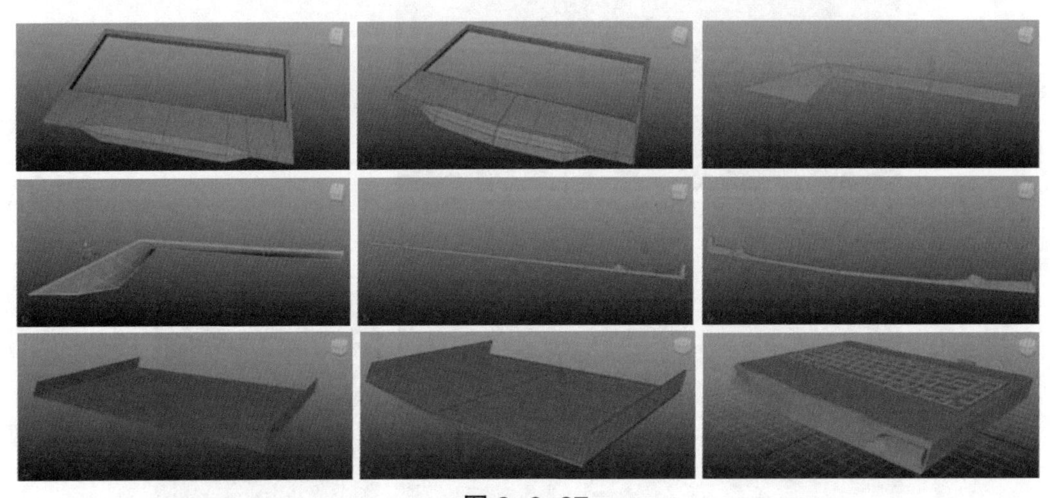
图 2-6-27

【Step25】制作触控板。利用切面工具［选择“Edit Mesh>Cut Face Tool（编辑网格 > 切面工具）”］可以很便捷地达到效果，在顶视图中执行此命令可以更加精确，在需要加线的位置按住鼠标（同时按住 Shift 键会按照一定的标准旋转）会显示出一条灰色的线，松开即可加出一条直线，如图 2-6-28 所示。

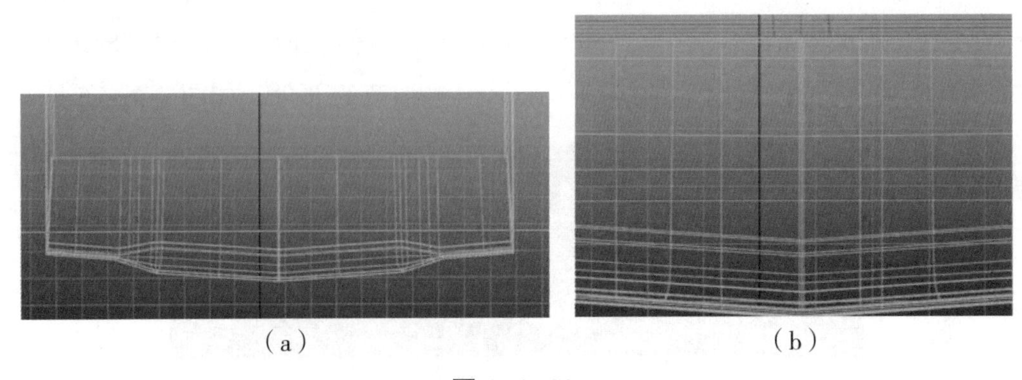
（a）　　（b）
图 2-6-28

【Step26】切换至面模式，选中刚刚加出的触控板部分的面，分离出来，删除多余的线。把触控板部分添加细节后，挤压出厚度并卡边，如图 2–6–29 所示。

图 2–6–29

【Step27】制作笔记本电脑屏幕，首先选择笔记本电脑下面的面，利用提取面工具，提取出来作为屏幕的基本几何体，挤压后调整厚度和角度，使其与笔记本机身前后的角度一致，如图 2–6–30 所示。

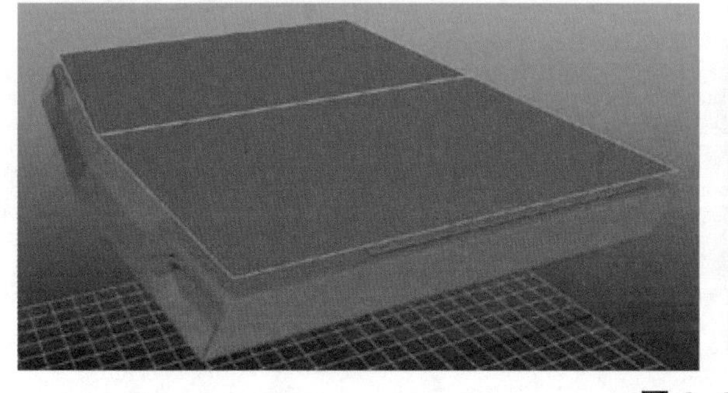

图 2–6–30

【Step28】利用切面工具勾勒出屏幕的位置，选择面进行挤压，做出屏幕凹陷的效果后开始卡线，如图 2–6–31 所示。

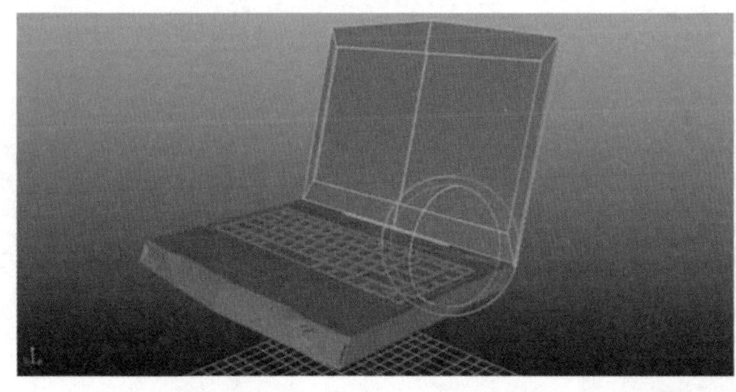

图 2–6–31

【Step29】创建一个圆柱［选择“Create>Polygon Primitives>Cylinder（创建 > 多边形基本体 > 圆柱体）”命令，调节段数为 12］来制作它的折页，调节圆柱的形状并调节位置，分好段数后卡线。这样就完成了笔记本的制作，最终效果如图 2-6-32 所示。

图 2-6-32

结语：通过此次练习，我们又学会了许多新命令，并且巩固了之前学习过的命令，对形体的把握也更为精准了，为以后学习制作更复杂的物体做了铺垫。

任务2.7　静物场景的摆放

本任务的最终效果如图 2–7–1 所示。

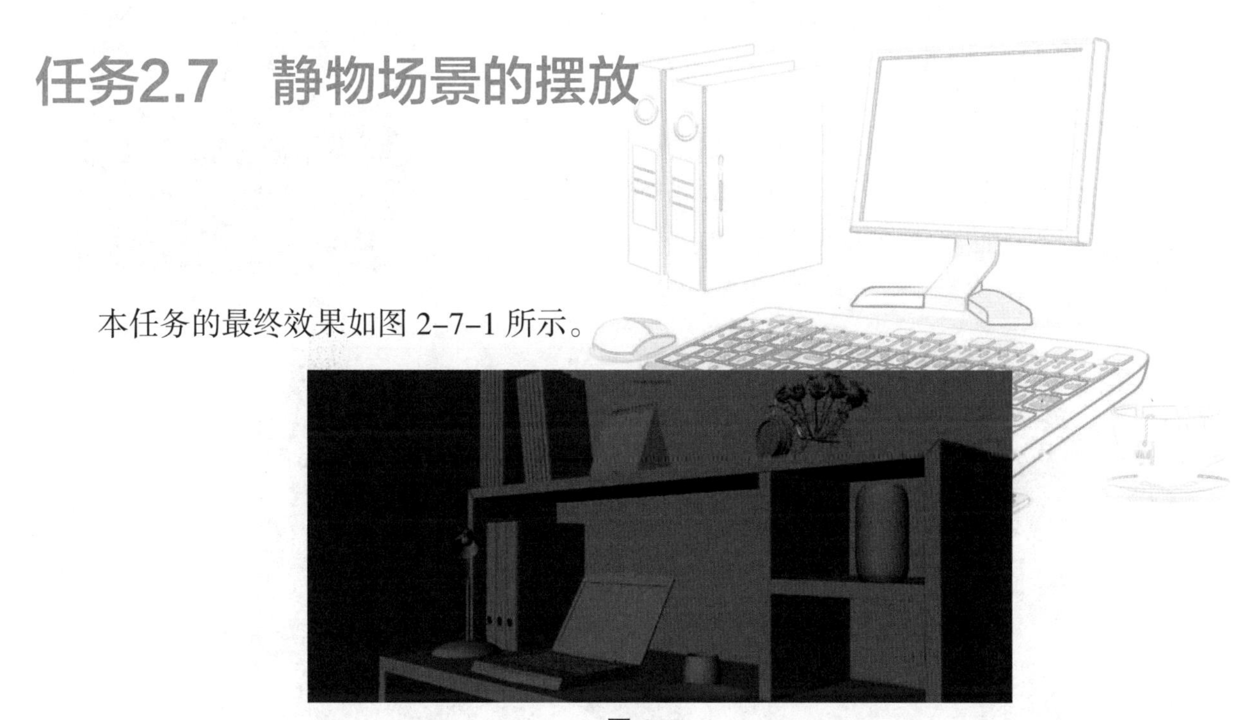

图 2–7–1

2.7.1　制作难度评定

难度等级：★

2.7.2　任务要求

（1）导入和导出 OBJ 格式的文件。

（2）给模型打组并给组起名。

（3）调整多个模型之间的比例关系。

（4）了解两个物体之间的比例关系和多个物体的比例关系。

2.7.3　任务分析

本任务学习怎样导出和导入 OBJ 文件。把所有 OBJ 文件都导入电脑桌的文件里，然后按照比例合理地摆放在电脑桌上。

2.7.4　任务实施

【Step1】打开所要导出 OBJ 文件的 Maya 文件，例如台灯，在模型模式下框选台灯，如图 2–7–2 所示。

【Step2】单击菜单命令“Window>Setting/Preferences>Plug-in Manager（窗口 > 设置 / 首选项 > 插件管理器）”，弹出一个功能窗口，拉动滑条向下，找到“objExport（OBJ 插件）”并将它加载进来，勾选“Loaded”，后面的“Auto load”为自动加载，即每次打开 Maya 时都会加载，如图 2-7-3 所示。

图 2-7-2

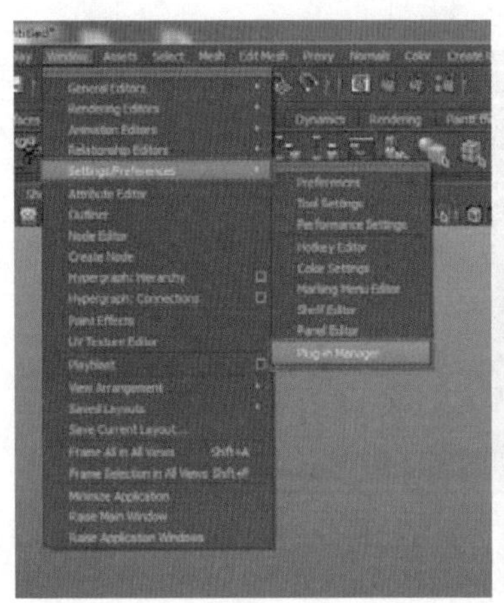

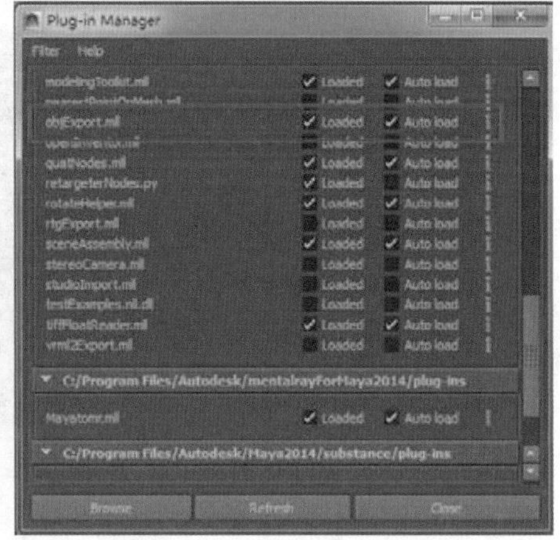

图 2-7-3

【Step3】单击菜单命令“File>Export Selection（文件 > 导出当前选择）”，弹出一个功能窗口，在“Files of type（文件类型）”里选择“OBJexport”，在“File name（文件名）”编写名字，切记不要用中文编写。然后单击“Export Selection（导出全部）”按钮，如图 2-7-4 所示。

（a）

（b）

图 2-7-4

【Step4】打开电脑桌的文件。执行“File>Import（文件 > 导入）”命令，导入台灯的OBJ文件，如图2–7–5所示。

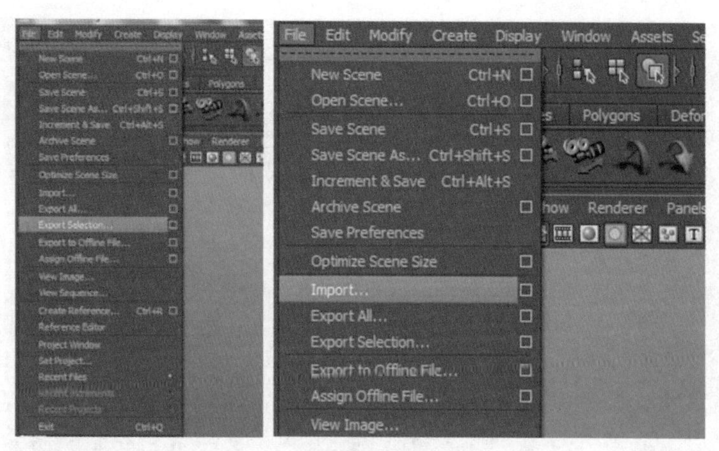

图2–7–5

【Step5】依次把台灯、笔记本电脑、日历等都导入电脑桌的Maya文件中，在每一次导入时可以把模型放到一个层里（物体模式下选择模型，在右下角层编辑器里单击四个图标中的第四个来按钮，创建一个层并将选择的物体加入层中），这样方便后面的操作。双击层可以改名，如图2–7–6所示。

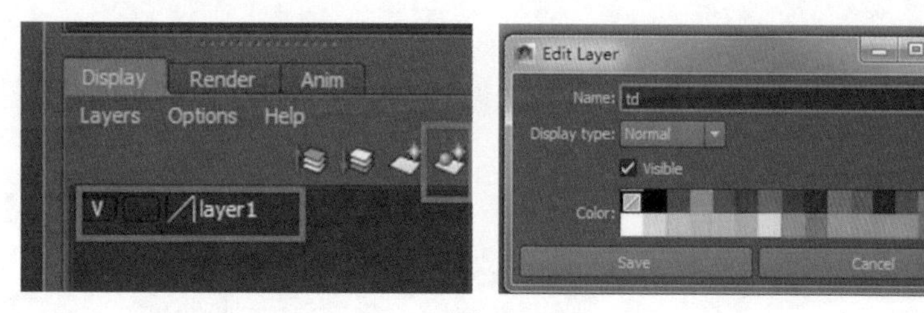

图2–7–6

【Step6】导入了所有的模型之后，就可以开始把物体摆放到电脑桌上了。摆放的时候要注意物体与物体之间的比例关系，首先与电脑桌对比，然后再与其他物体对比后一个一个地摆好，如图2–7–7所示。

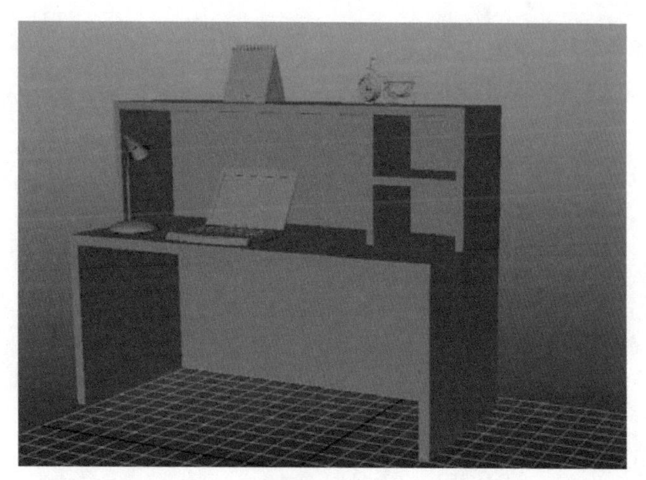

图2–7–7

【Step7】如果觉得有些地方很空，可以自己做些简单的东西放进去，比如书本、盘子等，如图 2-7-8 所示。

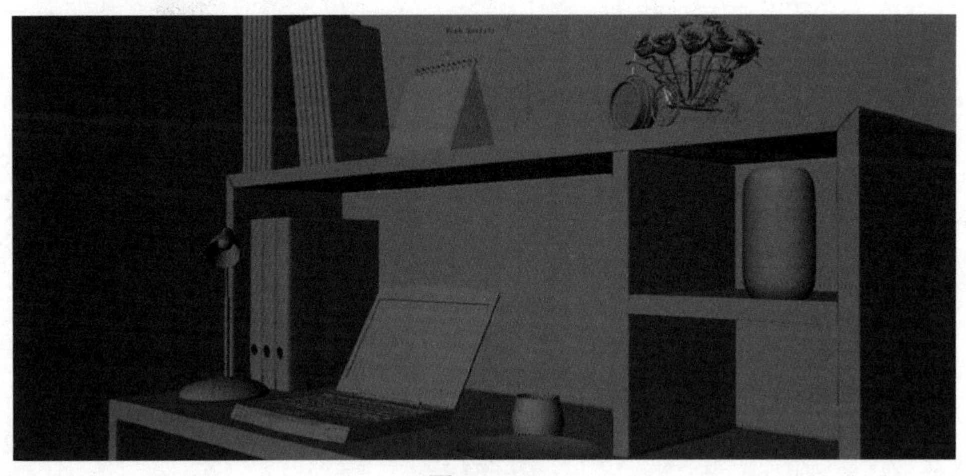

图 2-7-8

通过这次练习我们学会了导出和导入 OBJ 文件，按照相应的比例来摆放物体，也完成了静物场景模型的学习制作。

项目三

建筑场景建模

3

任务 别墅场景的制作

本任务的最终效果如图 3-1-1 所示。

图 3-1-1

3.1.1 制作难度评定

难度等级：★★★★

3.1.2 任务要求

（1）了解工具的运用和使用技巧。

（2）通过实际操作了解制作场景模型的思路和方法

（3）通过学习本任务内容丰富自己的建模手法。

（4）熟练创建 Polygon 基本体并对其编辑是建模的基础，这一项目我们主要学习的就是 Polygon 建模。

（5）通过学习，尝试应用工具属性和扩展属性，了解工具的特性，有助于提升创建模型的效率。

（6）场景建模第一步需要注意的是整体比例，使用基本体，如同搭积木一样制作出整体形状后，再进一步调整。

3.1.3 任务分析

场景的难点在主要在于部件多，且形状相对不规则。在制作过程中，我们需要先将其简单化，使用 Polygon 基本体搭建整体比例，再进行细化。

涉及的命令：

（1）Edit Mesh>Extrude（编辑网格 > 挤出命令）。

（2）Edit Mesh>Bridge（编辑网格 > 桥接）。

（3）Edit Mesh>Insert Edge Loop Tool（编辑网格 > 插入循环边工具）。

（4）Edit Mesh>Bevel（编辑网格 > 倒角）。

（5）Mesh>Combine（网格 > 结合）。

（6）Mesh>Separate（网格 > 分离）。

（7）Mesh>Fill Hole（网格 > 填充洞）。

3.1.4 任务实施

制作视频

1. 搭建基础场景形状

对场景模型进行基础搭建，简单摆放模型的大体比例和位置，为之后创建模型做好铺垫。

在创建基础模型过程中，将原本复杂的物体简单化理解，通过基本的几何形体将它搭建出来即可（图 3-1-2）。

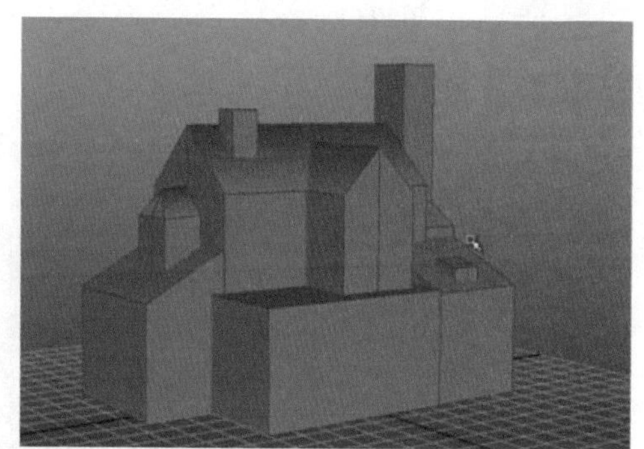
图 3-1-2

【Step1】通过创建简单“Cube（立方体）”搭建模型。单击“Polygons（多边形）”工具栏下的“Cube（立方体）”，创建立方体，如图 3-1-3 所示。

【Step2】按“Ctrl + D”键，调整立方体，将场景主要部分搭建出来，如图 3-1-4 所示。

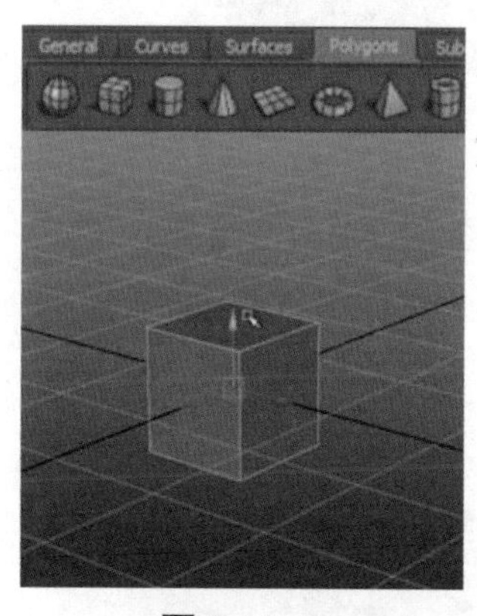

图 3-1-3

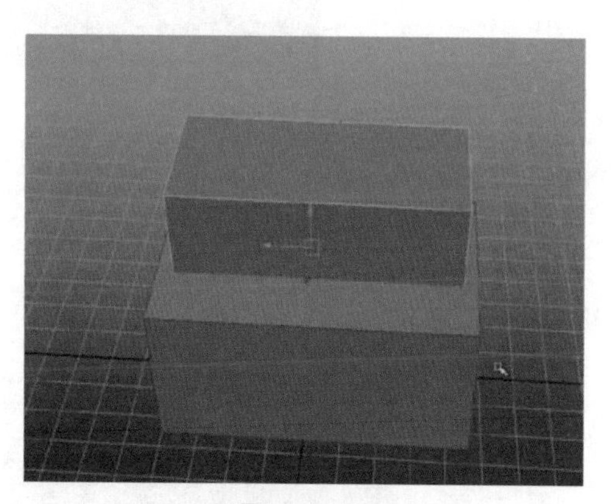
图 3-1-4

【Step3】在处理屋顶的时候，可以通过选中屋顶立方体的一条边，按住 Ctrl 键并单击鼠标右键选择“Edge Ring Utilities>To Edge Ring and Split（环形边工具 > 到环形边并分割）”命令（图 3-1-5）。这样可以在这条线的正中间加上一条中分线，调整线即可将屋顶形状拖拽出来。

【Step4】用同样的方法，将其他部分一一摆出，这样完成了简易的基础模型（图 3-1-6）。

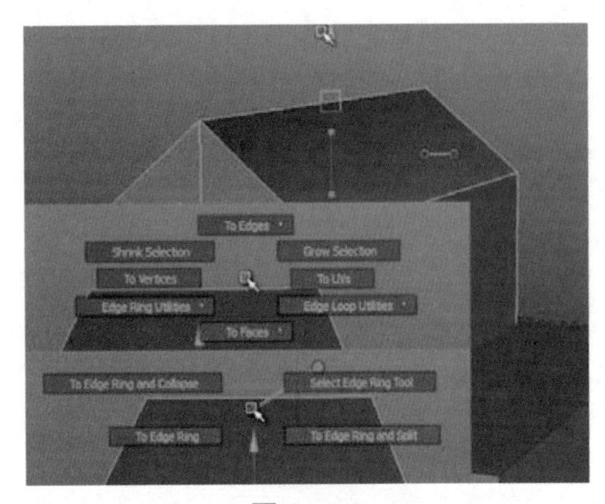

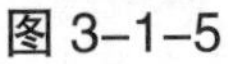

图 3-1-5

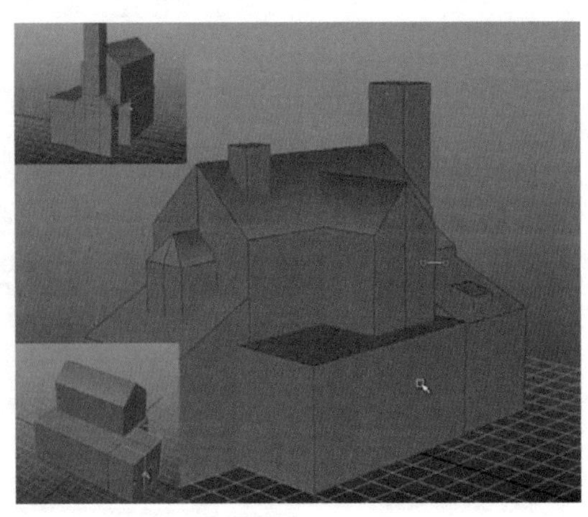

图 3-1-6

2. 补充场景的模型

在这个环节中我们要对整个场景进行分析和添加物件，搭建整个场景。

在这个环节要多观察参考图，分析场景中的难易点，通过创建基本几何体将整个场景丰富起来（图 3-1-7）。

图 3-1-7

【Step1】制作场景一层墙体的结构效果。使用“Insert Edge Loop Tool（插入循环边工具）”配合“Extrude（挤出）”工具，在适当的位置上加上线段并选中面进行挤出，将墙体部分结构制作出来，如图 3-1-8 所示。

Step1~Step8
制作视频

图 3-1-8

【Step2】制作一层柱子。创建立方体并适当调整大小后，对立方体使用“Insert Edge Loop Tool（插入循环边工具）”配合“Extrude（挤出）”工具将柱子底座挤压出来，继续重复上面的步骤，将柱子中间部分也挤压出来，如图 3-1-9 所示。

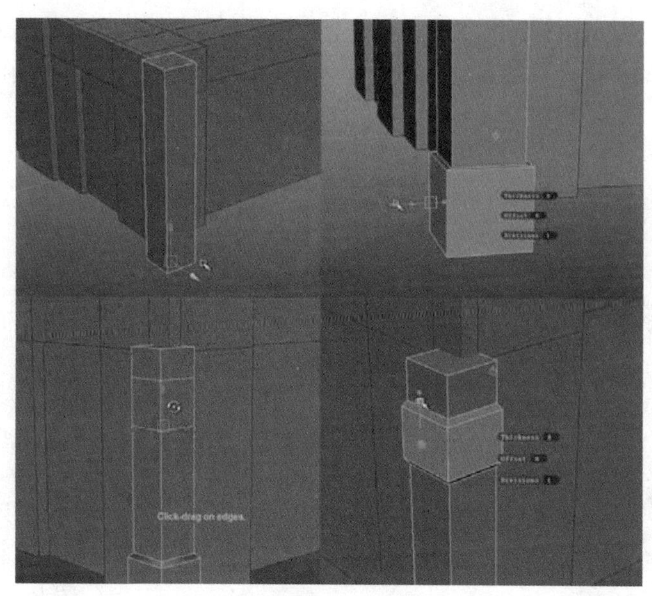

图 3-1-9

【Step3】通过“Insert Edge Loop Tool（插入循环边工具）”的扩展属性（图 3-1-10）将段数增加为 3 条。

【Step4】在柱子中间添加线段，选中并按 B 键打开软选择，按住 B 键和鼠标左键拖动可以调整软选择范围。通过缩放工具将柱子中间的部分加粗，在柱子顶端同样使用“Insert Edge Loop Tool（插入循环边工具）”将柱子顶部承托的部分制作出来，如图 3-1-11 所示。

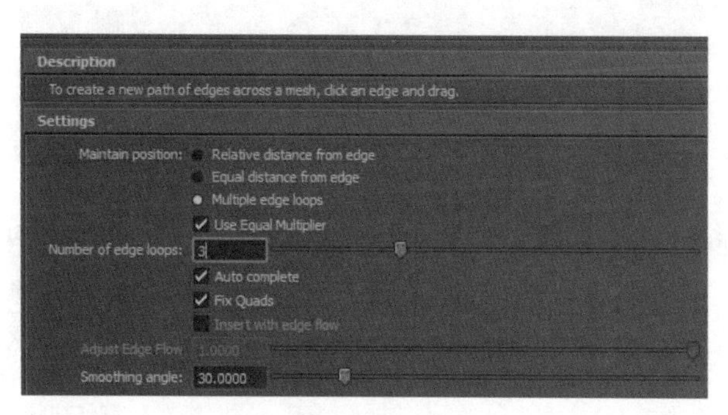

图 3-1-10

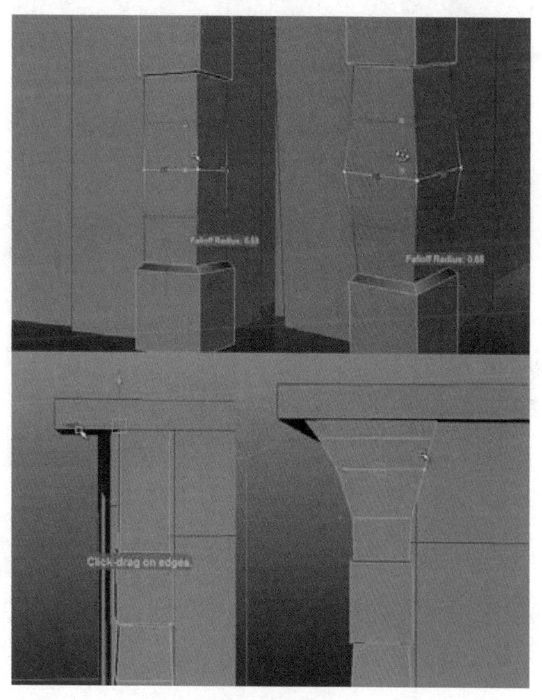

图 3-1-11

【Step5】继续用立方体配合挤压缩放等命令，将二楼围栏延伸出来的部分做好，并复制柱子，将其摆放在合适的位置，如图 3–1–12 所示。

【Step6】创建侧边的部分，删除图中选中的面，将这部分掏空。复制一根柱子到对面压住掏空部分的边。在这里先创建一个石台，创建立方体并调整适合大小，通过“Insert Edge Loop Tool（插入循环边工具）”增加线的数目，配合软选择 B 键命令将这个石台弧度的部分制作出来，通过“Extrude（挤出）”将石台延伸出来的部分制作出来，如图 3–1–13 所示。

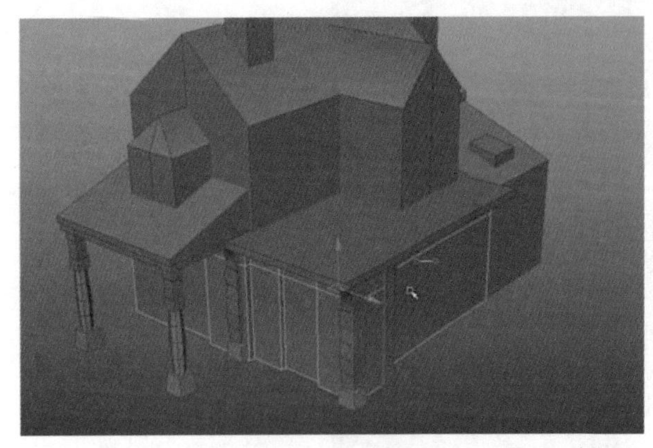

图 3–1–12

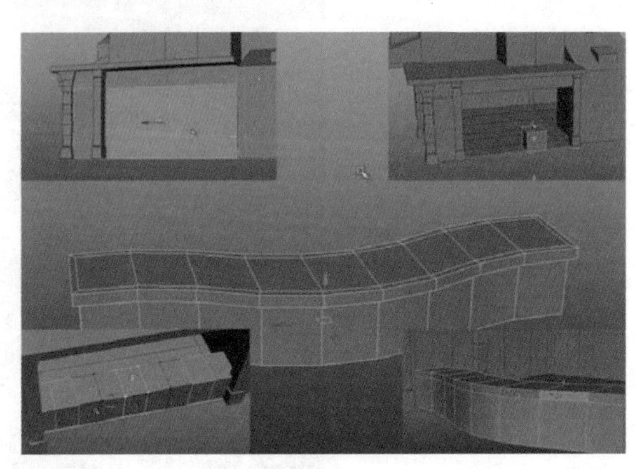

图 3–1–13

【Step7】创建立方体，调整形状，制作雨棚部分的支架，使用“Insert Edge Loop Tool（插入循环边工具）”配合“Extrude（挤出）”，通过调整点创建出木架子，如图 3–1–14 所示。

【Step8】创建布篷：创建一个面片，减少段数，每隔一点选中边缘一点，向外移动，制作边缘的锯齿形状。随后选中边缘的点旋转，制作下垂效果。再调整横向的起伏，如图 3–1–15 所示。

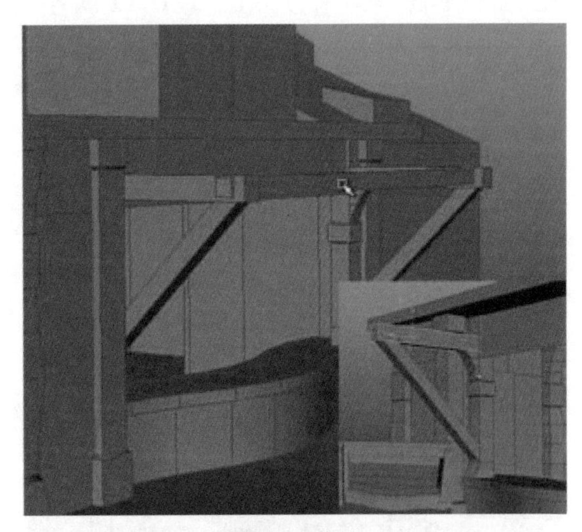

图 3–1–14

图 3–1–15

【Step9】第二层地板的部分可以通过“Insert Edge Loop Tool（插入循环边工具）”配合“Extrude（挤出）”制作，如图 3–1–16、图 3–1–17 所示。

Step9~Step11
制作视频

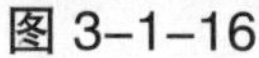

图 3-1-16

图 3-1-17

【Step10】制作木质围栏：创建立方体，通过多次“Extrude（挤出）”并调整得到我们需要的形状（图 3-1-18）。复制这个物体放置于四周的位置，将它作为木栏扶手连接的位置（图 3-1-19）。

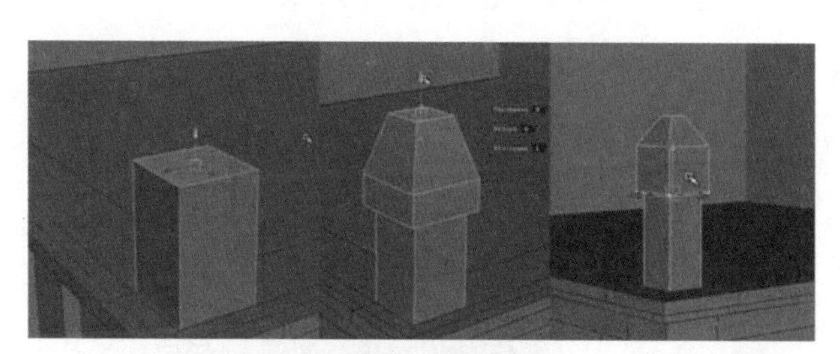

图 3-1-18

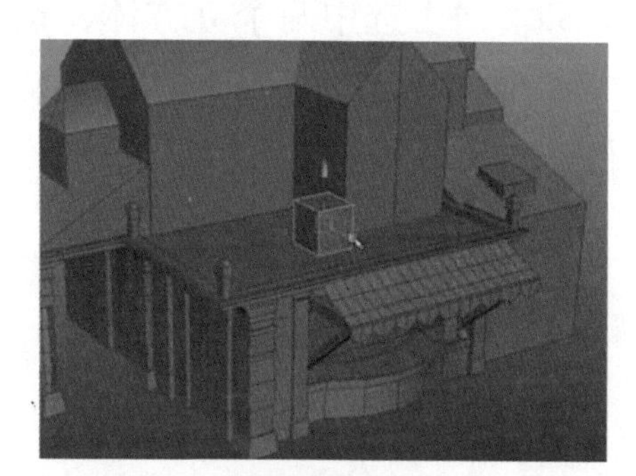

图 3-1-19

【Step11】继续创建这个部分，通过立方体创建围栏（图 3-1-20）。

【Step12】二楼小窗的柱子制作：在窗户这一部分，通过创建立方体和圆柱体，搭建这部分的墙壁木板和墙体周围的柱子。用同样的方法将部分柱子制作出来（图 3-1-21）。

Step12
制作视频

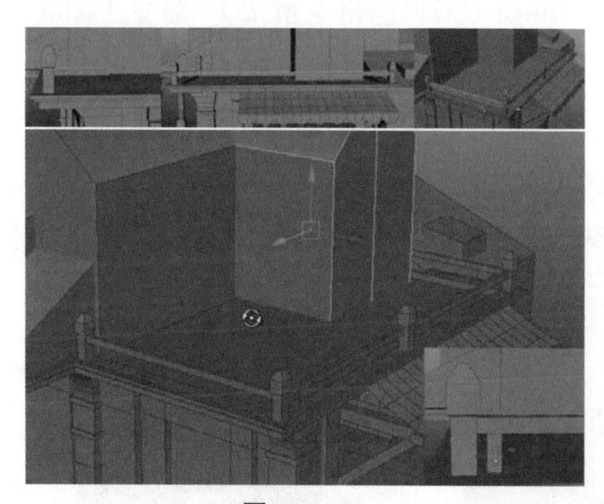

图 3-1-20

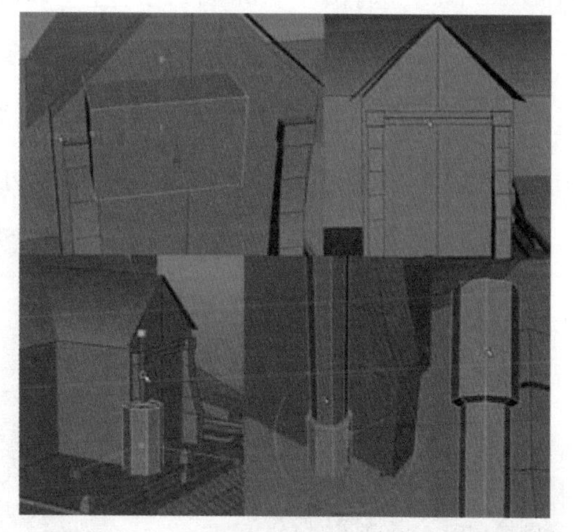

图 3-1-21

【Step13】窗户装饰边框部分：这里着重讲解桥接的运用。创建立方体，调整到适合的位置，复制一个立方体放到旁边的位置（图 3-1-22）。

Step13~Step21
制作视频

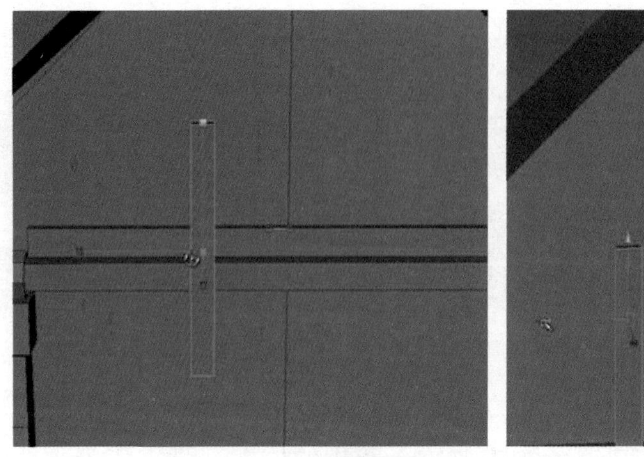
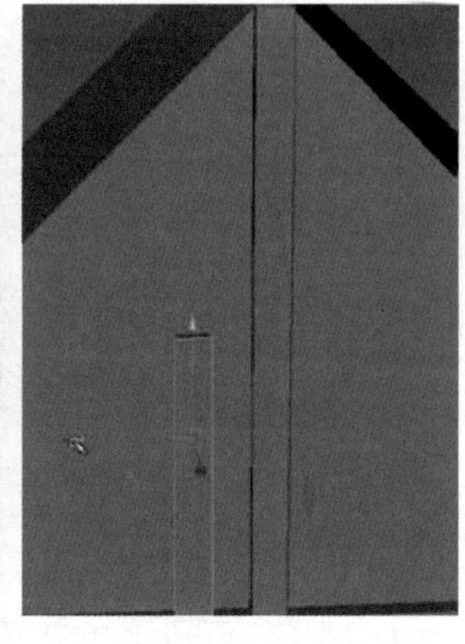

图 3-1-22

【Step14】选中两个立方体，执行“Mesh>Combine（网络 > 结合）”命令（图 3-1-23），将两个物体合并成一个物体，合并物体后，分别选择这两个面（图 3-1-24）。

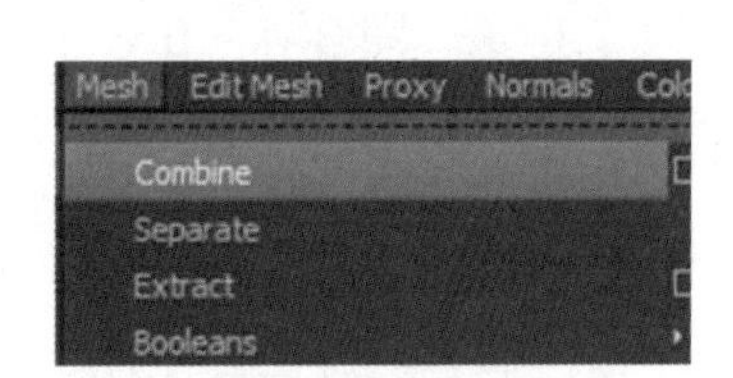

图 3-1-23

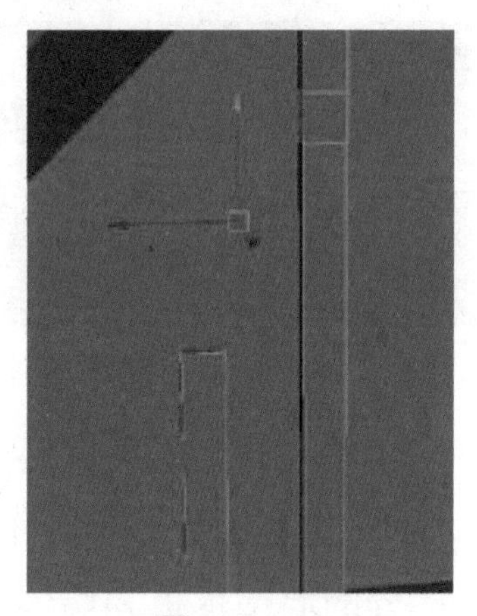

图 3-1-24

【Step15】选择两个面后，执行“Edit Mesh>Bridge（编辑网格 > 桥接）”命令（图 3-1-25），执行一次桥接命令就可以看到如图 3-1-26 所示的效果。

【Step16】这种效果是桥接的默认状况，如果想得到有弧度的桥接，则需要单击“Bridge”选项后面的□，如图 3-1-27 所示。

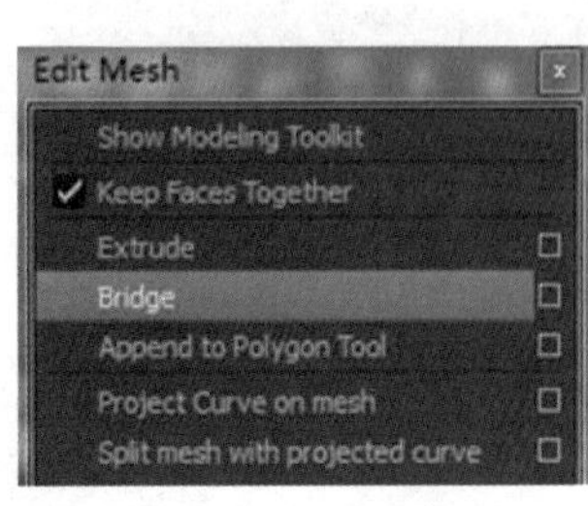

图 3-1-25

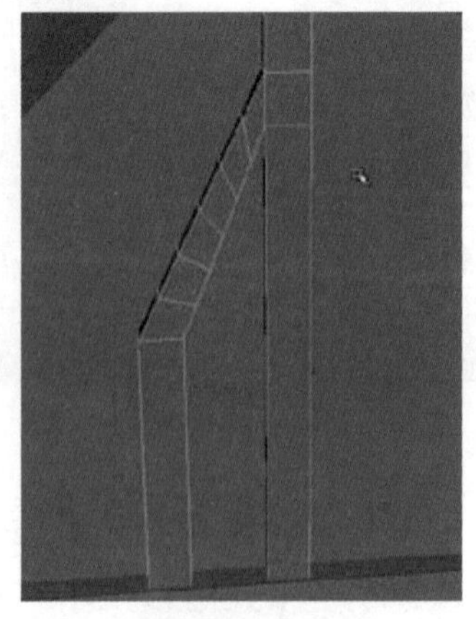

图 3-1-26

图 3-1-27

【Step17】选择“Smooth path + curve（平滑路径 + 曲线）”将数据调整为图 3–1–28 数据后，单击“Bridge（桥接）”按钮，会看到如图 3–1–29 所示效果。

【Step18】目前出现了有弧度的桥接。按 4 键显示线框，可以看到模型中的曲线，这条曲线可以编辑，曲线可以控制桥接圆弧的形状，如图 3–1–30 所示。

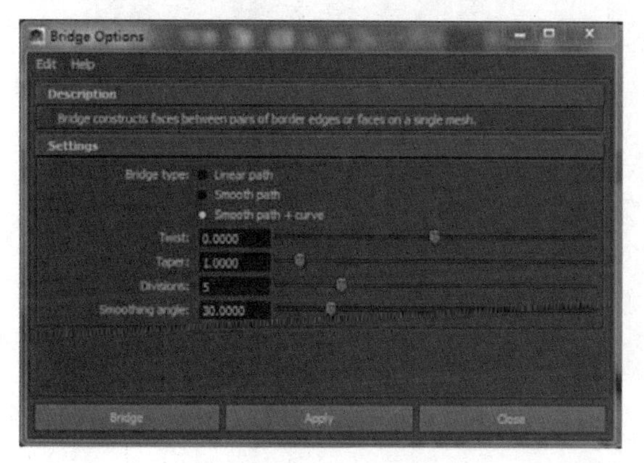

图 3–1–28

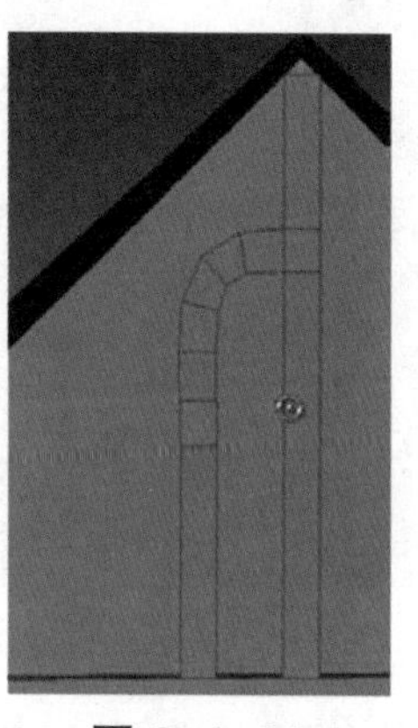

图 3–1–29

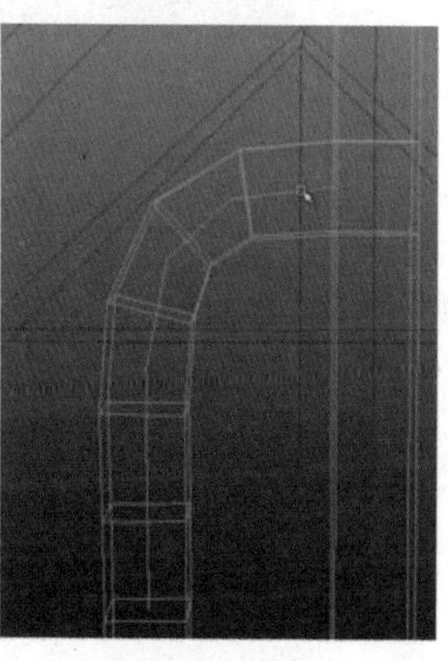

图 3–1–30

【Step19】选择曲线，鼠标右键选择“Control Vertex（控制顶点）”，如图 3–1–31 所示，用控顶点制作出需要的形状，如图 3–1–32 所示。

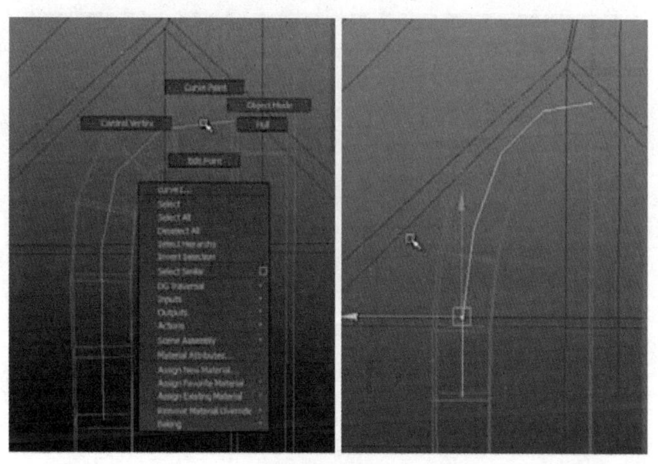

图 3–1–31

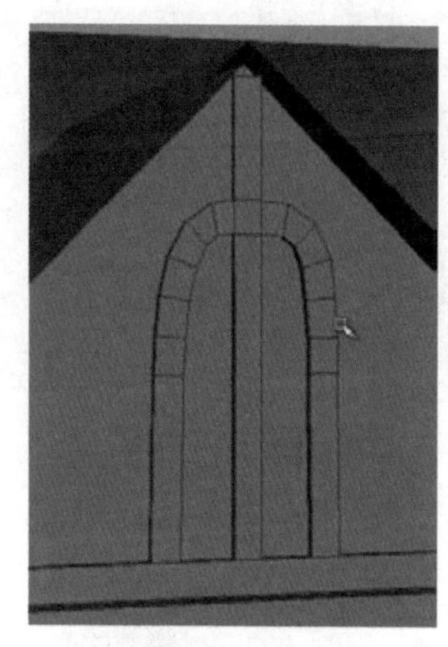

图 3–1–32

【Step20】接下来完善其他配件，继续创建立方体，通过使用添加环线和挤出命令制作，如图 3–1–33 所示。

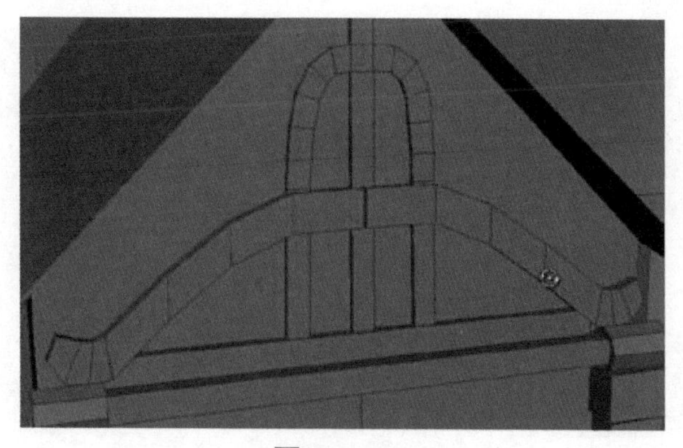

图 3–1–33

【Step21】窗台部分制作方法同上，如图 3-1-34 所示。

【Step22】接下来用桥接的方式，创建窗户上的拱形部分。创建两个立方体并“Combine（结合）”，使两个物体成为一个，如图 3-1-35 所示。

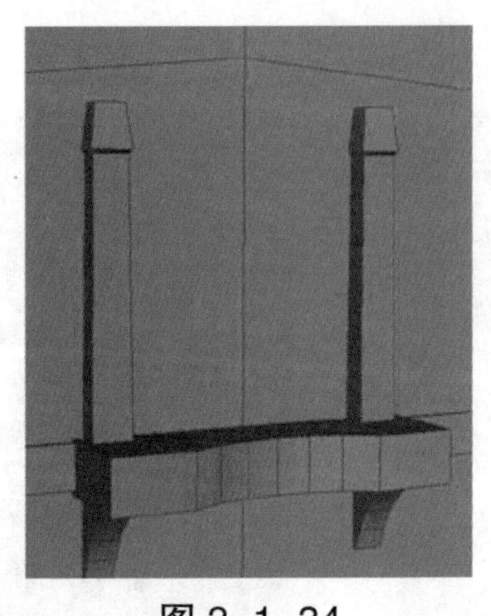

图 3-1-34

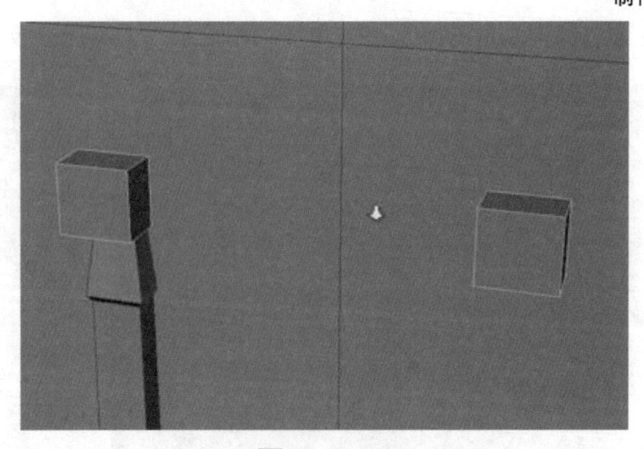

图 3-1-35

【Step23】选择侧面，执行桥接命令，扩展属性里选择为“Smooth path + curve（平滑路径 + 曲线）”，执行桥接命令后看到如图 3-1-36 所示效果，进入线框模式，调整曲线，如图 3-1-37 所示，并完成该部分。

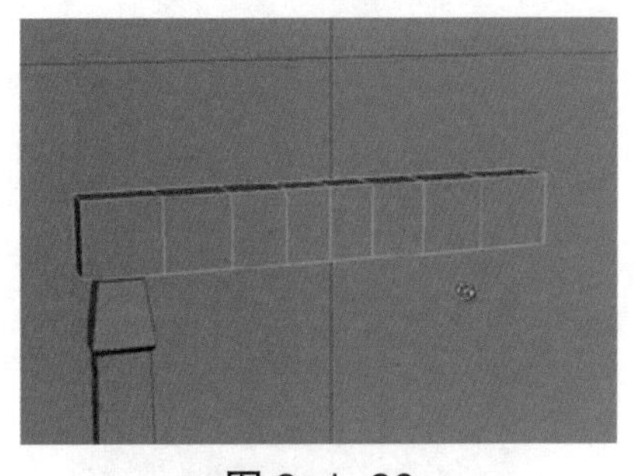

图 3-1-36

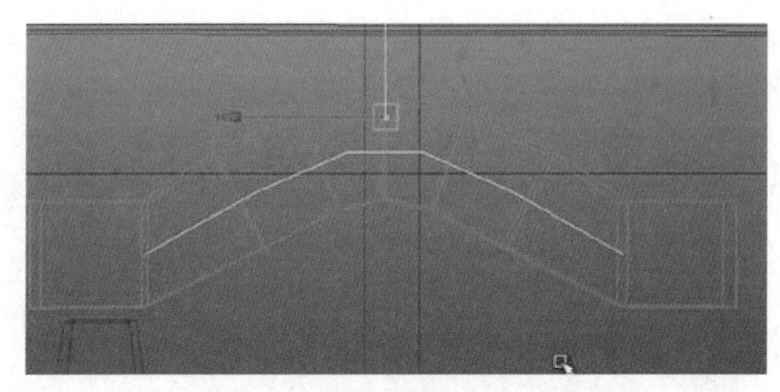

图 3-1-37

【Step24】制作窗户。窗户部分依然用“Extrude（挤出）”“Bridge（桥接）”“Insert Edge Loop Tool（插入循环边工具）”命令。创建两个矩形并将它们合并为一个物体，如图 3-1-38 所示。

【Step25】选择两个矩形顶部的面，进行“Bridge（桥接）”，扩展属性里选择“Smooth path+ curve（平滑路径 + 曲线）”后进入线框模式，调整曲线到合适的位置，如图 3-1-39 所示。

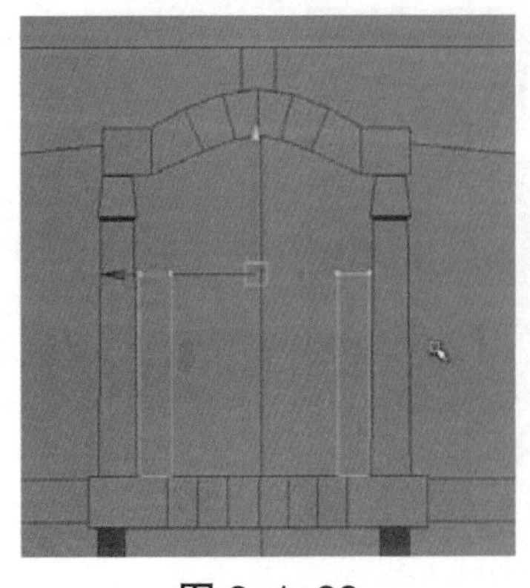

图 3-1-38

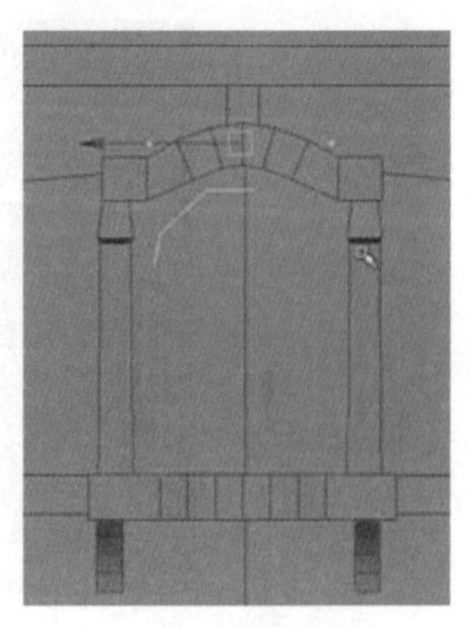

图 3-1-39

【Step26】窗户内部的结构制作：简单的加线和挤压即可完成（如图 3–1–40 所示），成品如图 3–1–41 所示。

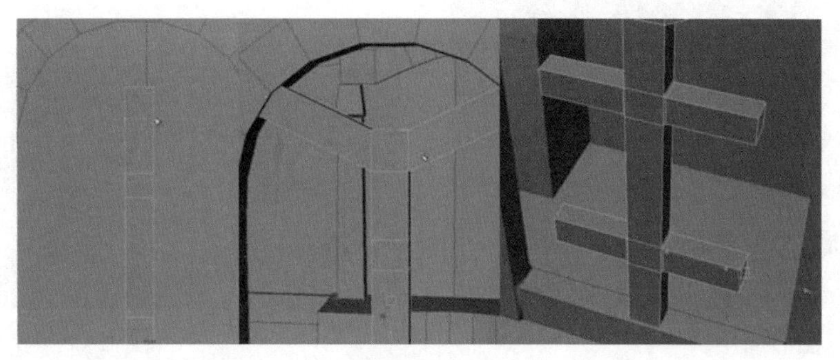

图 3–1–40

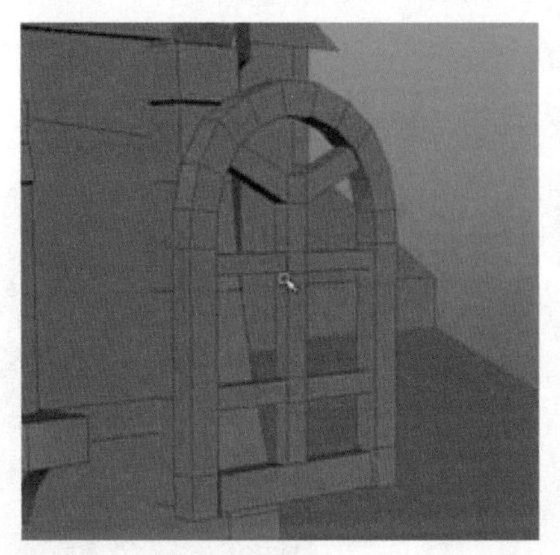

图 3–1–41

【Step27】使用完桥接命令后，应清除该物体的历史记录，否则剩余的曲线会给后续编辑带来妨碍。执行“Edit>Delete by Type>History（编辑 > 按类型删除 > 历史）”命令可清除历史记录，如图 3–1–42 所示。删除历史后，单击选中曲线删除即可。

【Step28】继续用以上的方法为场景添加内容，将二楼部分所有的柱子部分全部添加完成，如图 3–1–43 所示。

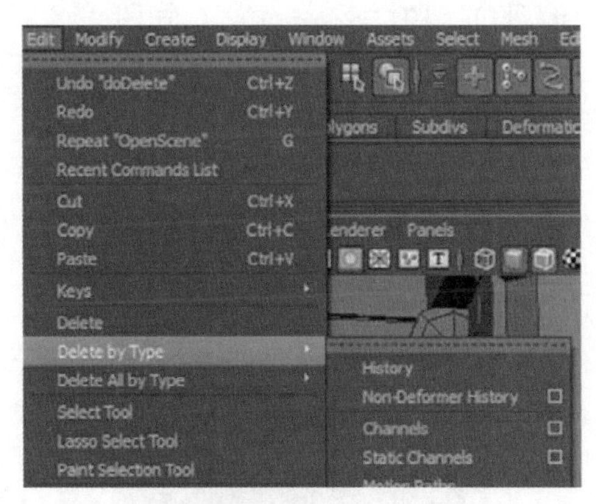

图 3–1–42

图 3–1–43

【Step29】创建多边形圆环，调整多边形圆环的属性，如图 3–1–44 所示。减少段数和半径，如图 3–1–45 所示。

Step29~Step35
制作视频

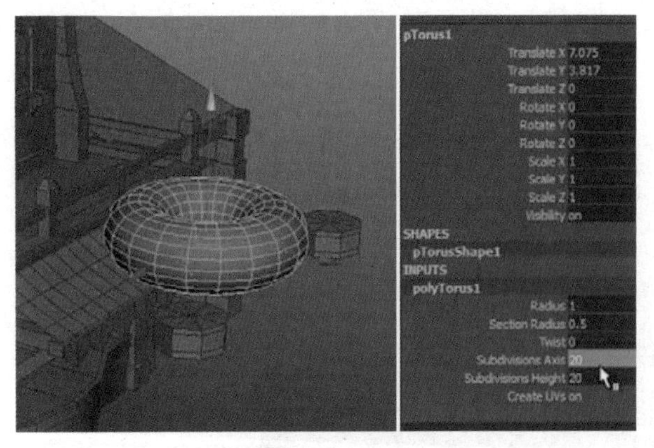

图 3-1-44

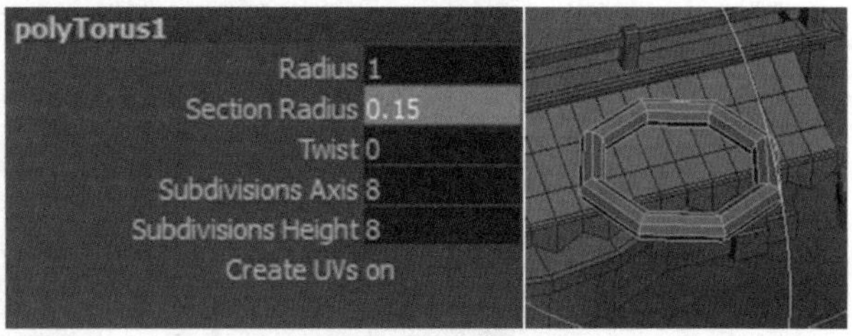

polyTorus1
Radius 1
Section Radius 0.15
Twist 0
Subdivisions Axis 8
Subdivisions Height 8
Create UVs on

图 3-1-45

【Step30】将调整好的环形旋转，移动到门柱的位置，调整大小和段数，并删除不需要的面，如图 3-1-46 所示（也可以使用桥接命令完成）。

【Step31】按照已经学过的知识制作出门板，如图 3-1-47 所示。

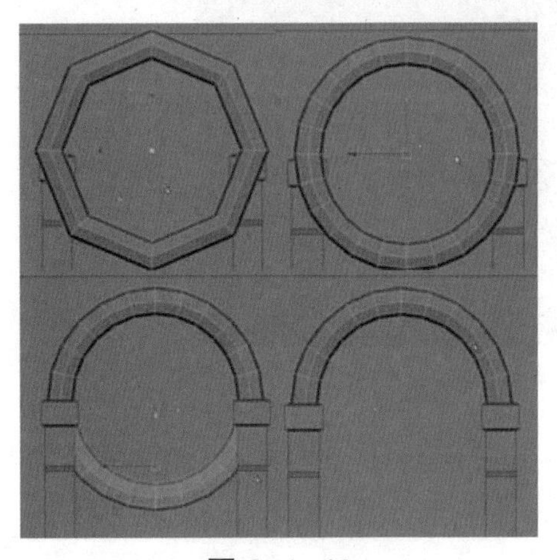

图 3-1-46

图 3-1-47

【Step32】门板的棱线不要过于犀利，为了制作细微的斜面，可以使用倒角命令［“Edit Mesh>Bevel（编辑网格 > 倒角）”］。接下来选择门的边进行一次倒角，如图 3-1-48 所示。

【Step33】倒角后可以在属性栏里调整“Offset（偏移）”和“Segments（分段）”，以调整倒角形状，如图 3-1-49 所示。

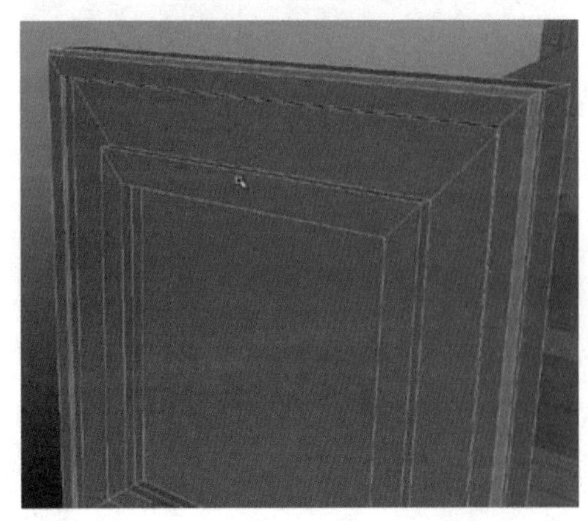

图 3-1-48

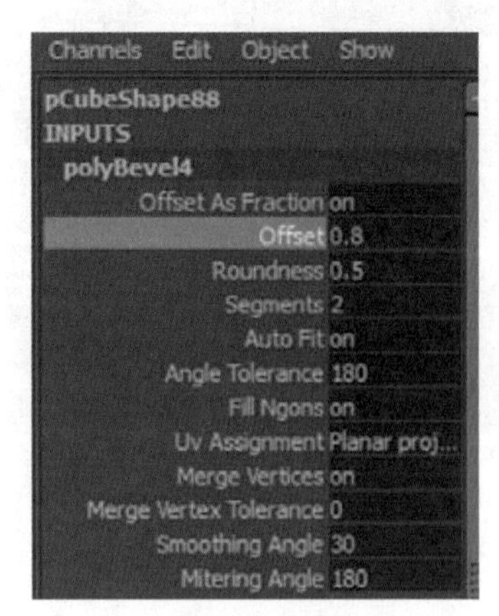

图 3-1-49

【Step34】完成倒角后门板会相对圆滑、真实，如图 3-1-50 所示。

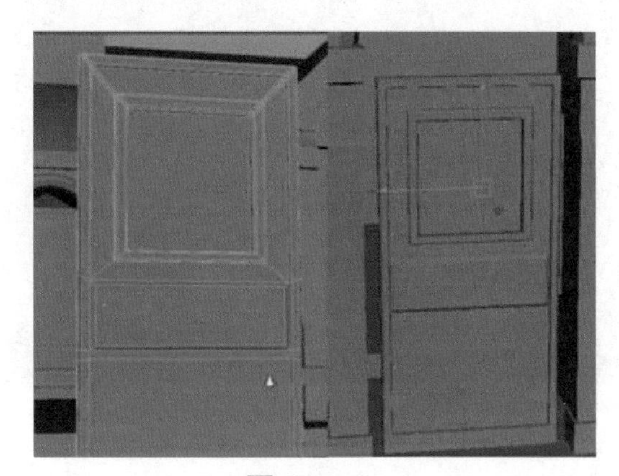

图 3-1-50

【Step35】门框部分增加细节后，均可利用倒角和桥接命令完成，如图 3-1-51 所示。将做好的门复制到一层，如图 3-1-52 所示。

图 3-1-51

图 3-1-52

【Step36】制作门牌：加线和挤压工具，首先创建圆环和立方体，分别调整如图 3-1-53 所示，将两者组合如图 3-1-54 所示。

Step36~Step38
制作视频

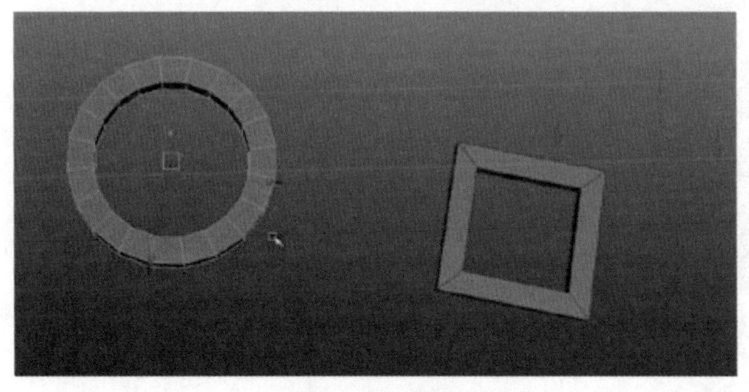

图 3-1-53

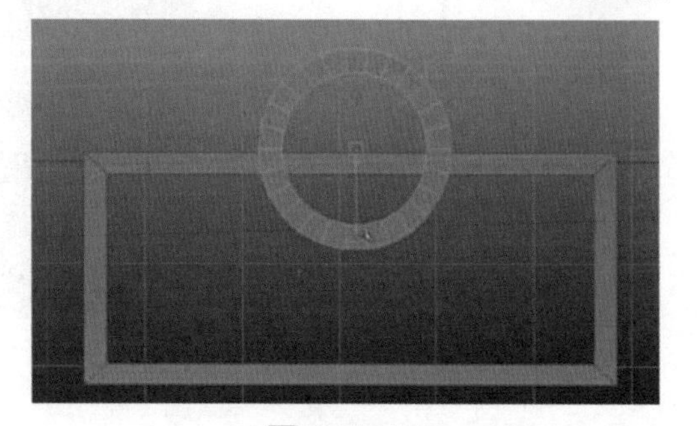

图 3-1-54

【Step37】调整方框形状，删除穿插位置的面后将两者合并，并缝合点，如图 3-1-55 所示。

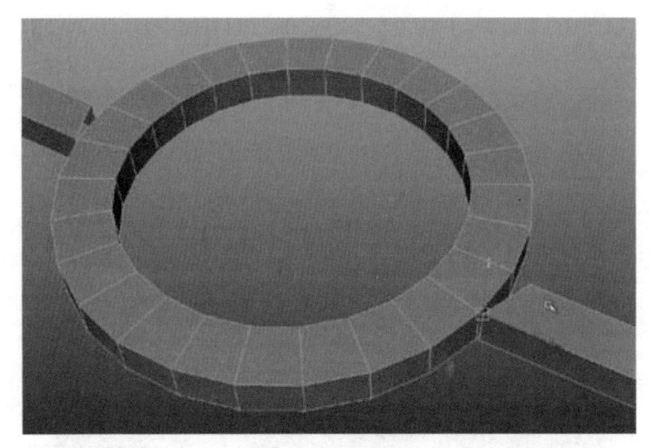

图 3-1-55

【Step38】增加方框下方的凹陷部分，然后创建面片，以此形状封口，避免面片穿插出边框，删除面片多余的部分后，即可得到如图 3-1-56 所示效果。门牌和门板的整体效果如图 3-1-57 所示。

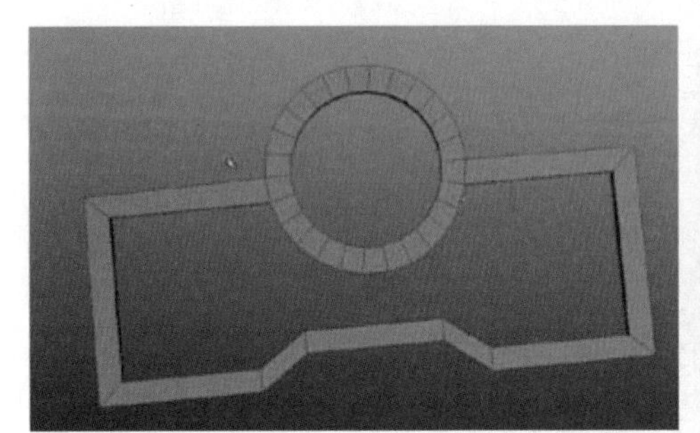

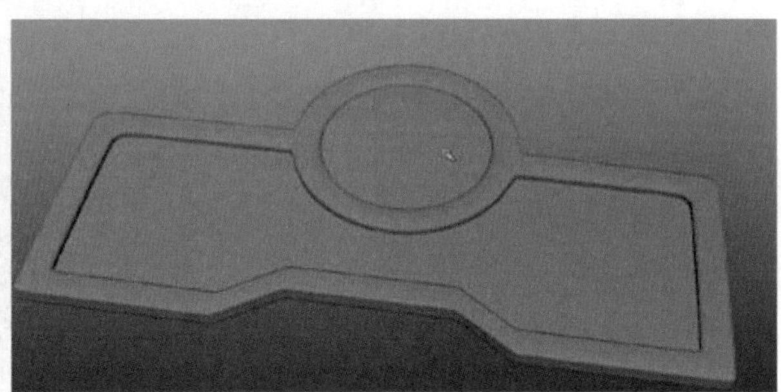

图 3-1-56

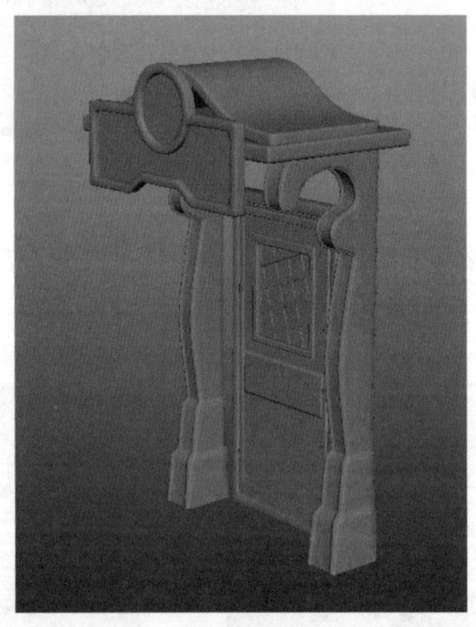

图 3-1-57

3. 补充场景细节

【Step1】二楼的围栏和围栏的柱子都需要加线和倒角，以增加真实感，如图 3-1-58、图 3-1-59 所示。

制作视频

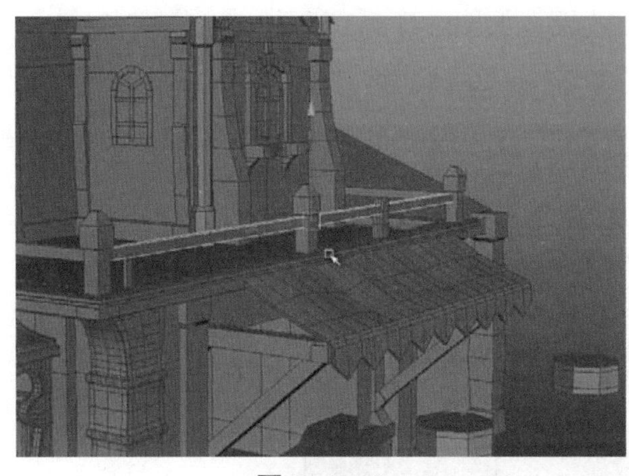

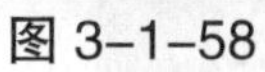

图 3–1–58

图 3–1–59

【Step2】栏杆支撑物同样需要加线和倒角，如图 3–1–60 所示。

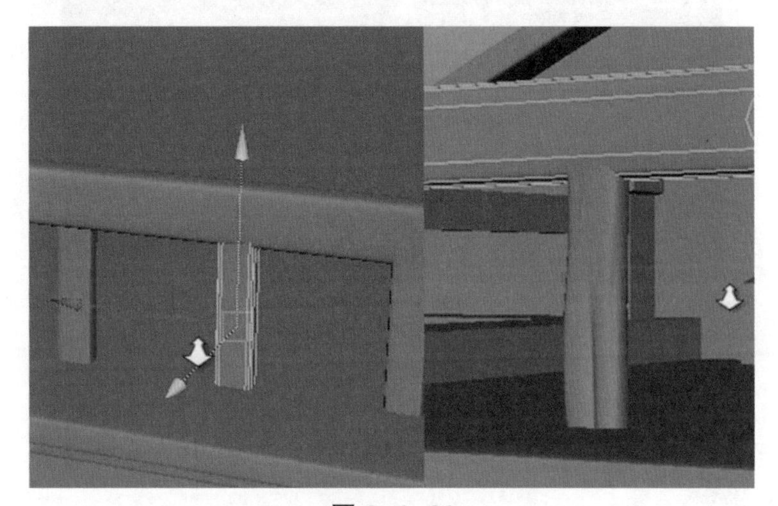

图 3–1–60

【Step3】同样的方式对场景中的物体都适用，如图 3–1–61 所示。

图 3–1–61

【Step4】制作瓦片，并摆放在场景里，增加效果，如图 3-1-62 所示。

首先制作单片瓦片，然后按“Ctrl+D”键（复制），移动，按“Shift+D”键（重复上次复制操作）可得到一组瓦片，将其“Combine（合并）”为一体，再次复制并重复上次复制操作，即可得到屋顶的所有瓦片。

图 3-1-62

项目四

卡通动物的建模

任务4.1　卡通乌龟头部和眼镜的制作

本任务的最终效果如图 4-1-1 所示。

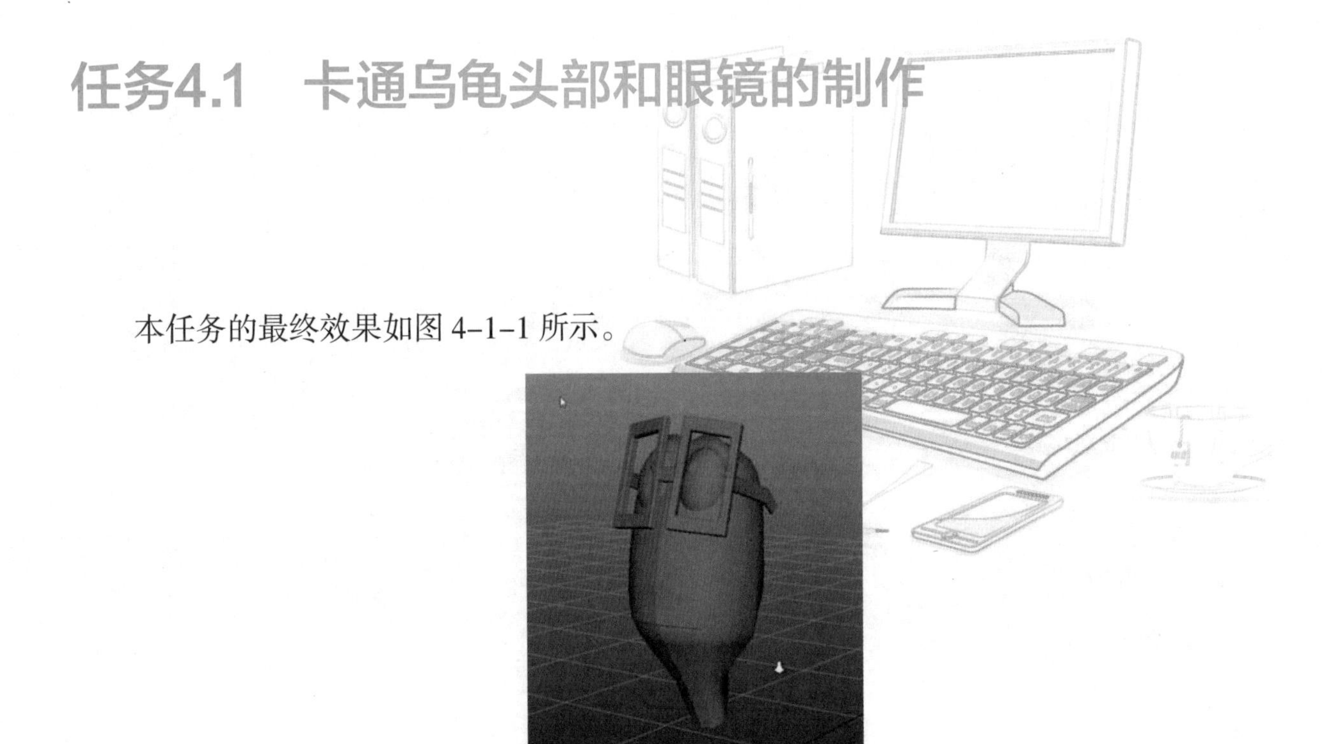

图 4-1-1

4.1.1　制作难度评定

难度等级：★★★

4.1.2　任务要求

在该任务中，我们要学习卡通动物的制作步骤与布线方式，并能够更好地使用各项工具。该任务主要让大家学习卡通动物类模型的制作思路。

4.1.3　任务分析

制作卡通头部，应从一个最简单的形态来考虑，如乌龟的头部，先做一个方框形，然后从基本物体中选择立方体，接着使用 Smooth（光滑）命令使立方体变为一个线段较少的球体，然后对其调整形态，添加眼睛、嘴等结构，最后制作眼镜的部分。

涉及的命令：

（1）Edit Mesh>Insert Edge Loon Tool（编辑网格 > 循环切线）。

（2）Edit Mesh>Offset Edge Loop Tool（编辑网格 > 偏移边工具）。

（3）Mesh>Sculpt Geometry Tool（网格 > 雕刻）。

（4）Edit Mesh>Duplicate Face（编辑网格 > 复制面）。

（5）Edit>Group（编辑 > 组）。

（6）Edit Mesh>Extrude（编辑网格 > 挤出）。

（7）Edit Mesh>Bevel（编辑网格 > 倒角）。

4.1.4 任务实施

1. 制作乌龟头部

制作视频

【Step1】创建一个立方体，“圆滑（Smooth）”1 次，并调整好与设计稿相似的位置，如图 4-1-2 所示。

【Step2】调整头顶的点的位置和脖子的形状，并且给其加“循环切线（Insert Edge Loon Tool）”，如图 4-1-3 所示。

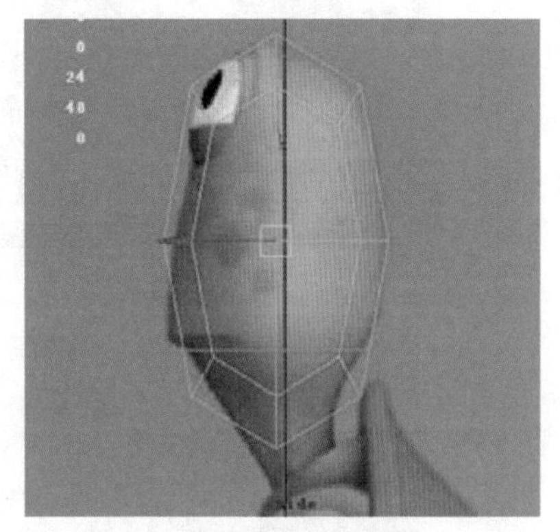

图 4-1-2

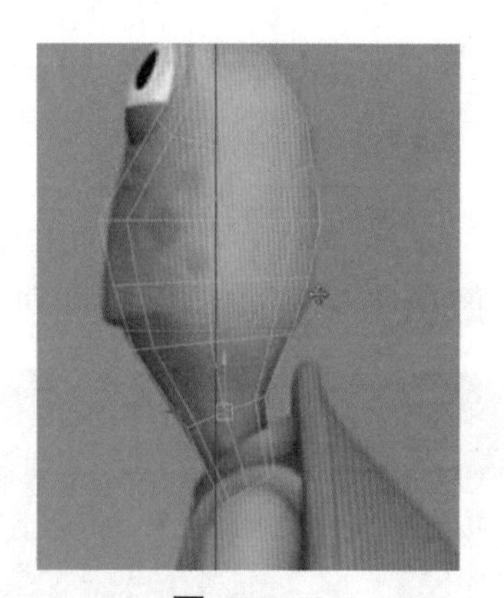

图 4-1-3

【Step3】在眼睛的位置加线，然后挤压出眼睛的轮廓和眉弓的结构，如图 4-1-4 所示。

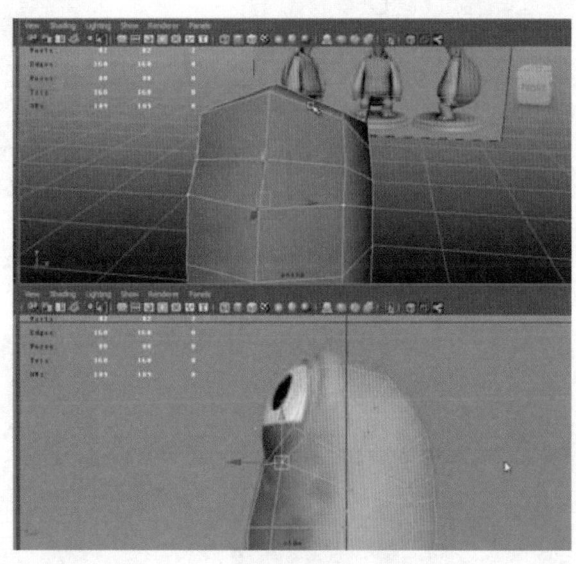

图 4-1-4

【Step4】创建一个圆球，做眼球。然后调整眼皮和眼球的适配，如图 4-1-5 所示。

【Step5】给眼眶加线调整出圆弧度，不让眼皮和眼球有穿帮的地方，并选择眼皮边界的线“挤压（Extrude）”厚度，如图 4-1-6 所示。

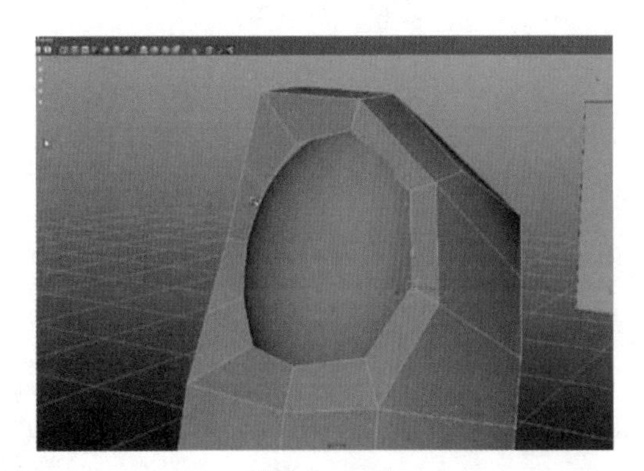

图 4-1-5

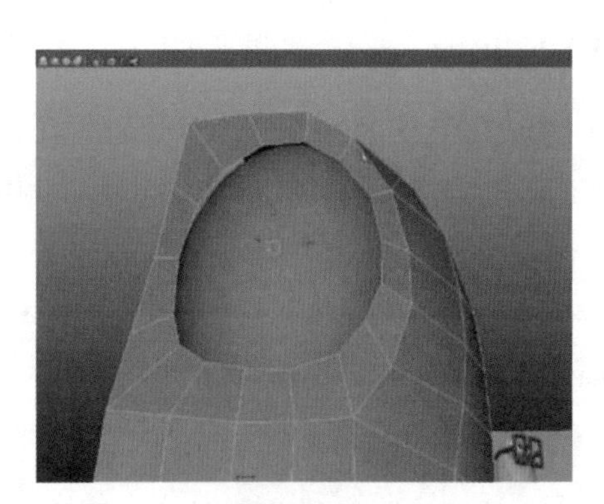

图 4-1-6

【Step6】进一步调节眉弓的结构（眉弓是往上隆起的），如图 4-1-7 所示。

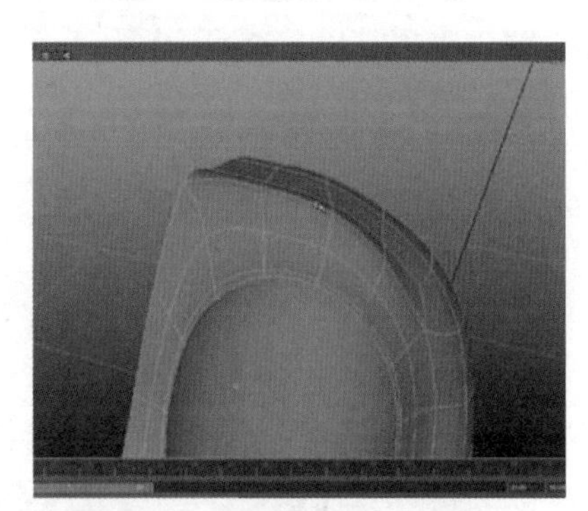

图 4-1-7

【Step7】选择“特殊镜像命令（Duplicate Special）”，或按快捷键“Ctrl+Shift+D”，打开属性面板，如图 4-1-8 所示。

【Step8】镜像出头的另一半，属性参数参考图 4-1-8，镜像出来模型的整体效果如图 4-1-9 所示。

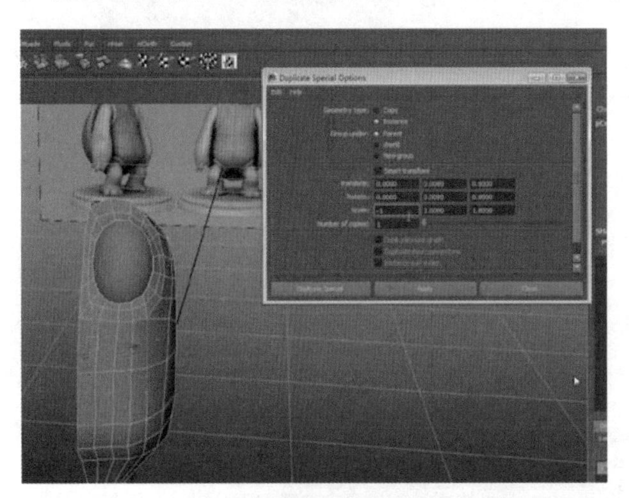

图 4-1-8

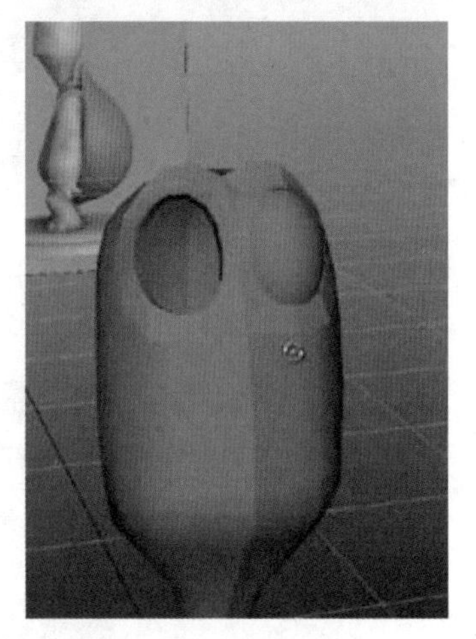

图 4-1-9

【Step9】确定嘴巴的位置并均匀调整好嘴旁边的布线，如图 4-1-10 所示。

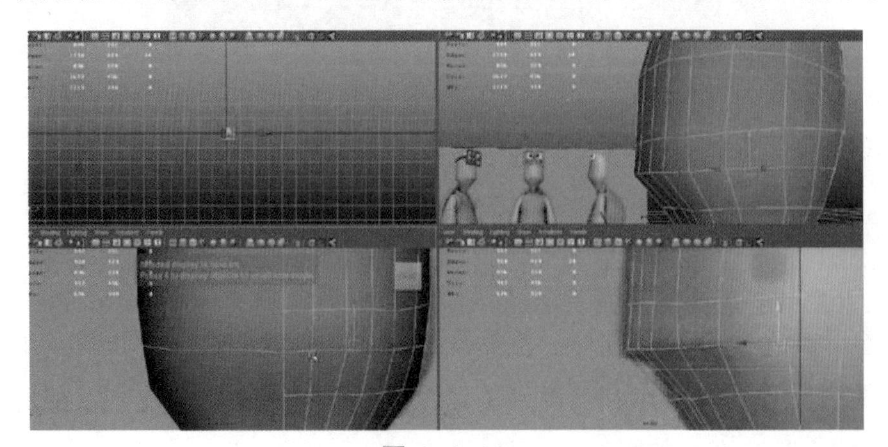

图 4-1-10

【Step10】为了方便给嘴的位置上加线，我们用“忽略背面（Backface Culling”子命令“full”）的功能，如图 4-1-11 所示。

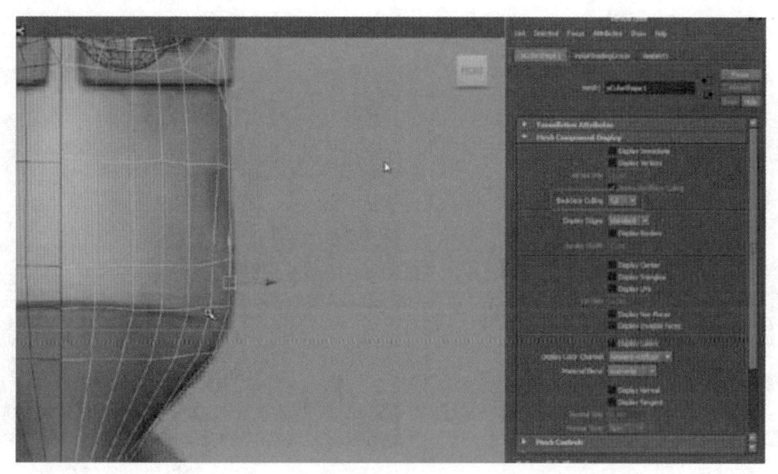

图 4-1-11

【Step11】现在给嘴的周围加上嘴的轮廓线，用分割多边形的命令，选中物体按住 Shift 键和鼠标右键，往左移动到“分割（Split）”，之后鼠标右键往右移动到“分割多边形（Split Polygon Tool）”执行命令，如图 4-1-12、图 4-1-13 所示。

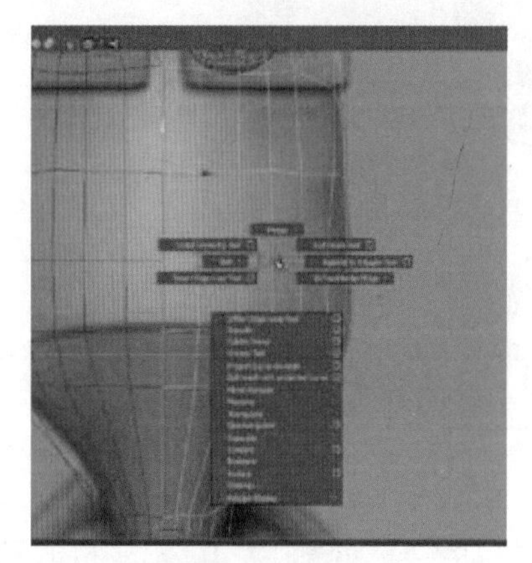

图 4-1-12

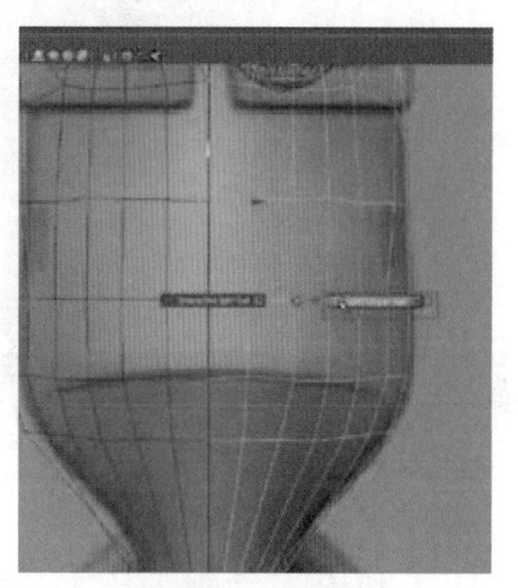

图 4-1-13

【Step12】用“分割多边形（Split Polygon Tool）”命令和鼠标左键在绿色线上单击画出嘴的外轮廓结构线，如图 4-1-14 所示。

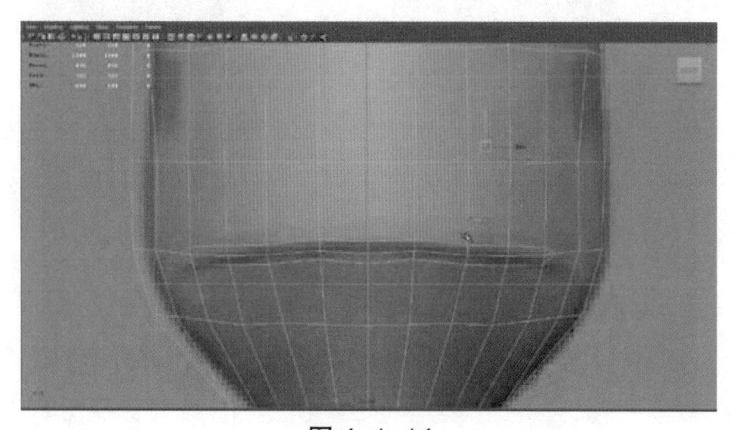

图 4-1-14

【Step13】为了以后给角色做表情动画，所以嘴唇中间的线需改成两条，然后删除中间的线。利用“偏移边工具（Offset Edge Loop Tool）”，在要加线的线上按住左键不动，就可以偏移出线了，如图 4-1-15、图 4-1-16 所示。

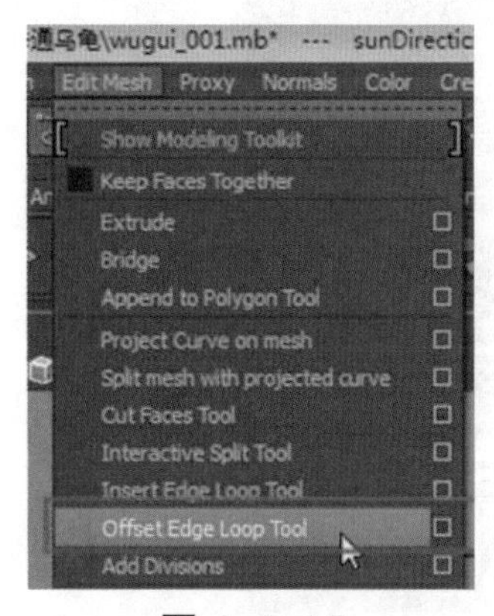

图 4-1-15

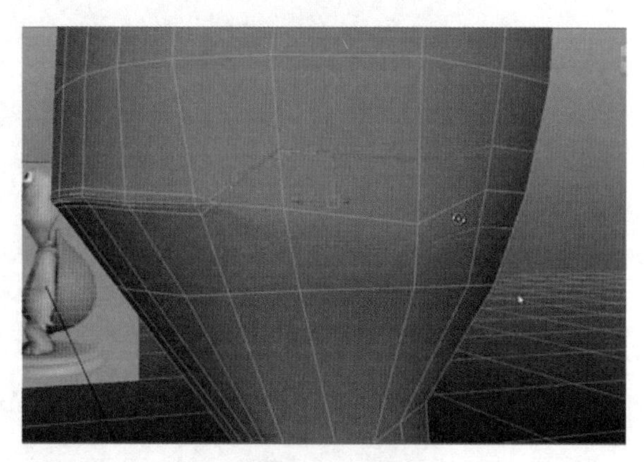

图 4-1-16

【Step14】在嘴角出现了两个三角面，会导致以后的表情动画不流畅。在两个三角面的中间加上一条竖直的线，这样就可以处理掉三角面，如图 4-1-17 所示。

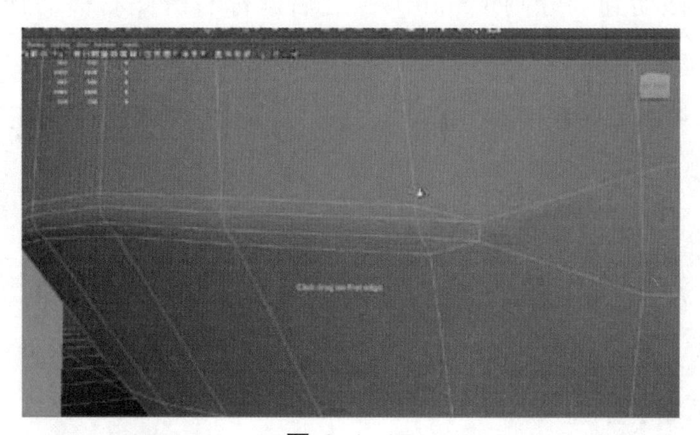

图 4-1-17

【Step15】利用“分割多边形（Split Polygon Tool）”命令，处理嘴角旁边的五边面。从五边面处左键单击往中间画出结构线（红色线条标注部分），这样就可以处理掉五边面，如图 4-1-18 所示。

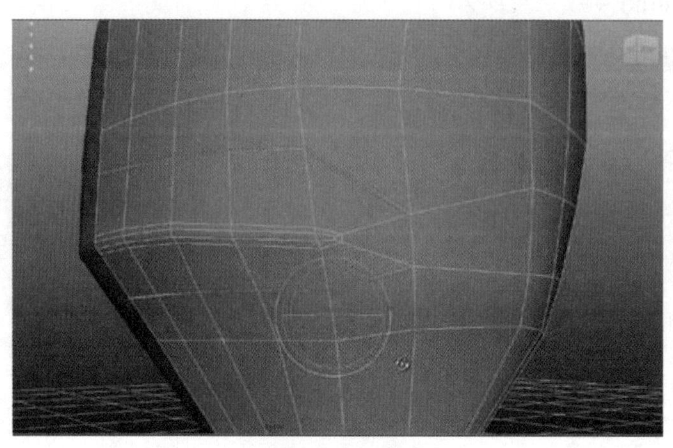

图 4-1-18

【Step16】利用“Extrude（挤出）”和“Insert Edge Loon Tool（循环切线）”做出口腔的形状，并加切线调整口腔的形状，如图 4–1–19、图 4–1–20、图 4–1–21 所示。

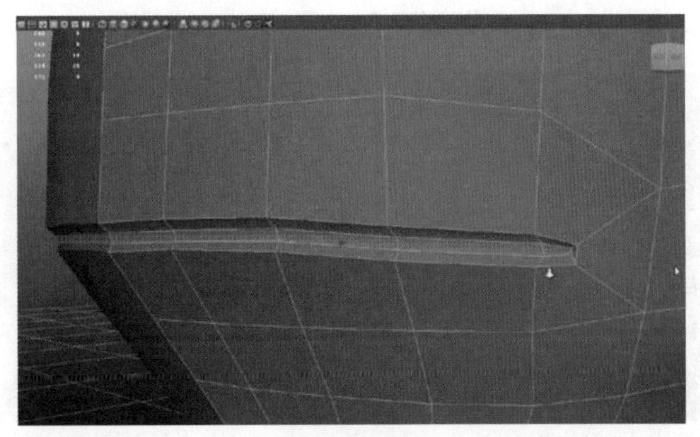

图 4–1–19

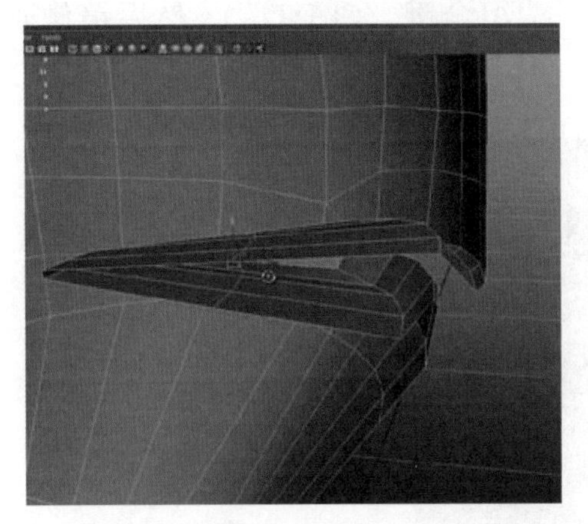

图 4–1–20

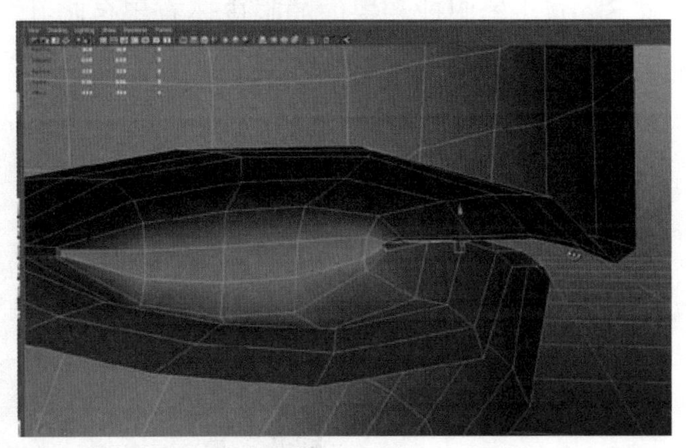

图 4–1–21

2. 制作眼球

【Step1】选择眼球下面的面，用“提取面（Duplicate Face）”命令提取出下眼皮的模型，如图 4–1–22 所示。

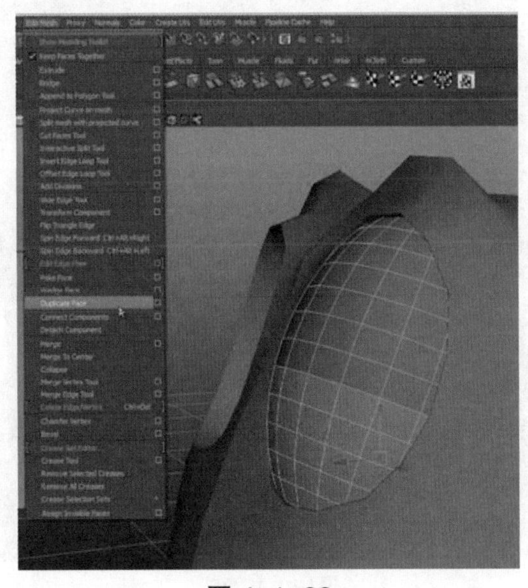

图 4–1–22

【Step2】给提取出来的下眼皮模型进行一次“挤压（Extrude）”厚度，如图 4-1-23 所示。

【Step3】复制眼球并调整大小，做黑色的瞳孔部分，如图 4-1-24 所示。

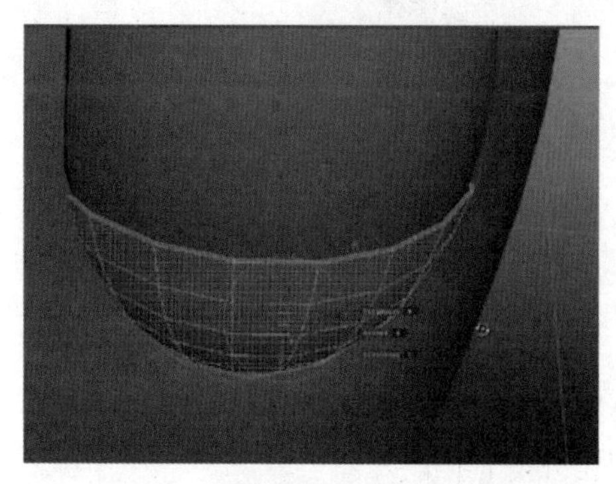
图 4-1-23

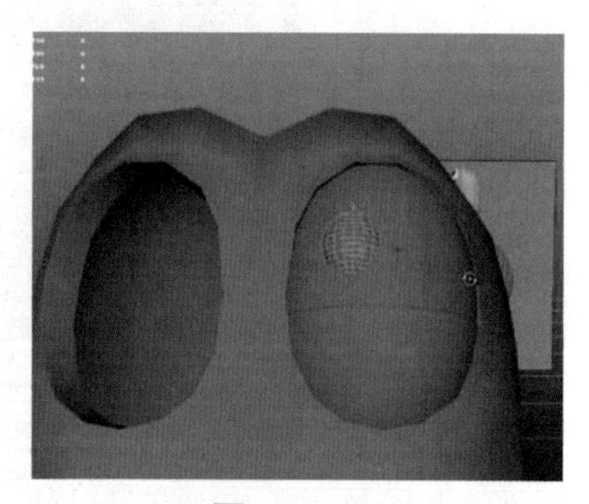
图 4-1-24

【Step4】给眼球和提取的眼皮还有黑色瞳孔打组（按组合键“Ctrl+G”），然后镜像到另一边，如图 4-1-25 所示。

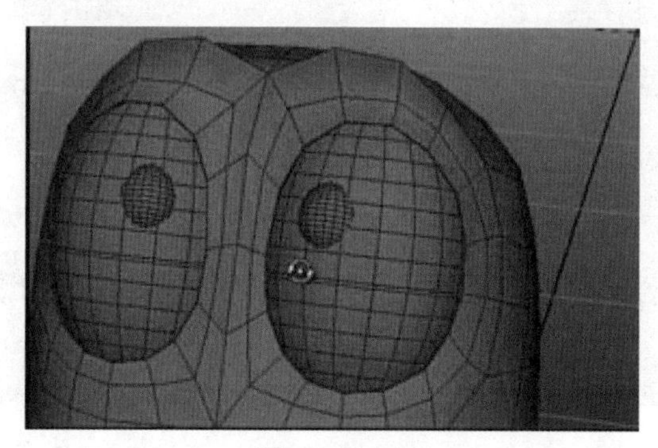
图 4-1-25

3. 制作眼镜

【Step1】创建一个多边形的面片，宽和高的段数都改成 1，如图 4-1-26 所示。

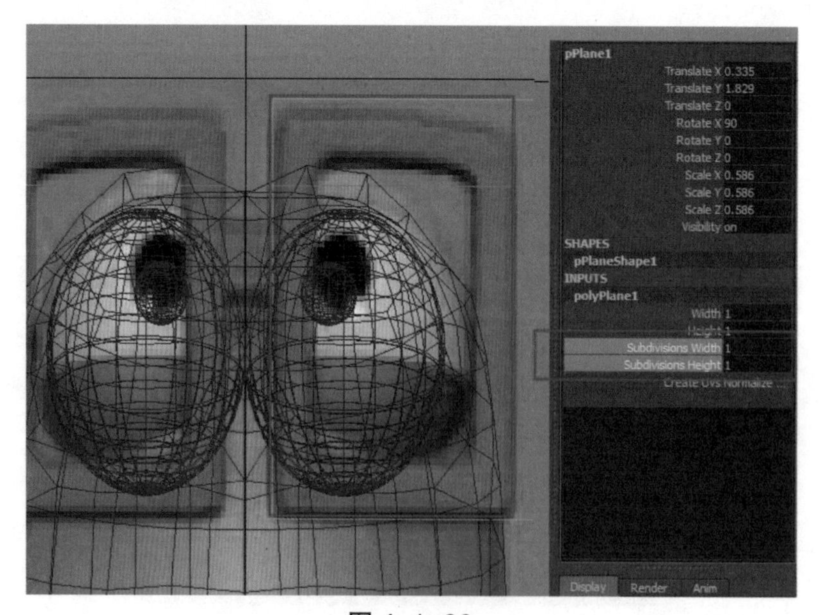

图 4-1-26

【Step2】给面片"挤压（Extrude）"一次，然后按R键缩放工具，往中间缩小，然后把中间的面删除，如图4-1-27所示。

【Step3】调整好眼镜框的位置之后，"挤压（Extrude）"一次厚度，如图4-1-28所示。

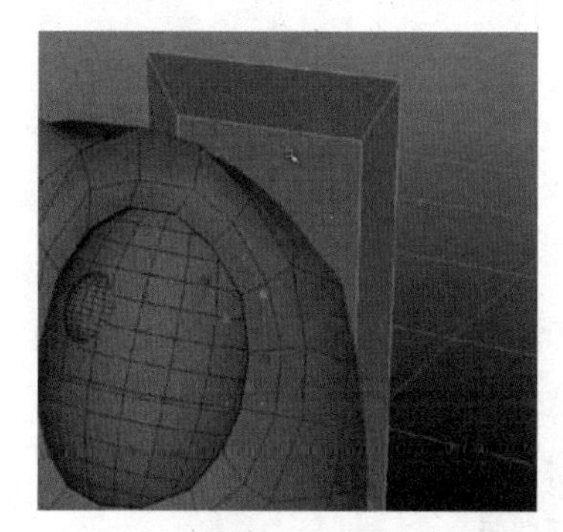
图4-1-27

图4-1-28

【Step4】给眼镜框做一次"倒角（Bevel）"，如图4-1-29所示。

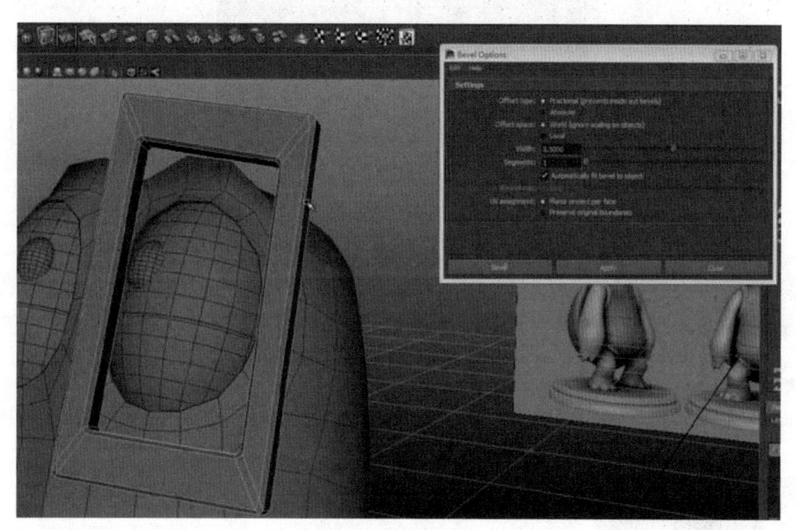
图4-1-29

【Step5】制作眼镜爪，创建立方体并调成长条，如图4-1-30所示。

【Step6】把制作完成的眼镜打组（按组合键"Ctrl+G"），然后用"特殊镜像命令（Duplicate Special）"制作另一半，如图4-1-31所示。

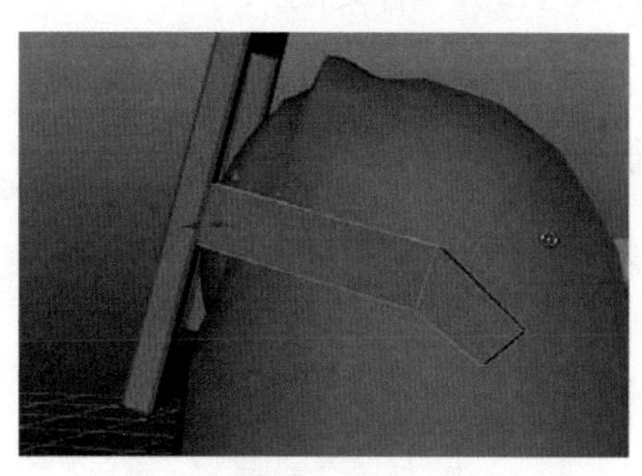
图4-1-30

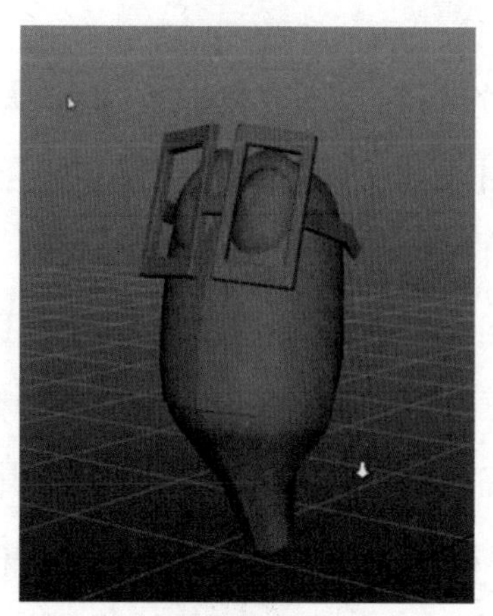
图4-1-31

任务4.2 卡通乌龟衣服的制作

本任务的最终效果如图 4-2-1 所示。

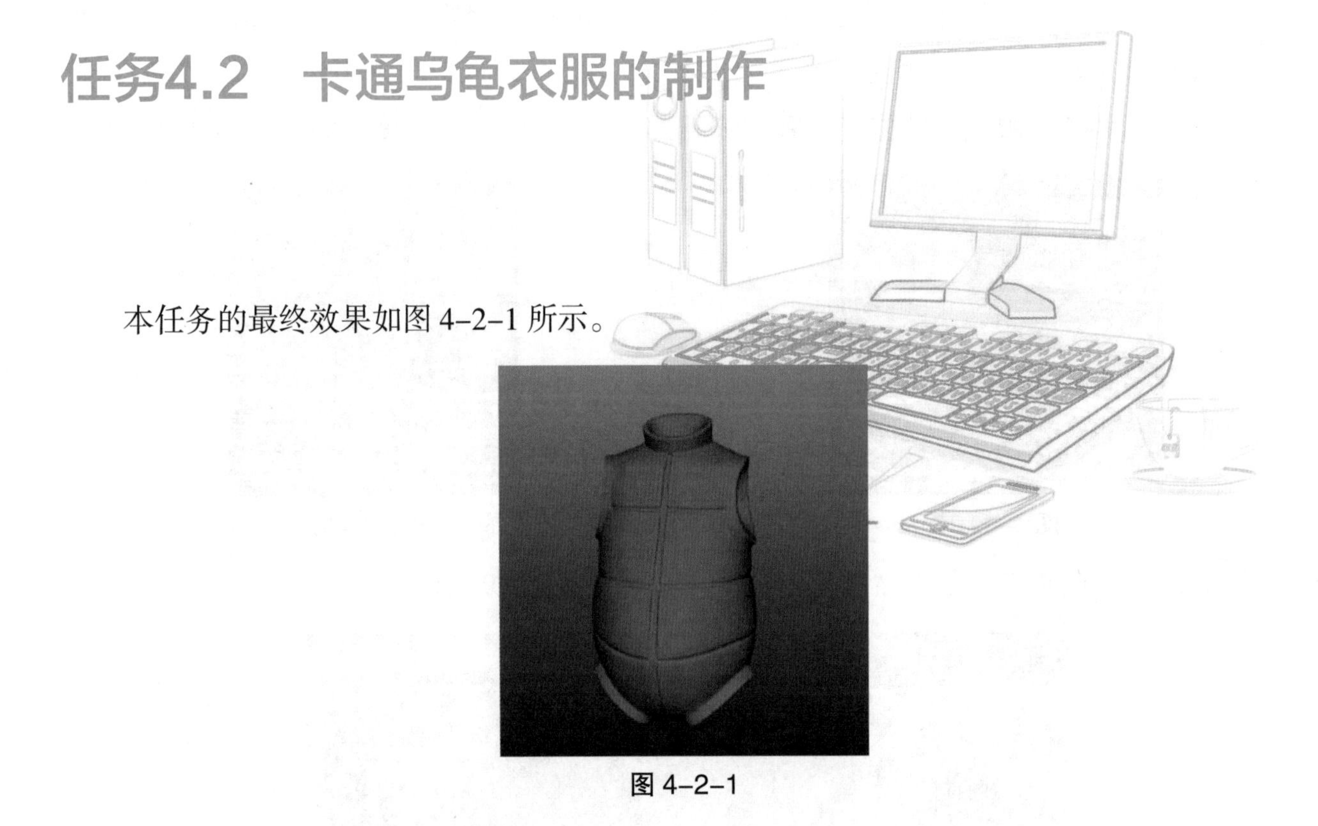

图 4-2-1

4.2.1 制作难度评定

难度等级：★★★

4.2.2 任务要求

本任务学习主要以命令的配合制作卡通乌龟的衣服，对卡通乌龟衣服的形态进行详细的分析。学习衣服上的凹槽结构制作的方式。

4.2.3 任务要求

本任务与任务 5.1 类似，也是从基本物体开始考虑，然后逐步对于乌龟衣服调整形态。在本任务中重点学习各工具之间配合制作一些如乌龟衣服上的凹槽类的效果。

涉及的命令：

（1）Edit Mesh>Insert Edge Loon Tool（编辑网格 > 循环切线）。

（2）Edit Mesh>Extrude（编辑网格 > 挤出）。

（3）Edit>Duplicate Special（编辑 > 特殊镜像）。

（4）Mesh>Combine（网格 > 合并）。

（5）Edit Mesh>Merge（编辑网格 > 焊接）。

4.2.4 任务实施

【Step1】创建立方体，用缩放工具调整立方体和角色身上衣服的长度，如图 4-2-2 所示。

【Step2】在立方体中间的位置加一条循环切线，并且把下面的点调上来，如图 4-2-3 所示。

【Step3】在身体的腰的横向位置再加一条线，调整出腰的宽度，如图 4-2-4 所示。

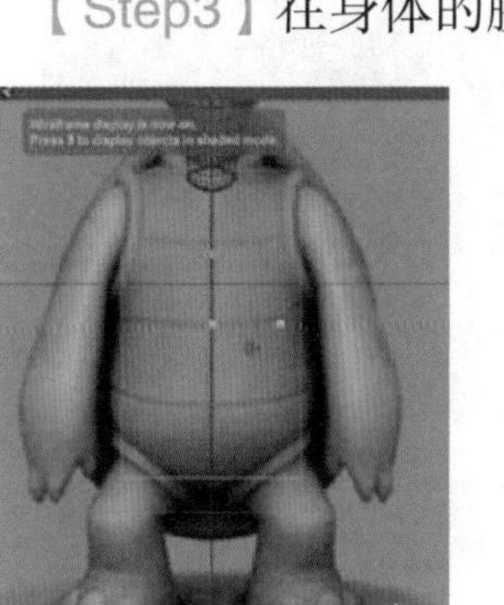

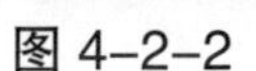
图 4-2-2

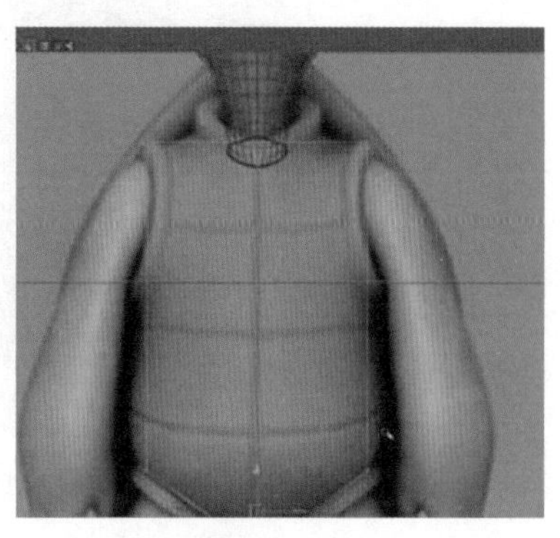

图 4-2-3

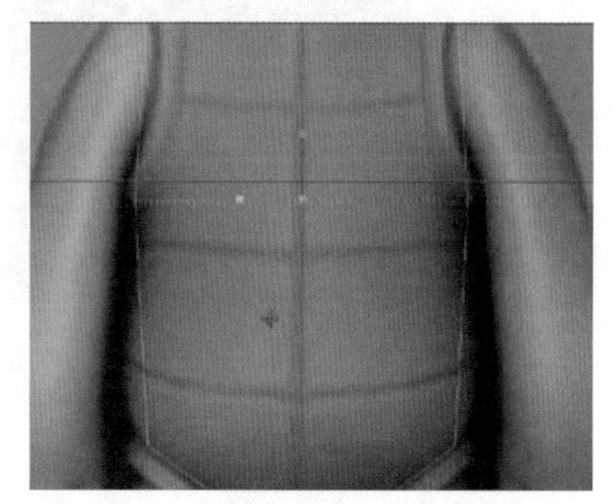

图 4-2-4

【Step4】把模型的左右的面调窄一点，尽量保持模型的圆弧度，如图 4-2-5 所示。

【Step5】在模型少线的地方添加布线，然后删除模型一半的面（红色叉子以上的部分都删除），如图 4-2-6 所示。

图 4-2-5

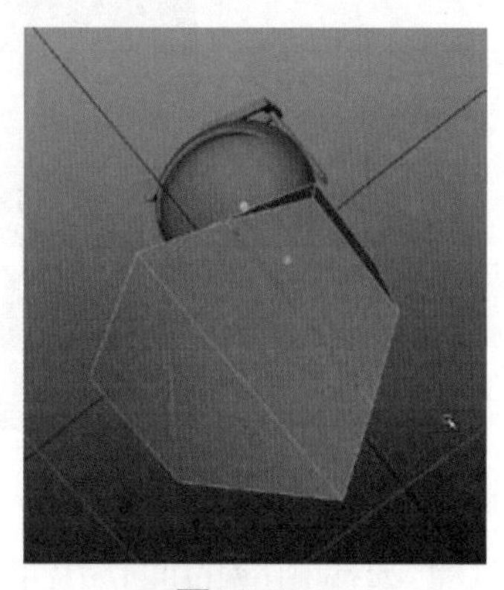

图 4-2-6

【Step6】在模型的侧面加结构线，如图 4-2-7、图 4-2-8 所示。

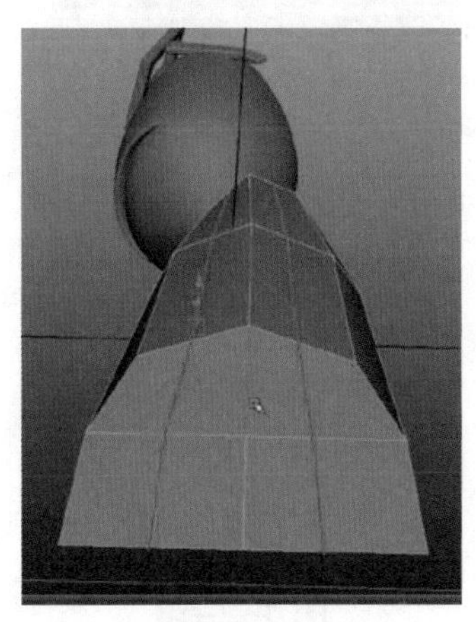

图 4-2-7

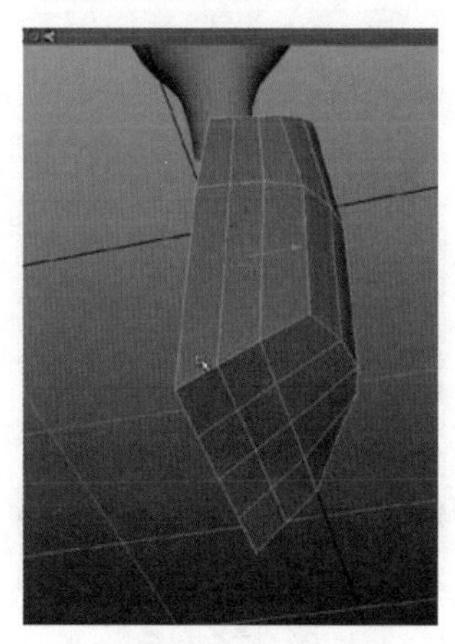

图 4-2-8

【Step7】在侧视图调整好衣服肩膀和肚子的外轮廓，如图 4–2–9 所示。

【Step8】上身调整好之后，挤出裤子边，如图 4–2–10 所示。

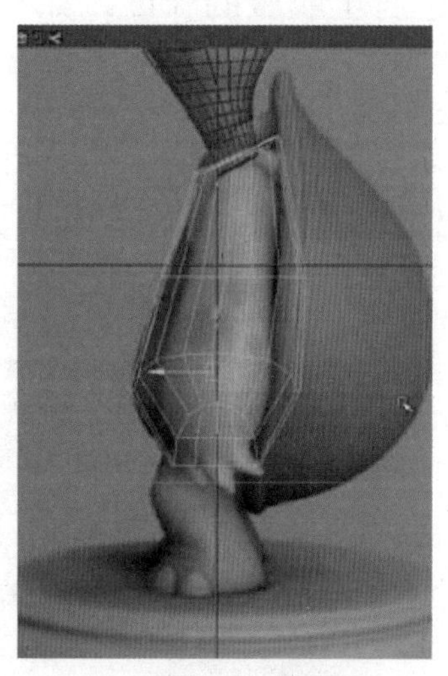

图 4–2–9

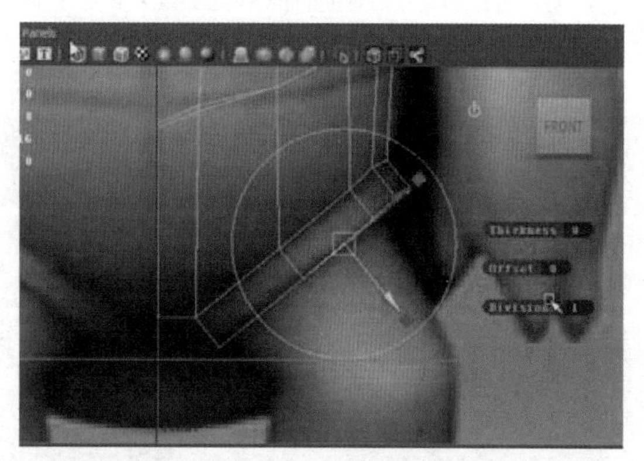

图 4–2–10

【Step9】把面挤压一次再缩小，然后再挤压一次，如图 4–2–11 所示。

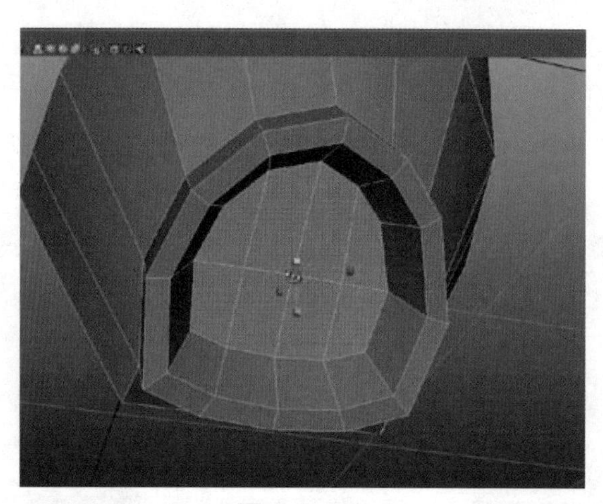

图 4–2–11

【Step10】选择相应的面挤出袖子的形状，如图 4–2–12 所示。

【Step11】把挤出的袖子再挤压两次，做出厚度，如图 4–2–13 所示。

图 4–2–12

图 4–2–13

【Step12】选择上面的面挤压出领子，如图 4–2–14 所示。

【Step13】使用“Edit>Duplicate Special（编辑 > 特殊镜像）”命令镜像出另一半模型，这样我们可以看出整体效果，如图 4–2–15 所示。

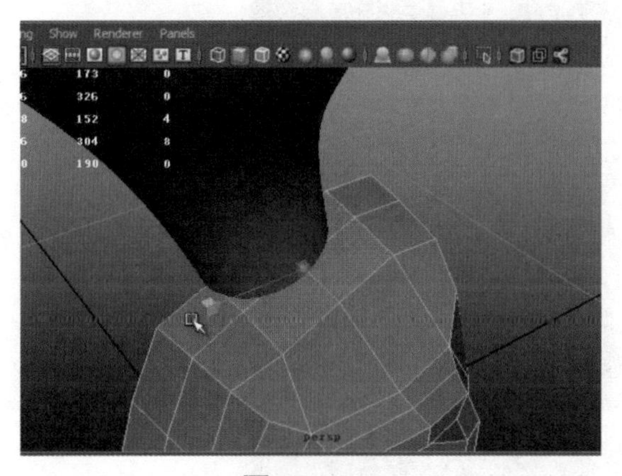

图 4–2–14

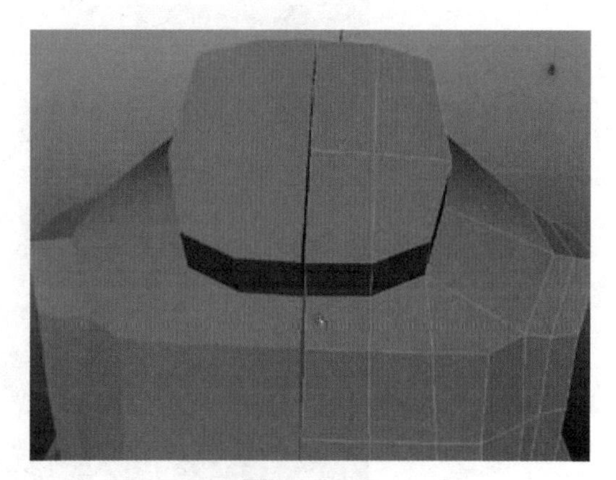

图 4–2–15

【Step14】使用挤压命令挤出领子部分，如图 4–2–16 所示。镜像出来的实体，如图 4–2–17 所示。

图 4–2–16

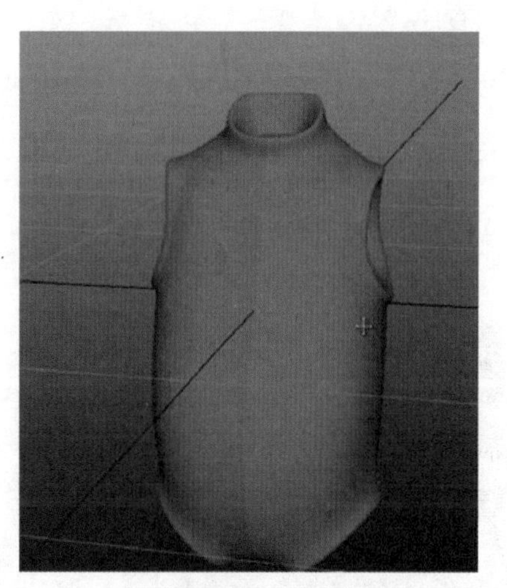

图 4–2–17

【Step15】再给身体腰部多加几条结构线，方便以后做动画，如图 4–2–18 所示。

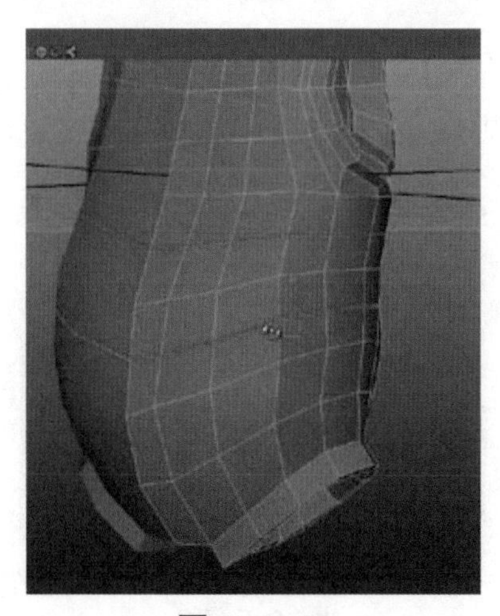

图 4–2–18

【Step16】用“Mesh>Sculpt Geometry Tool（网格 > 雕刻工具）”调整参数，刷一下表面不规整的布线，如图 4-2-19 所示。

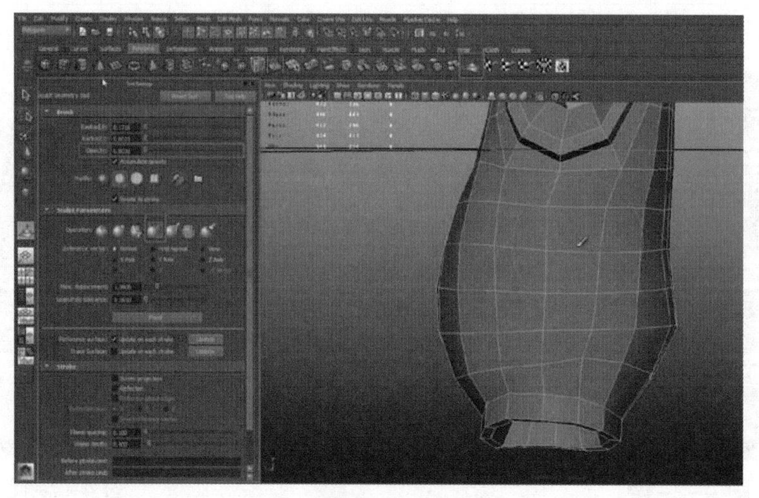

图 4-2-19

【Step17】给领口、袖口、裤子边都加上约束线，需要在圆滑之后保持住形状，如图 4-2-20 所示。

【Step18】执行菜单命令“Mesh>Combine（网格 > 合并）”，如图 4-2-21 所示，把左右的衣服合并成一个物体，如图 4-2-22 所示。

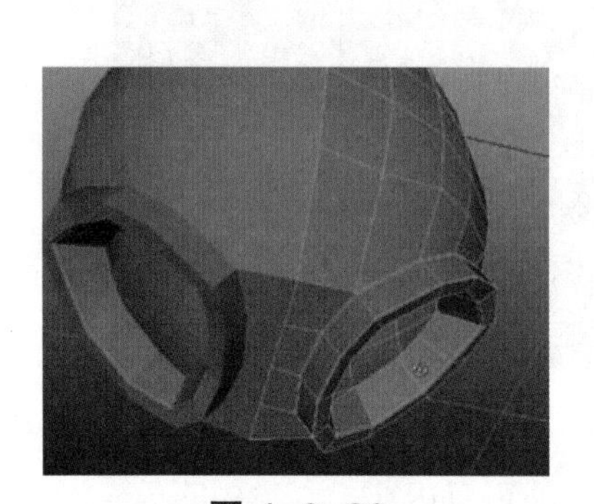

图 4-2-20

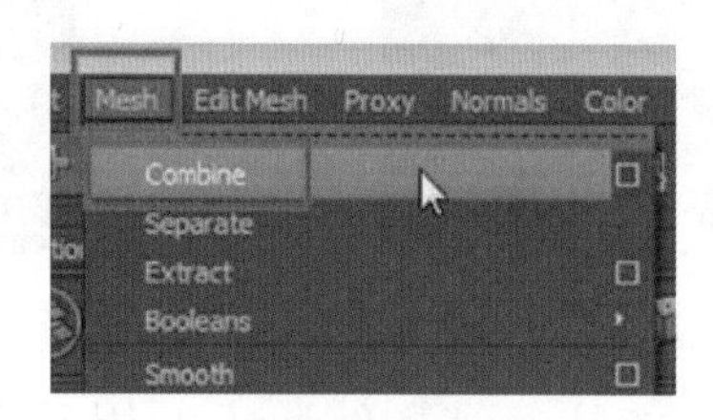

图 4-2-21

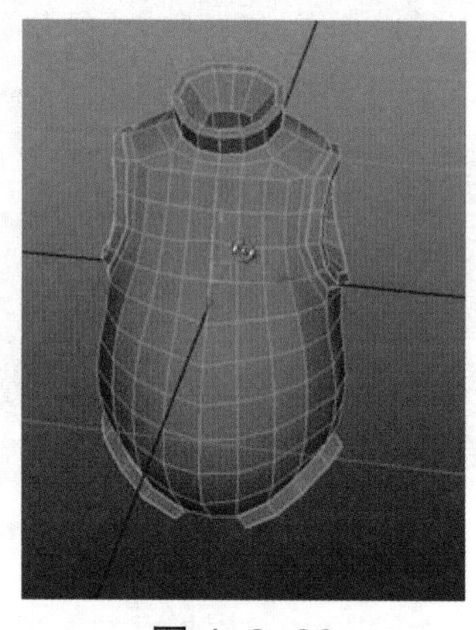

图 4-2-22

【Step19】合并物体之后必须把中间的点合并，选择左右两边交合部分的点，执行“Edit Mesh>Merge（编辑网格 > 焊接）”命令，如图 4-2-23 所示。

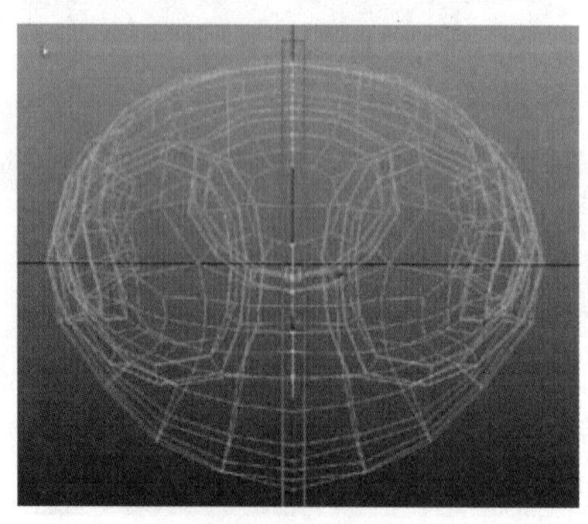

图 4-2-23

【Step20】在需要制作出衣服凹痕的地方，使用“Edit Mesh>Insert Edge Loon Tool（编辑网格 > 循环切线）”命令加入循环线，选择如图 4-2-24 所示的面向内进行挤压。

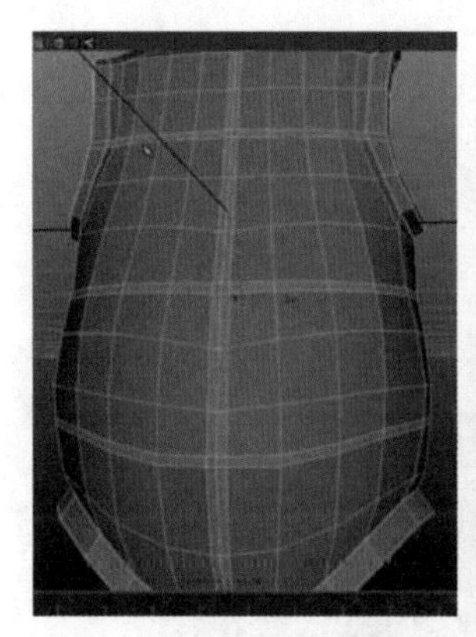

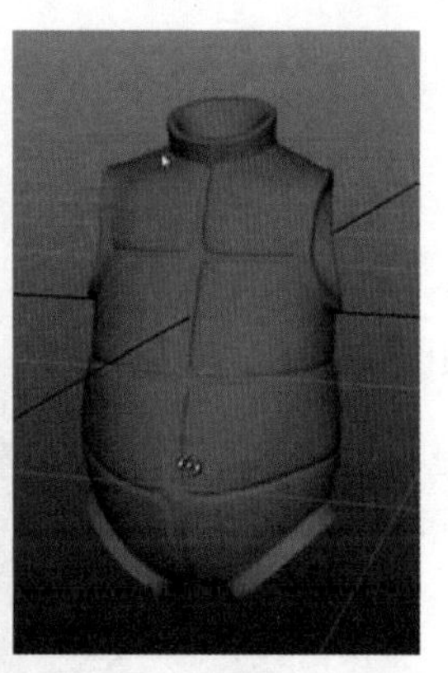

图 4-2-24

任务4.3　卡通乌龟四肢的制作

本任务的最终效果如图 4-3-1 所示。

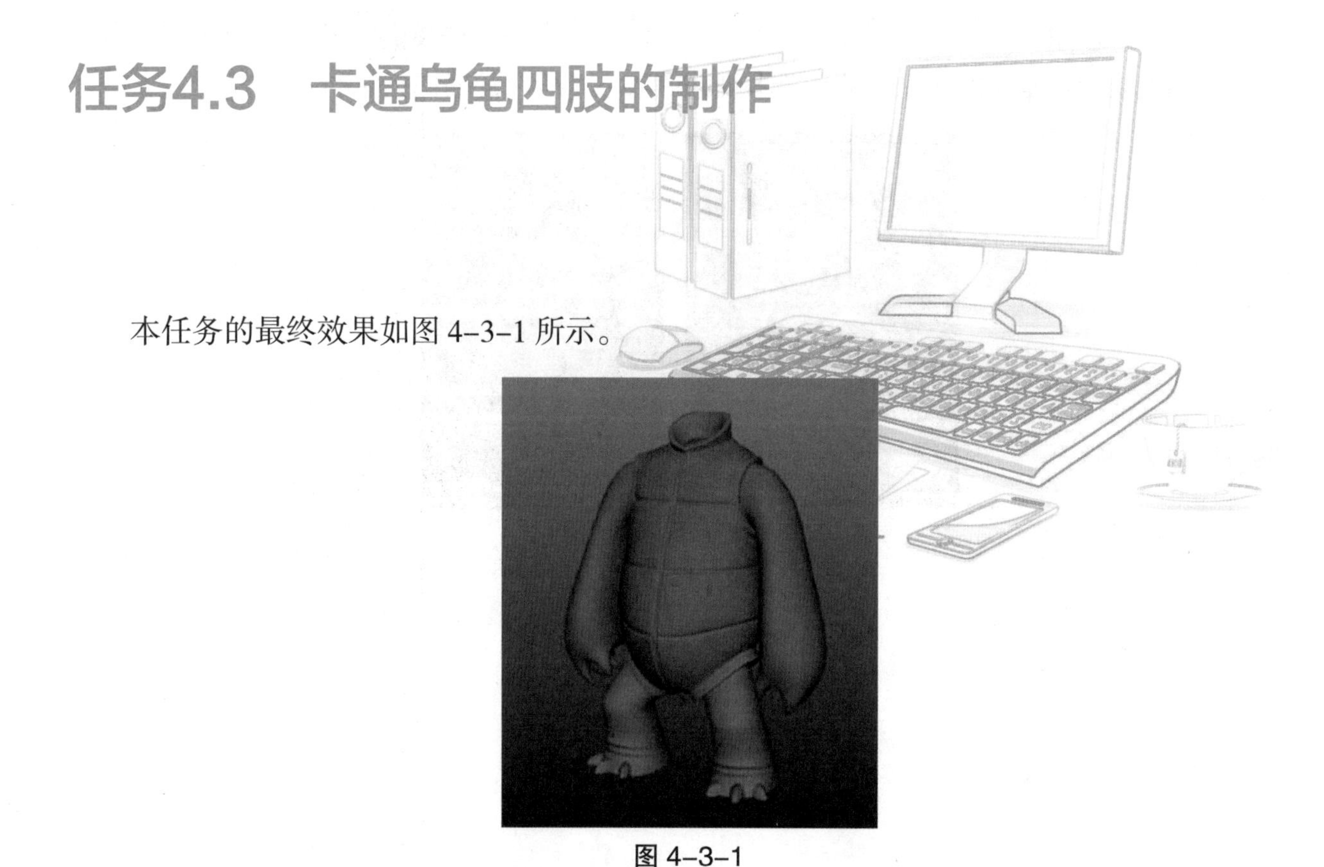

图 4-3-1

4.3.1　制作难度评定

难度等级：★★★

4.3.2　任务要求

本任务主要制作卡通乌龟的四肢，在卡通乌龟四肢制作中，简要了解制作一些类似树形的手以及腿部褶皱类的效果。

4.3.3　任务分析

本任务中，从基本形态考虑，逐步对各物体进行调整制作。因胳膊与腿部是对称方式，可以每样各制作一个，然后进行复制镜像，达到我们想要的效果。

涉及的命令：

（1）Edit Mesh>Insert Edge Loon Tool（编辑网格 > 循环切线）。

（2）Edit Mesh>Extrude（编辑网格 > 挤出）。

（3）Edit>Duplicate Special（编辑 > 特殊镜像）。

（4）分割多边形工具［选择物体后按住 Shift 键，同时按住鼠标右键向左移动 >Split（分割），再向右移动 >Split polygon Tool（分割多边形工具）］。

（5）Edit Mesh>Keep Faces Together（编辑网格 > 保持面一致）。

（6）Mesh>Smooth（网格 > 圆滑）。

4.3.4 任务实施

制作视频

1. 上肢的制作

【Step1】创建立方体加线，用缩放工具调整立方体和袖口的大小，如图 4–3–2、图 4–3–3 所示。

【Step2】加两条竖着的切线［选择“Edit Mesh”菜单下的“Insert Edge Loon Tool（循环切线）”命令］，如图 4–3–4 所示。

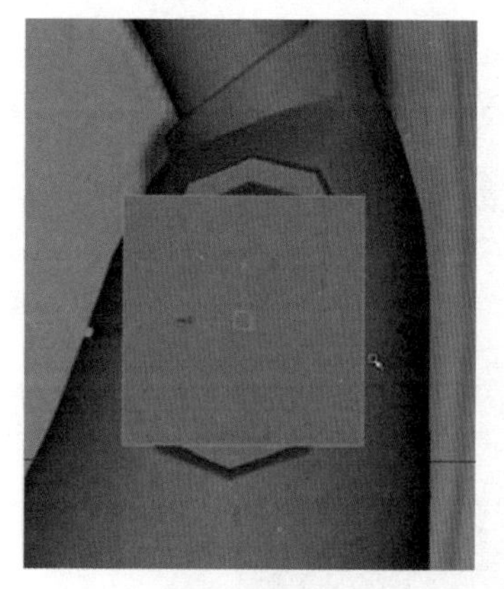

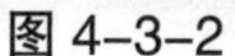

图 4–3–2

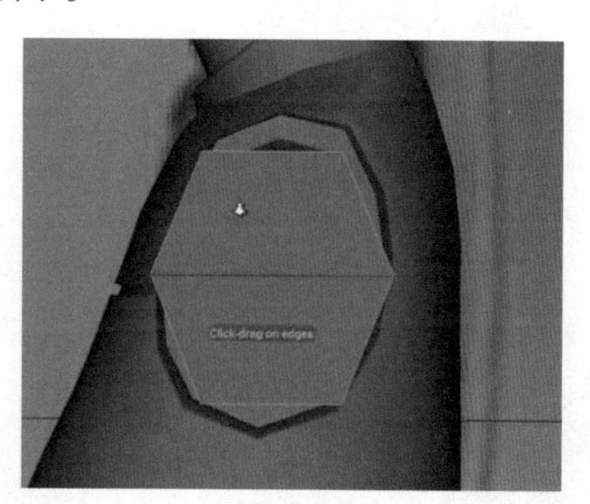

图 4–3–3

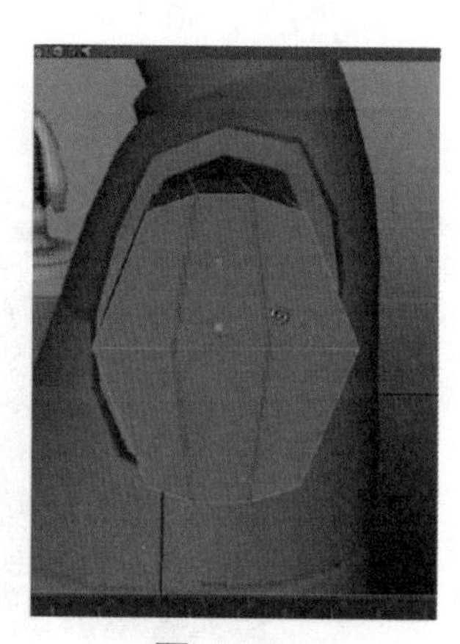

图 4–3–4

【Step3】把刚才创建的立方体挤出手腕的面，如图 4–3–5 所示。

【Step4】调整好胳膊前面的形状，然后再调整侧面的形状，如图 4–3–6 所示。

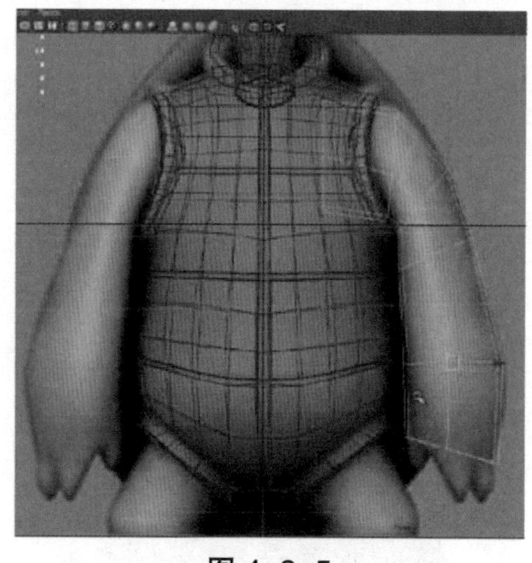

图 4–3–5

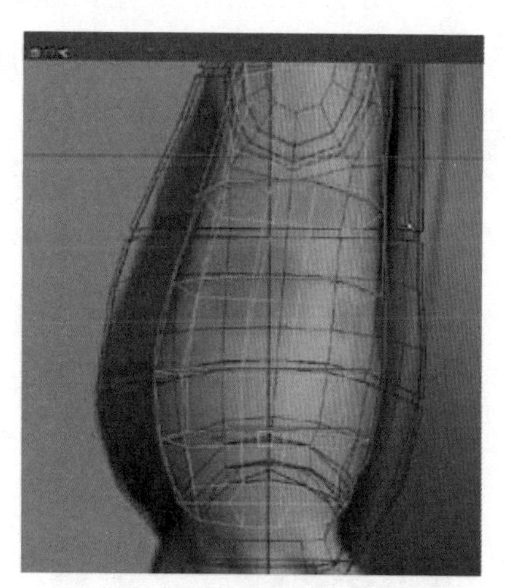

图 4–3–6

【Step5】选择手腕部位的面，挤出手指头，如图 4-3-7、图 4-3-8 所示。

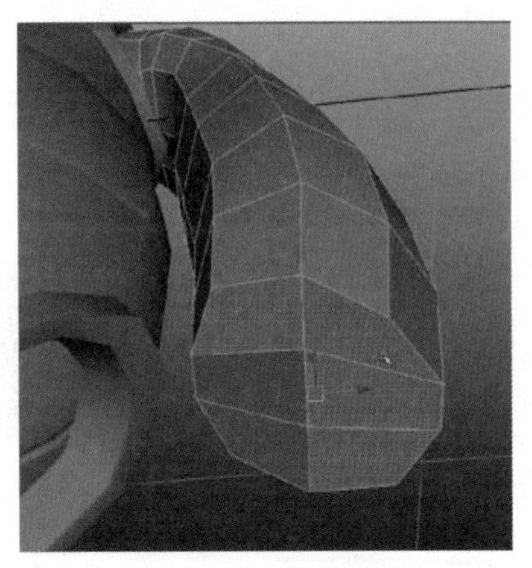

图 4-3-7

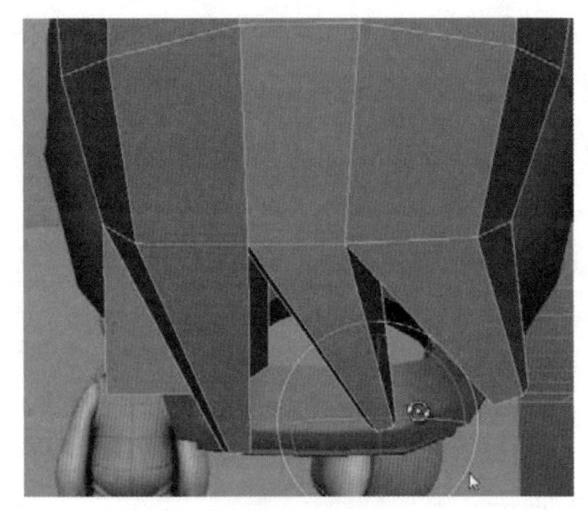

图 4-3-8

【Step6】手指头加关节线，然后圆滑，如图 4-3-9 所示。

【Step7】胳膊制作完成，如图 4-3-10 所示。

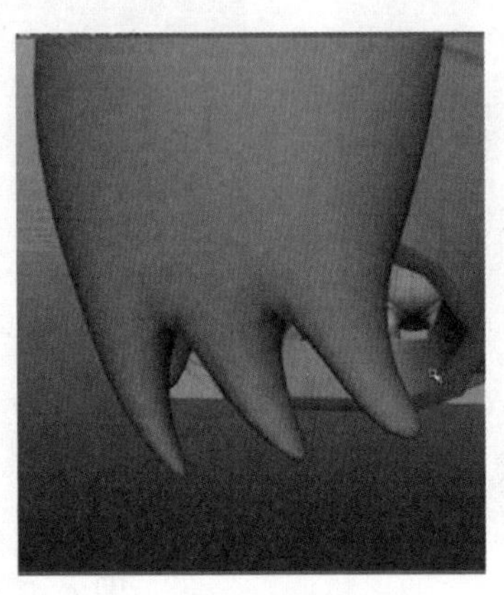

图 4-3-9

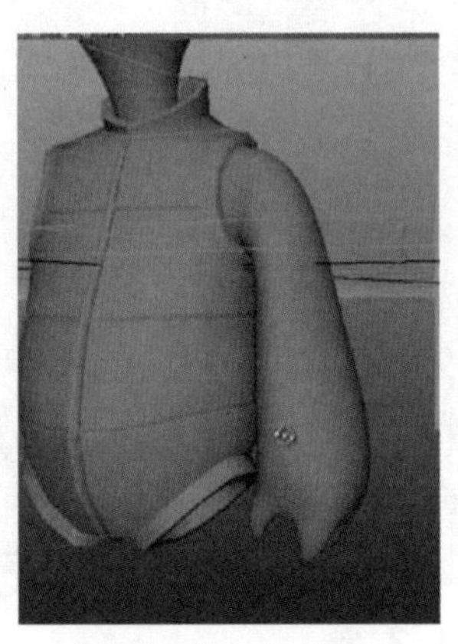

图 4-3-10

2. 下肢的制作

【Step1】创建立方体，调整腿部的大小，如图 4-3-11 所示。

【Step2】给立方体圆滑一次（选择“Mesh”菜单下的“Smooth”命令），用缩放工具把上下的点压平，如图 4-3-12 所示。

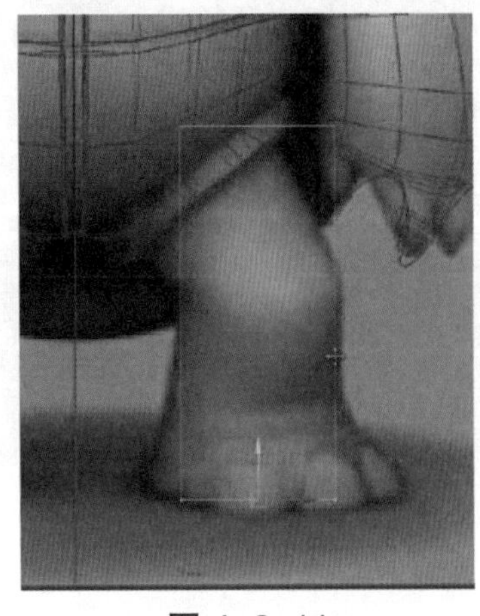

图 4-3-11

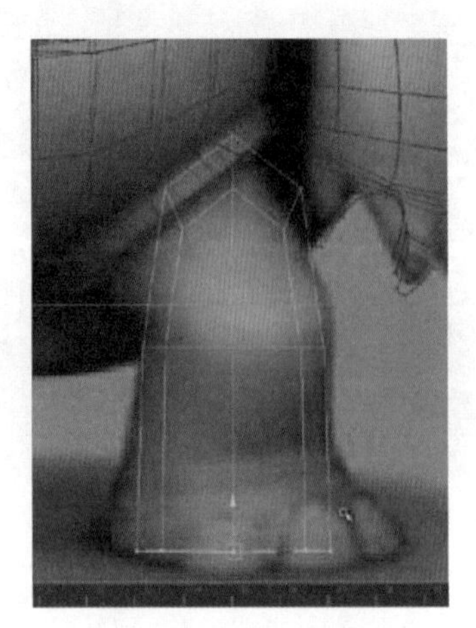

图 4-3-12

【Step3】把关节做成弯曲的，再从侧面做出膝盖的弯曲，如图 4-3-13 所示。

【Step4】给关节加切线（选择“Edit Mesh”菜单下的“Insert Edge Loon Tool”命令），如图 4-3-14 所示。

图 4-3-13

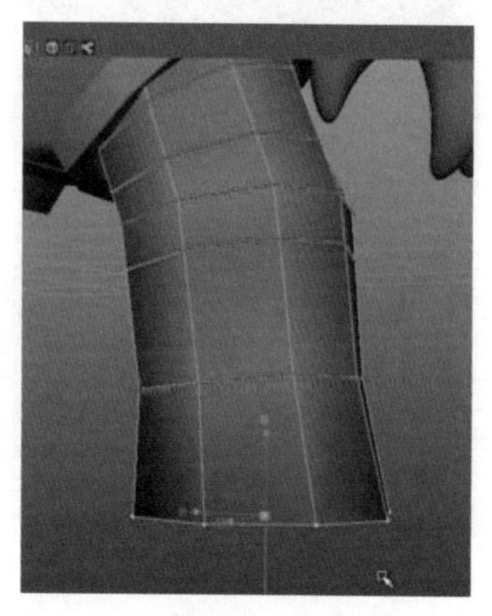

图 4-3-14

【Step5】用分割多边形工具给脚背加点褶，如图 4-3-15、图 4-3-16、图 4-3-17 所示。

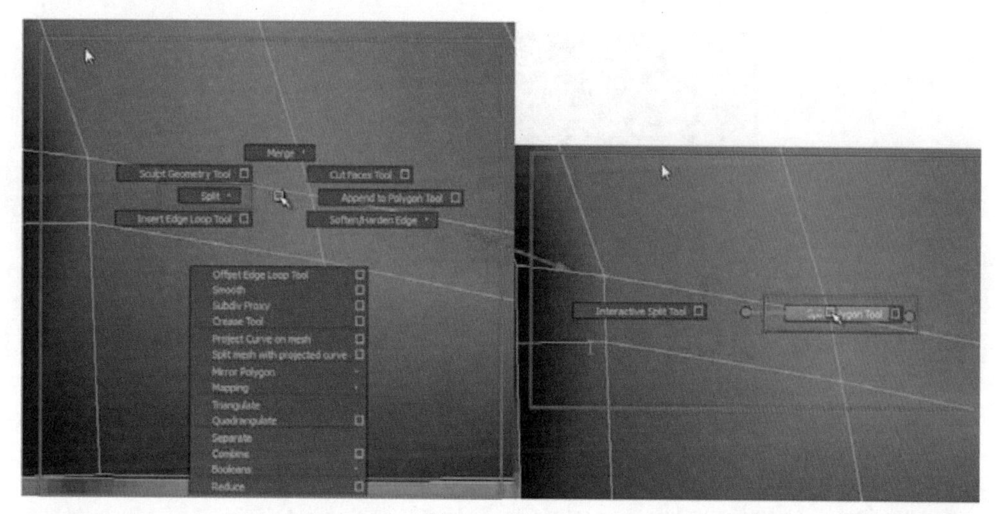

图 4-3-15

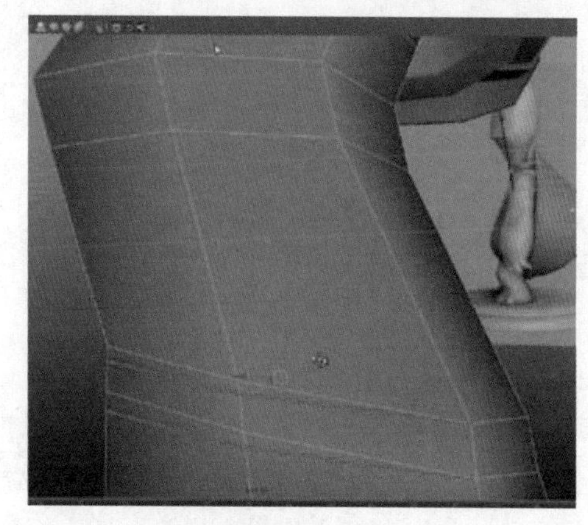

图 4-3-16

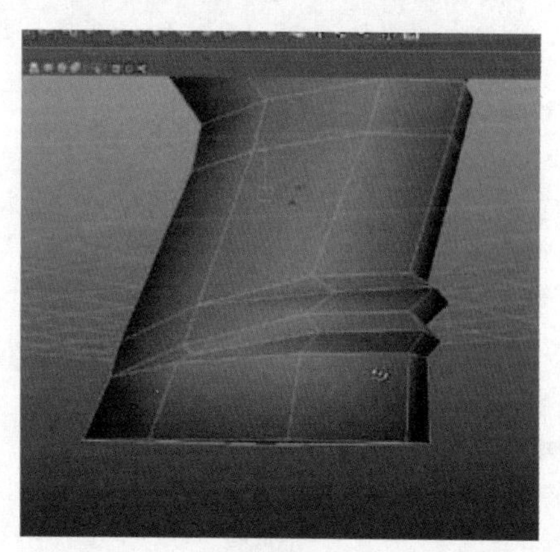

图 4-3-17

【Step6】最终腿的模型制作完成，如图 4–3–18 所示。

【Step7】创建立方体，如图 4–3–19 所示。

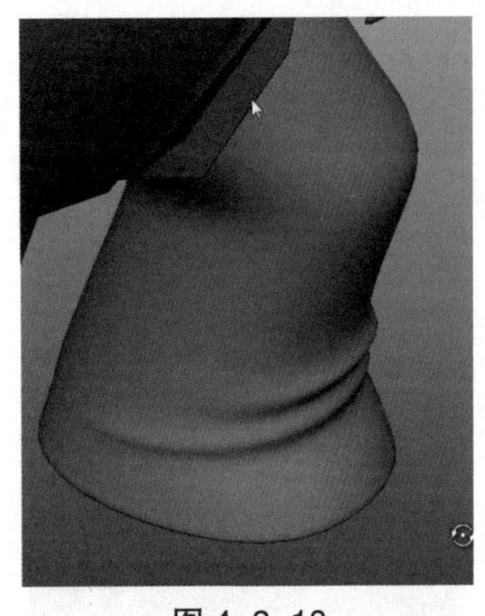

图 4–3–18

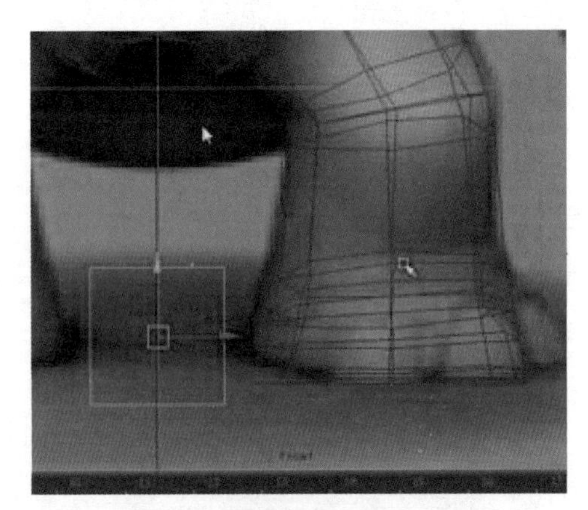

图 4–3–19

【Step8】给立方体圆滑一次（选择“Mesh”菜单下的“Smooth”命令），如图 4–3–20 所示。

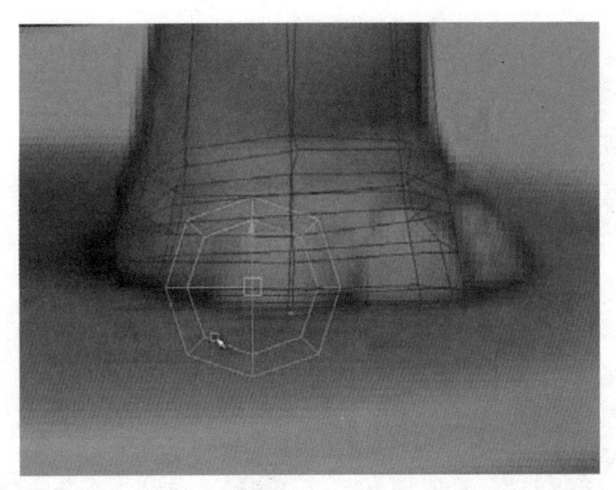

图 4–3–20

【Step9】给圆滑过的模型调整脚指甲形状，如图 4–3–21 所示。

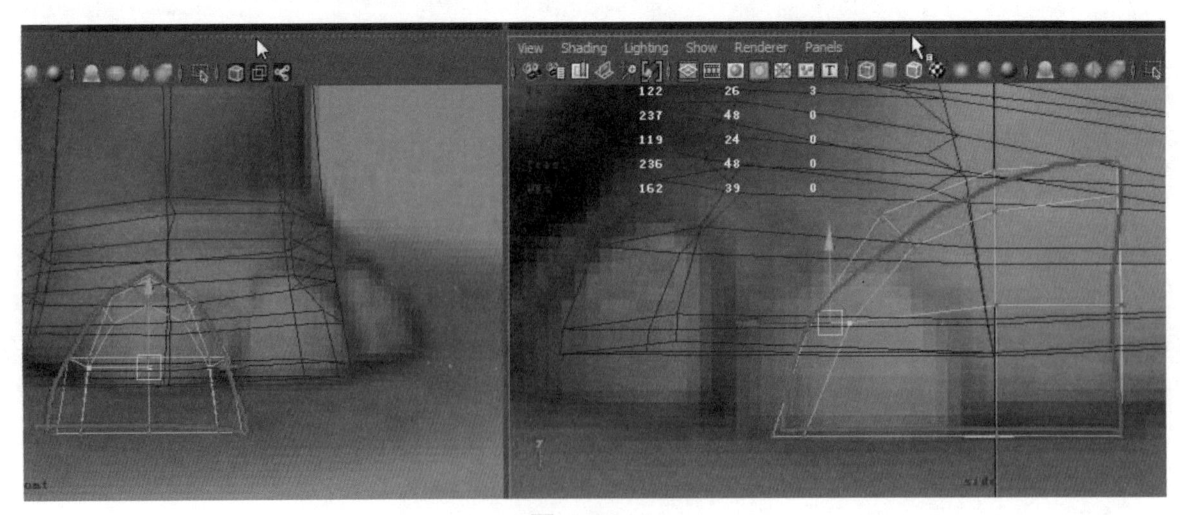

图 4–3–21

【Step10】脚指甲制作完成之后，按“Ctrl+D”键复制两个并摆好位置，在镜像复制乌龟腿的时候一定选择 Copy 的方式，把缩放“Scale”轴向的 X 轴改成 -1，如图 4-3-22 、图 4-3-23 所示。

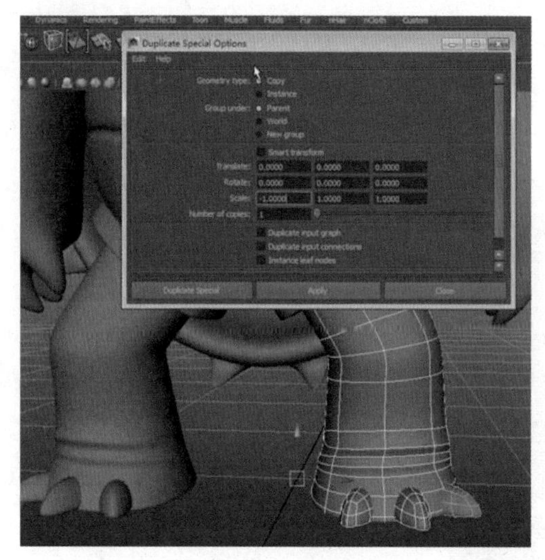

图 4-3-22

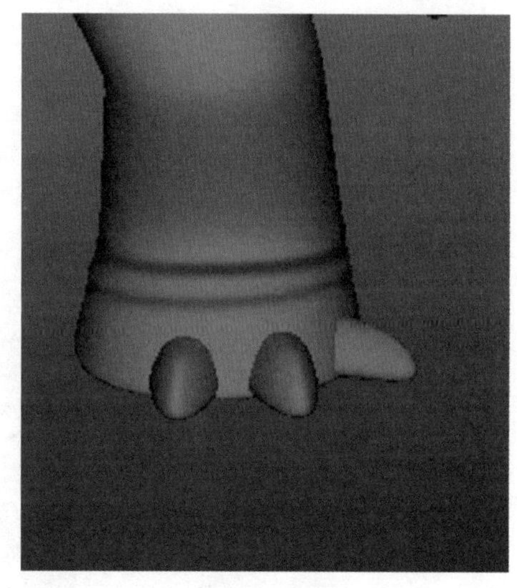

图 4-3-23

任务4.4 卡通乌龟龟壳的制作

本任务的最终效果如图 4-4-1 所示。

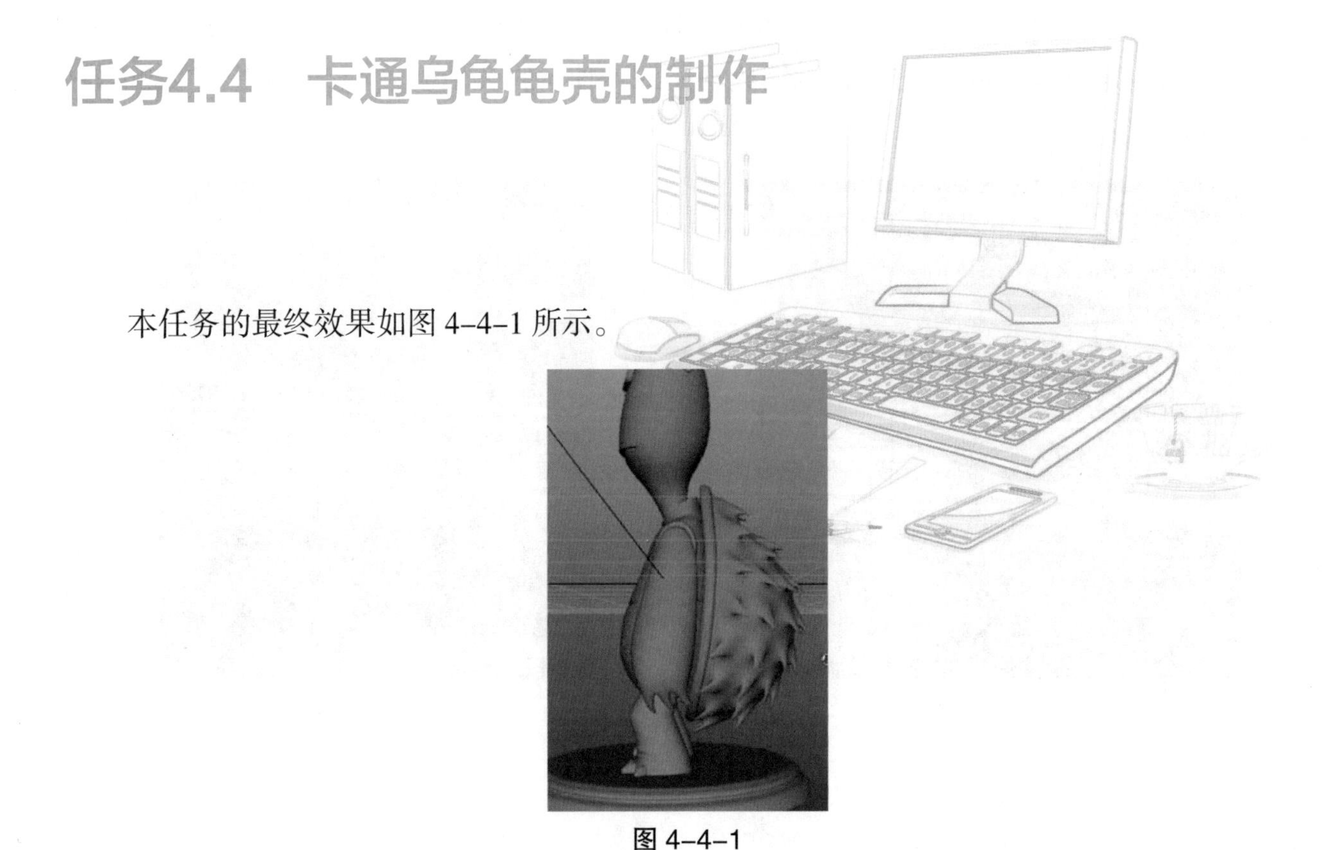

图 4-4-1

4.4.1 制作难度评定

难度等级：★★★

4.4.2 任务要求

本任务中我们主要学习龟壳的制作思路，重点学习刺猬尖刺类形态的效果的制作。

4.4.3 任务要求

龟壳部分还是以最简单形态进行制作，本次制作中首先应考虑后续龟壳部分的尖刺效果如何平均，这里使用立方体 Smooth（光滑）的方式制作。最后使用挤出命令制作出尖刺的效果。

涉及的命令：

（1）Edit Mesh>Insert Edge Loon Tool（编辑网格 > 循环切线）。

（2）Edit Mesh>Extrude（编辑网格 > 挤出）。

（3）Edit>Duplicate Special（编辑 > 特殊镜像）。

（4）Edit Mesh>Keep Faces Together（编辑网格 > 保持面一致）。

4.4.4　任务实施

制作视频

【Step1】创建立方体，用缩放工具调整大小，如图 4–4–2 所示。

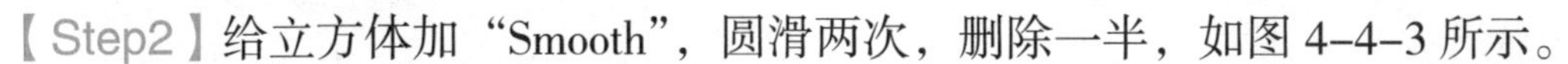
【Step2】给立方体加“Smooth”，圆滑两次，删除一半，如图 4–4–3 所示。

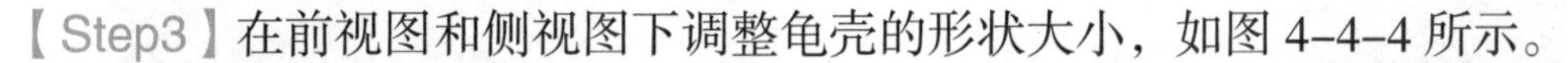
【Step3】在前视图和侧视图下调整龟壳的形状大小，如图 4–4–4 所示。

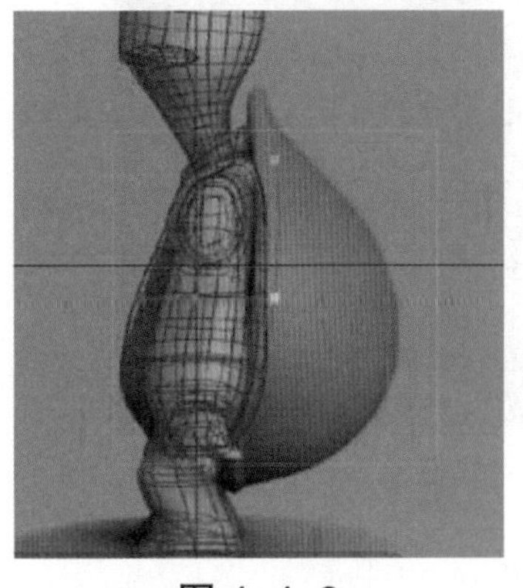
图 4–4–2

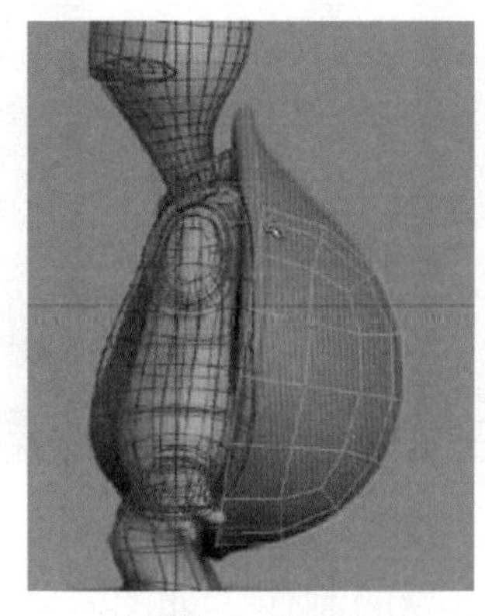
图 4–4–3

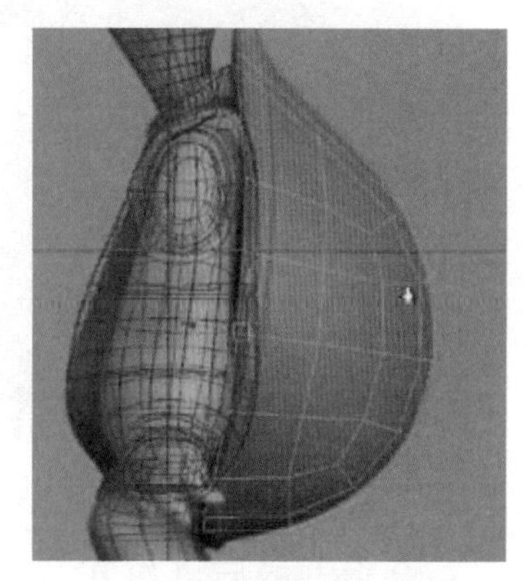
图 4–4–4

【Step4】给整个龟壳挤压厚度，如图 4–4–5、图 4–4–6 所示，法线的反转选择“Normals”菜单下的“Reverse”命令。

【Step5】给龟壳边缘加一个鼓出来的硬边，利用“Insert Edge Loon Tool（循环切线）”加上结构线，如图 4–4–7 所示。

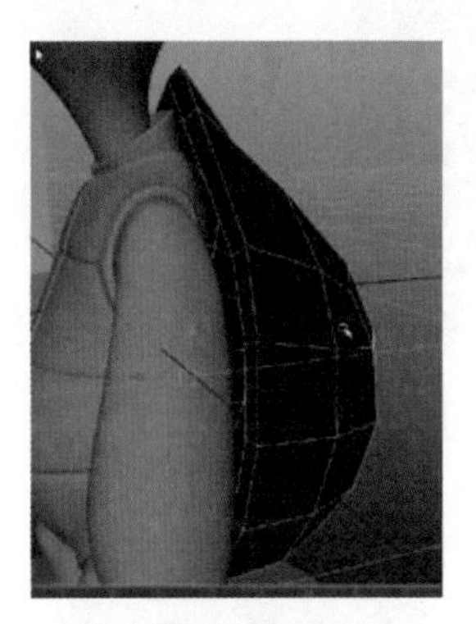
图 4–4–5

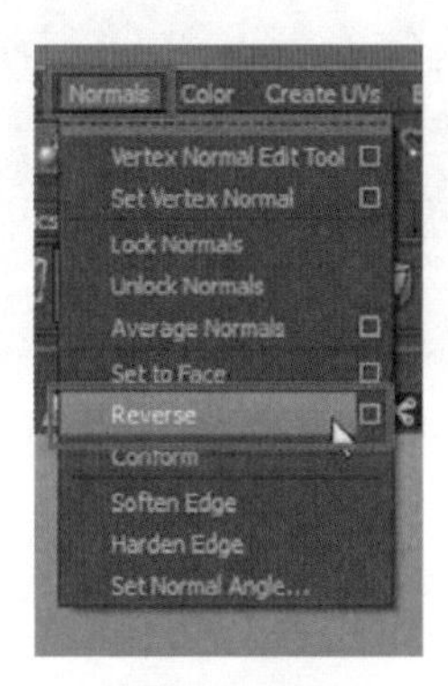

图 4–4–6

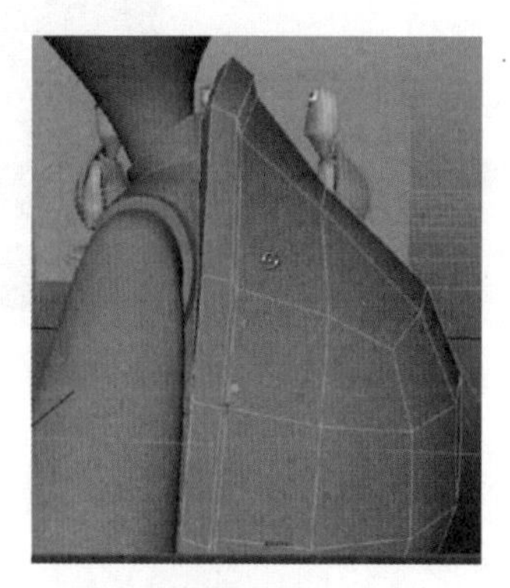
图 4–4–7

【Step6】选择龟壳上面的面“Extrude（挤压）”，在挤压的时候必须去掉“Keep Faces Together（保持面一致）”前面的钩，如图 4–4–8、图 4–4–9 所示。

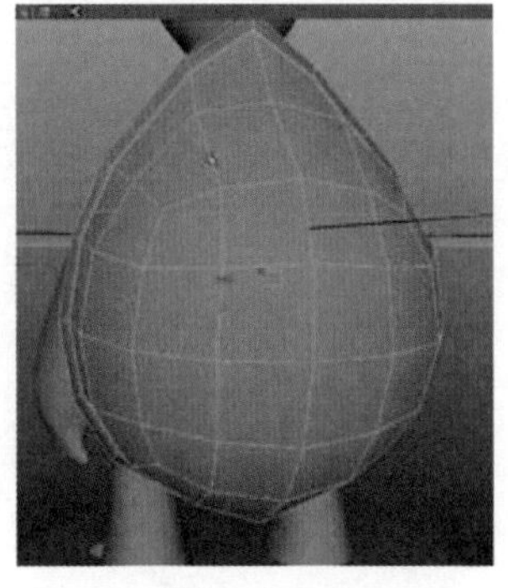
图 4–4–8

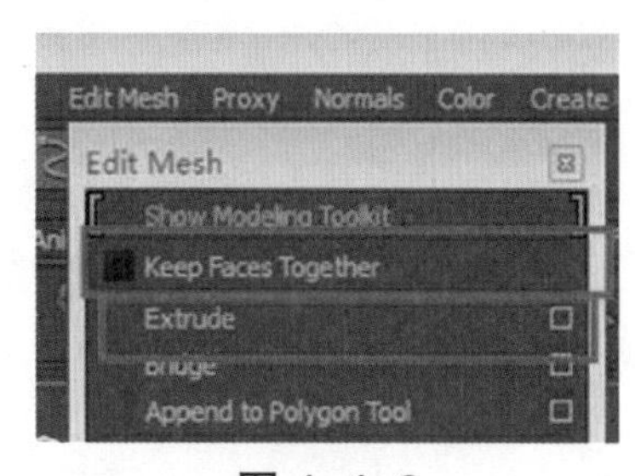

图 4–4–9

【Step7】挤压之后，用挤压属性的自身坐标的 Z 轴位移往外拖动，如图 4-4-10 所示。

【Step8】用挤压属性的自身坐标 Y 轴的位移往下拖动，如图 4-4-11 所示。

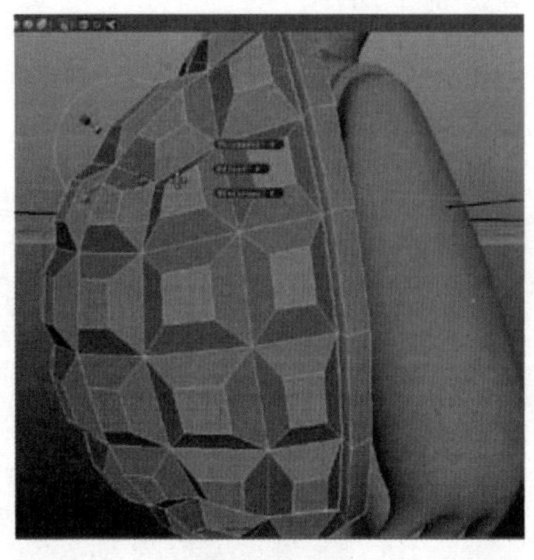

图 4-4-10

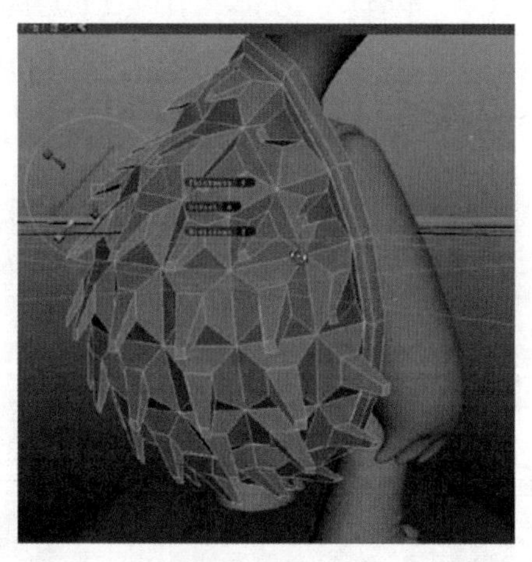

图 4-4-11

【Step9】最后进行光滑，完成龟壳的制作，如图 4-4-12 所示。

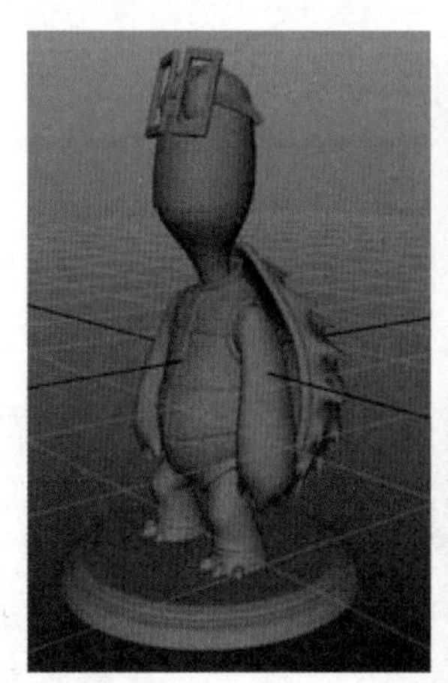

图 4-4-12

项目五

卡通人物建模

任务5.1 卡通女孩头部的制作

本任务的最终效果如图 5-1-1 所示。

图 5-1-1

5.1.1 制作难度评定

难度等级：★★★★

5.1.2 任务要求

熟悉卡通角色的制作步骤，对模型的布线进行合理分布，能够符合表情动画。制作中详细分析各结构并准确制作出脸部各肌肉形态及比例关系。

5.1.3 任务分析

卡通女孩脸部往往特征明显，如有较大的眼睛和圆润的脸颊等，因此在制作过程中，要注意保证卡通女孩脸部的这些特征，并融合布线规律，使其美观且易于调制动画表情。

涉及的命令：

（1）Mesh>Smooth（网格 > 光滑）。

（2）Edit>Duplicate Special（编辑 > 特殊复制）。

（3）Split Polygon Tool（分割多边形工具）。

5.1.4　任务实施

制作视频

【Step1】首先在 Maya 中创建工程目录，并设置摄像机焦距为 75，如图 5-1-2 所示。

【Step2】创建盒子并对盒子执行“Smooth”命令两次，如图 5-1-3 所示。

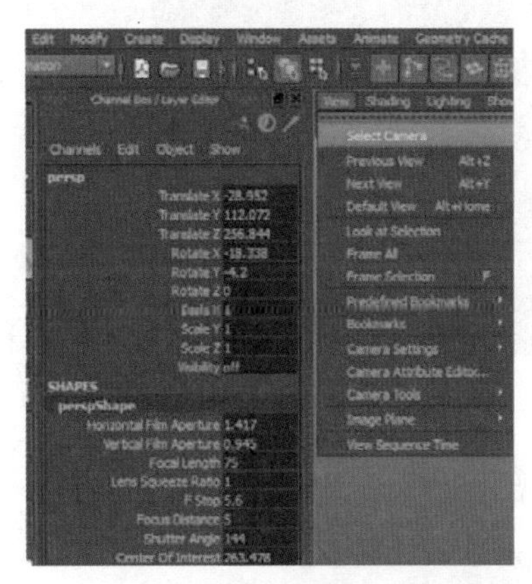

图 5-1-2

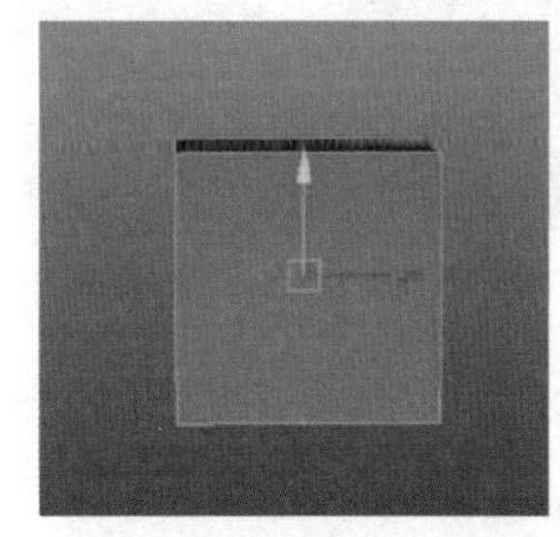
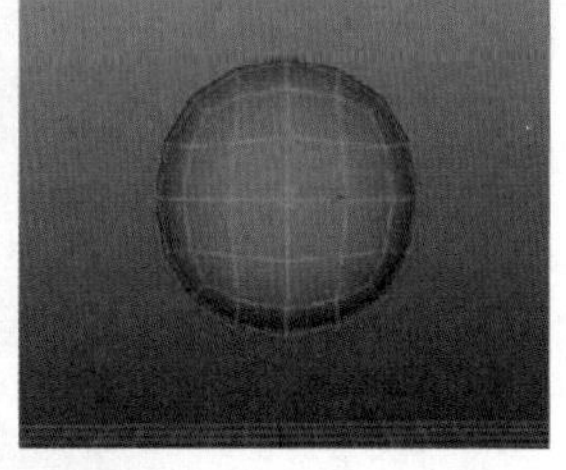

图 5-1-3

【Step3】选择并删除一半的面，然后选择物体执行“特殊复制（Duplicate Special）”命令，参数设置如图 5-1-4 所示。

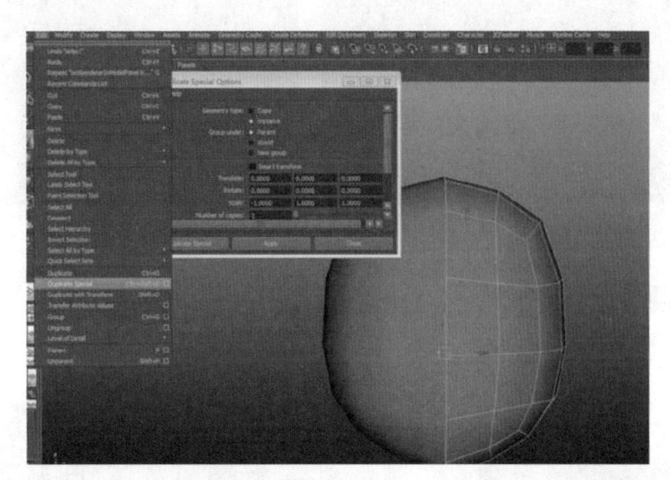

图 5-1-4

【Step4】在点模式下调整头部基本形态，如图 5-1-5 所示。

【Step5】选择中间这条线，执行“Edit Mesh>Bevel（编辑网格 > 倒角）”命令，得到如图 5-1-6 所示效果。

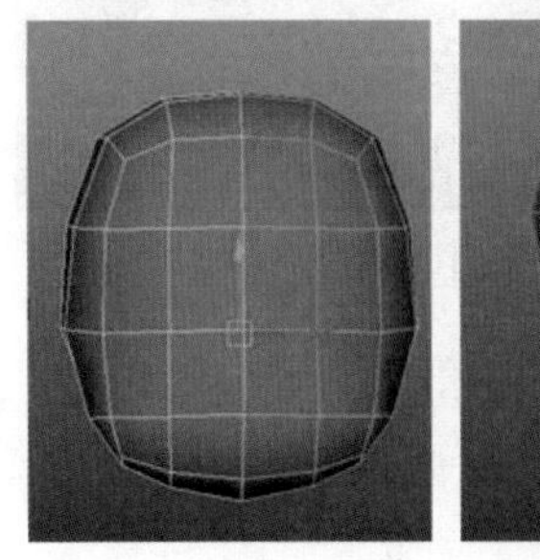

图 5-1-5

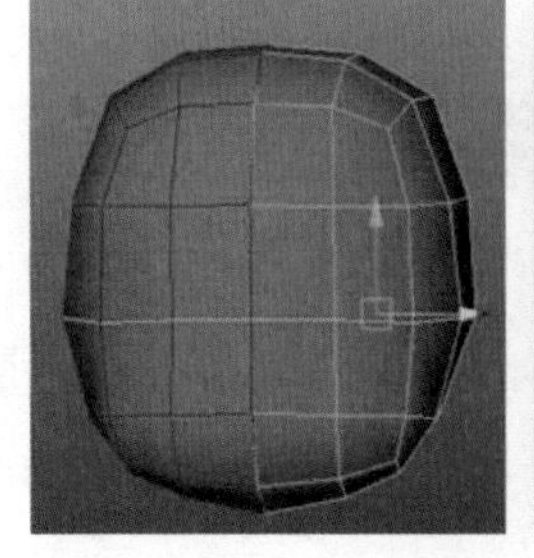
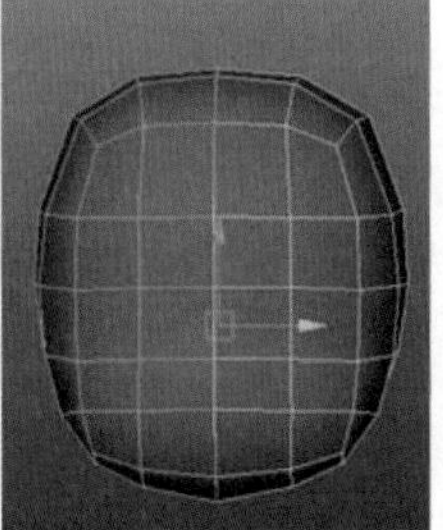

图 5-1-6

【Step6】选择一半头部，按住 Shift 键再按住鼠标右键，鼠标滑动至“Split（分割）”下的“Split Polygon Tool（分割多边形工具）”，将鼻子的宽度定出来，如图 5-1-7 所示。

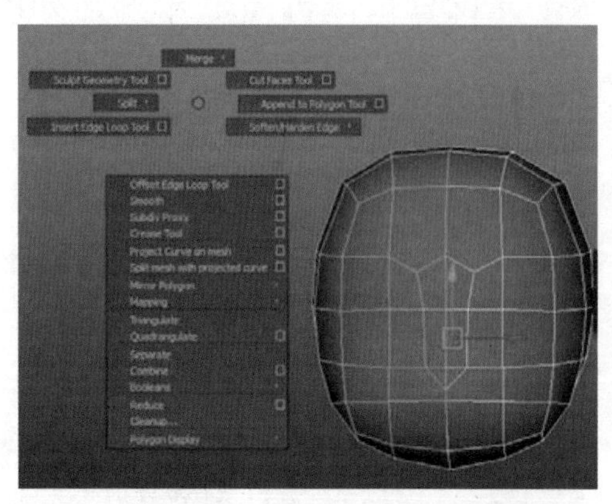
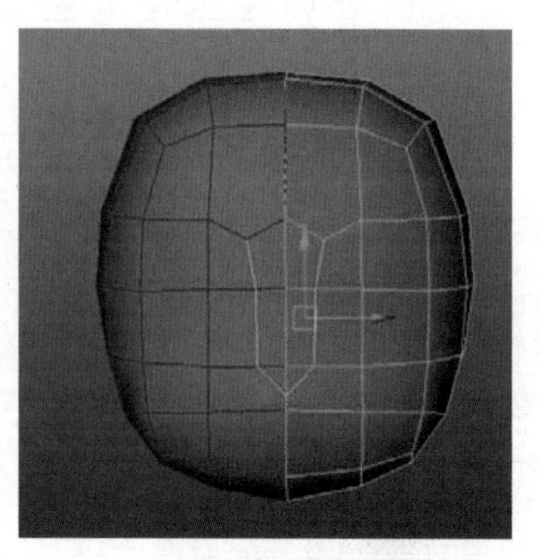

图 5-1-7

【Step7】选择眼睛部分的面，使用挤压命令对眼睛的部分进行挤压，如图 5-1-8 所示。

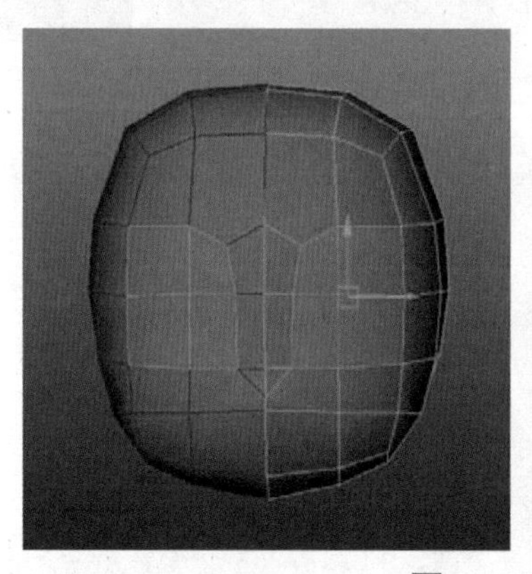
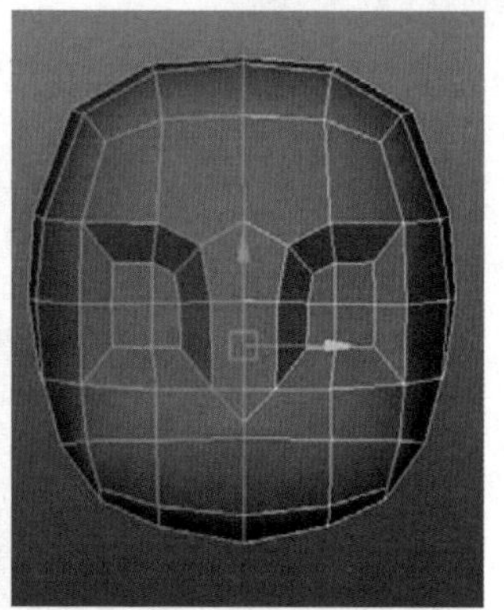

图 5-1-8

【Step8】挤压出眼睛后仔细调整整个形态，如图 5-1-9 所示。

【Step9】选择底部的面执行挤压命令，挤压出脖子的形态并调整，如图 5-1-10 所示。

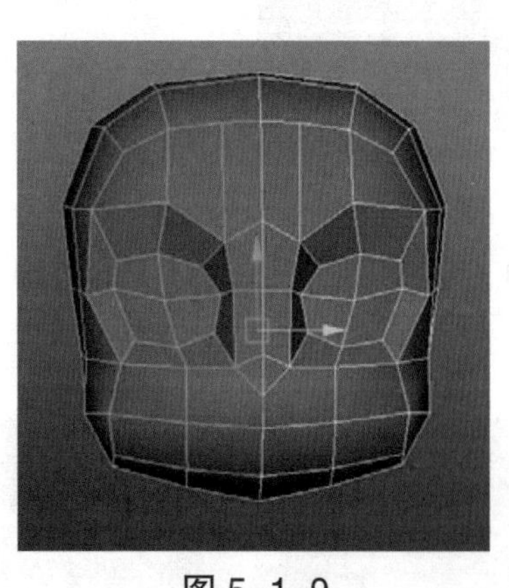

图 5-1-9

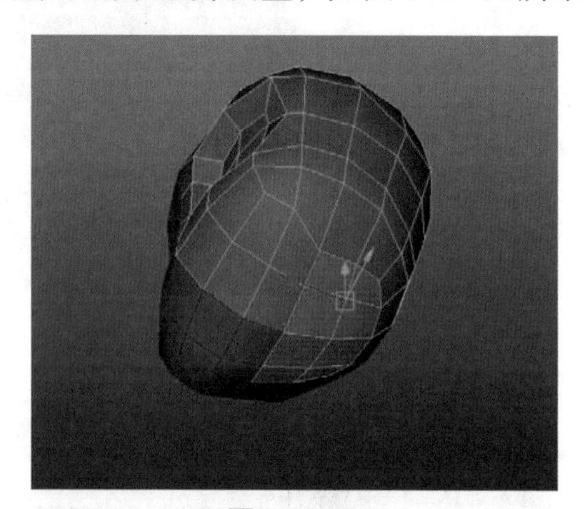

图 5-1-10

【Step10】将整体的形态进行详细调整，得出如图 5-1-11 所示的形态。

【Step11】选中物体，按住 Shift 键再按住鼠标右键，鼠标滑动至“Split（分割）”下的“Split Polygon Tool（分割多边形工具）”，将嘴的部分定位出来，如图 5-1-12 所示。

【Step12】在鼻子部分增加线段，并调整鼻子的形态，如图 5-1-13 所示。

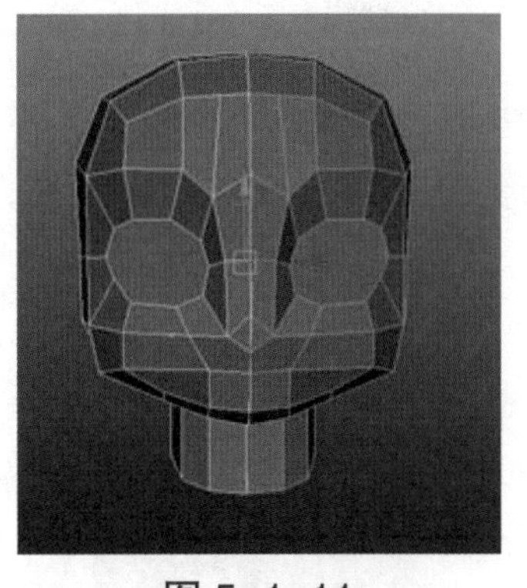

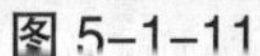
图 5-1-11

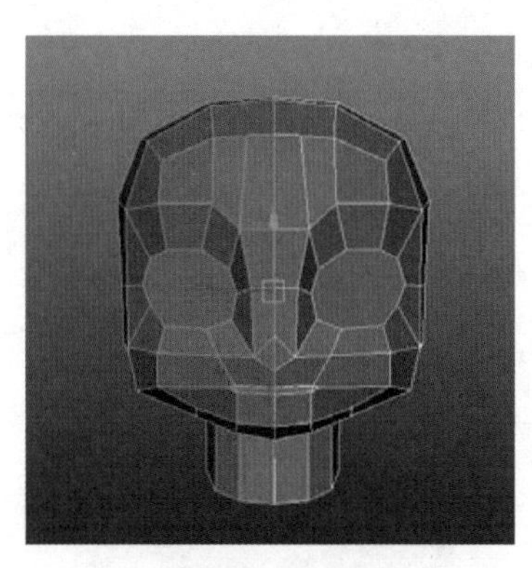

图 5-1-12

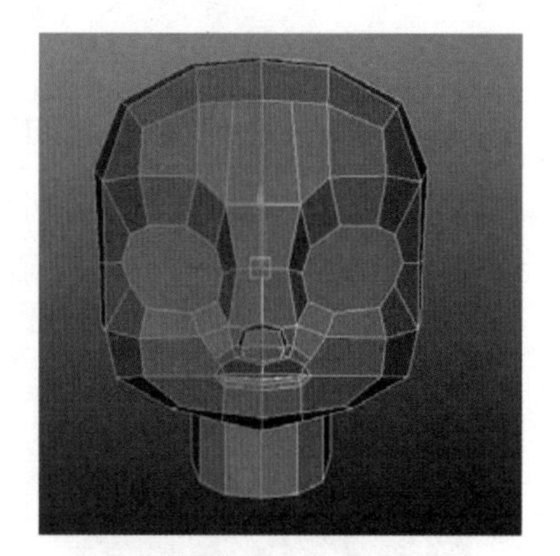

图 5-1-13

【Step13】将断线部分进行连接，并调整出鼻唇沟的位置，如图 5-1-14 所示。

【Step14】在嘴部增加线段并调整形态，如图 5-1-15 所示。

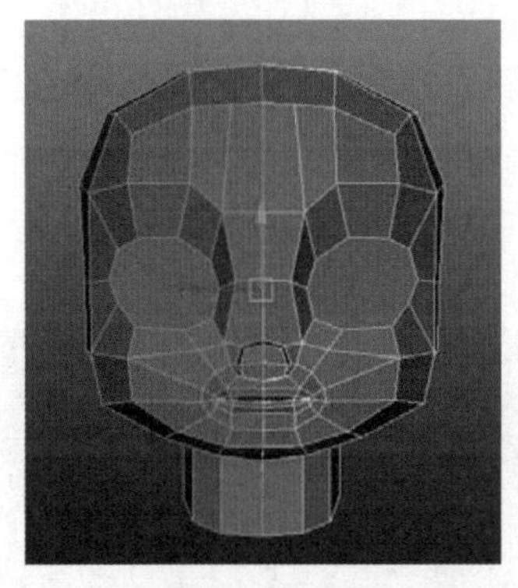

图 5-1-14

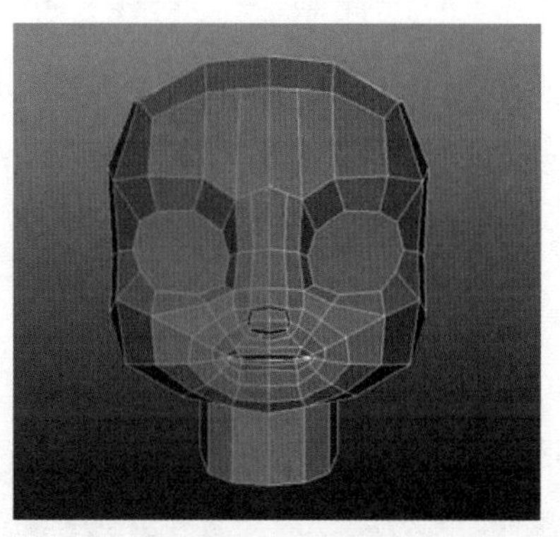

图 5-1-15

【Step15】选择眼睛部分的面并挤压 3 次，调整眼眶的位置形态，如图 5-1-16 所示。

【Step16】创建球体，放置到眼眶中，再一次调整眼眶的形态使之尽量符合球体，如图 5-1-17 所示。

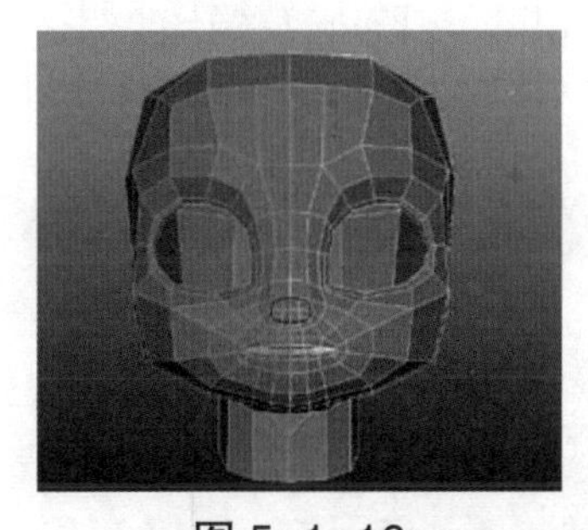

图 5-1-16

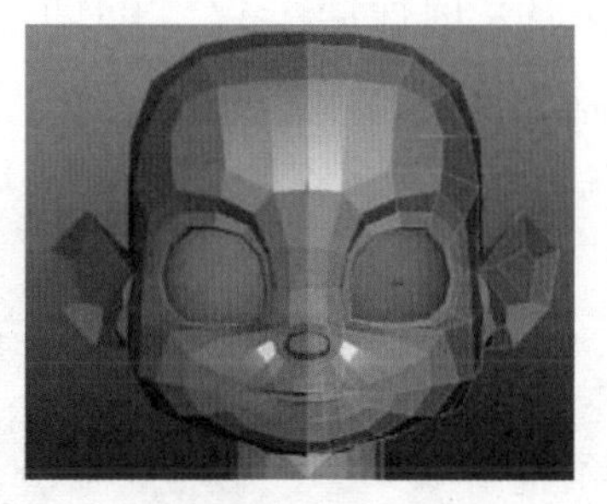

图 5-1-17

【Step17】在嘴部增加两圈线并调整嘴唇形态，如图 5-1-18 所示。

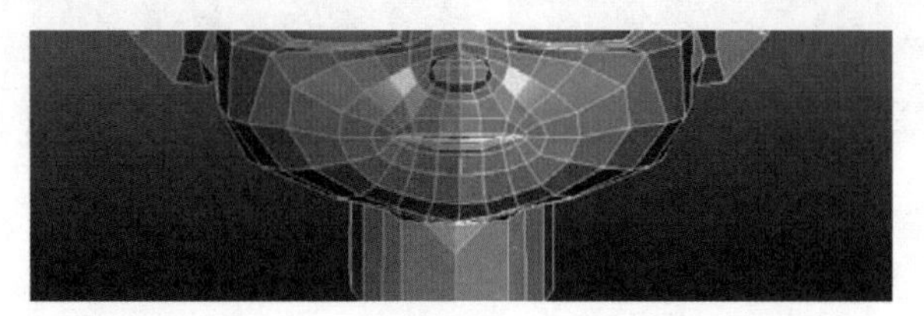

图 5-1-18

【Step18】在耳朵的位置挤压出耳朵，并选中中间的面进行挤压，得到耳朵基本形态，如图 5–1–19 所示。

【Step19】选中耳朵前面的面并挤压数次，调整耳朵形态，如图 5–1–20 所示。

【Step20】对耳朵后面同样执行一次挤压，调整耳朵后面的形态，如图 5–1–21 所示。

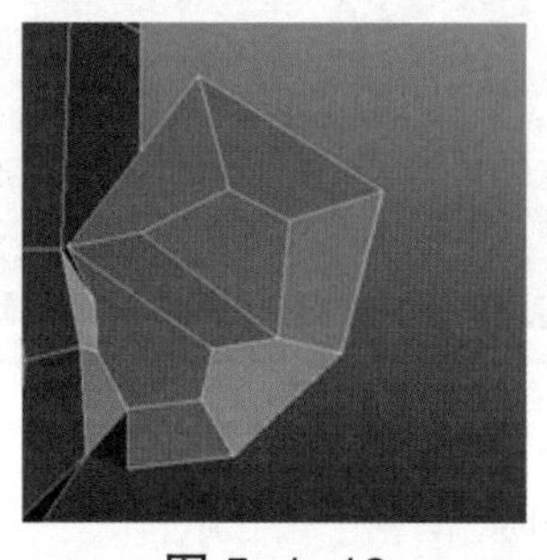

图 5–1–19

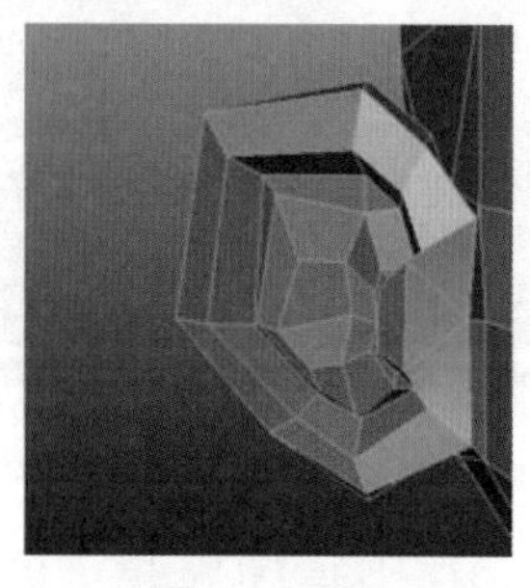

图 5–1–20

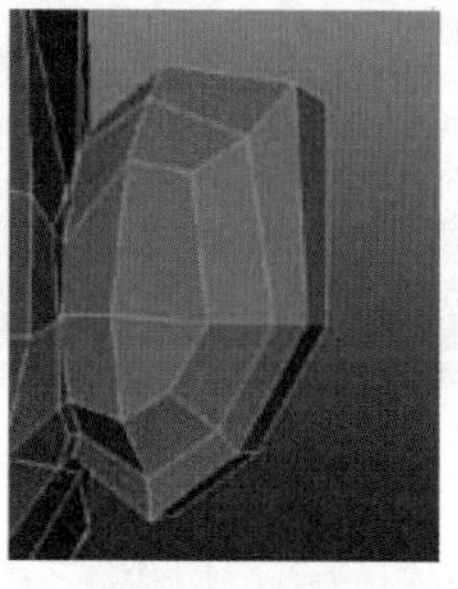

图 5–1–21

【Step21】选择眼眶上的线，挤压出睫毛并选择挤压出的睫毛的所有面，执行菜单中"Mesh（网格）"下的"Extract（提取）"命令，将睫毛提取为单独的，如图 5–1–22 所示。

【Step22】创建面片并调整好一根睫毛的形态，使用快捷键"Ctrl+D"复制睫毛，并调整位置，如图 5–1–23 所示。

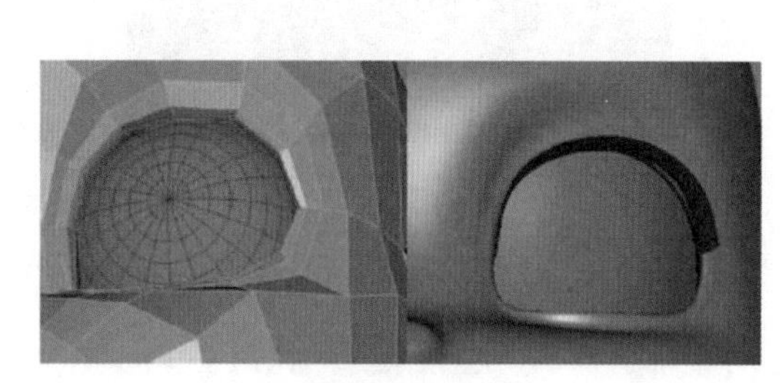

图 5–1–22

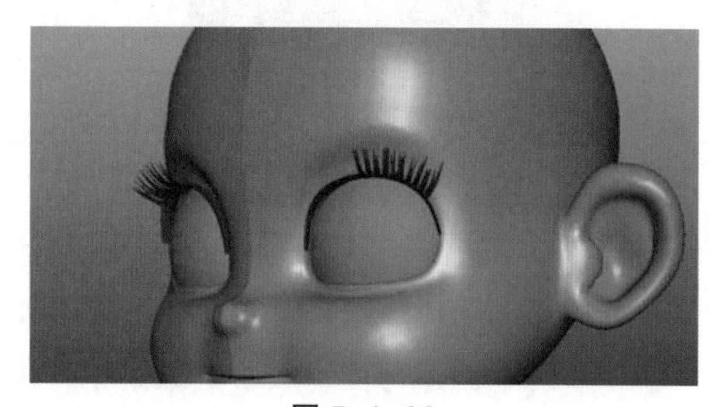

图 5–1–23

【Step23】选择眉毛位置的面，执行"Edit Mesh>Duplicate Face（编辑网格 > 复制面）"命令，复制出眉毛并调整形态，如图 5–1–24 所示。

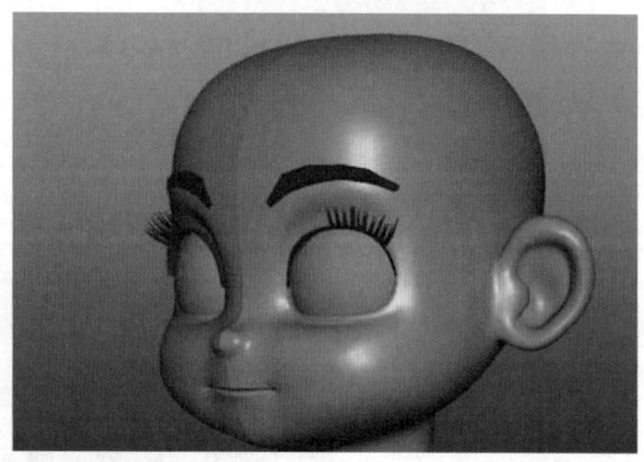

图 5–1–24

任务5.2　卡通女孩头发的制作

本任务的最终效果如图 5-2-1 所示。

图 5-2-1

5.2.1　制作难度评定

难度等级：★★★

5.2.2　任务要求

本任务将主要学习头发制作，熟练使用 NURBS 曲线，学习制作头发的思路。熟练使用各命令，详细分析头发形态，处理头发形态变化间的衔接，了解与分析头发的生长方向。

5.2.3　任务分析

制作卡通人物的头发部分，不能按照真人的头发一丝一丝地制作出来，主要以簇为主，每簇头发以一个面片来制作，最后使用贴图的方式表现出一丝一丝的感觉。在头发的制作上分为三个部分，第一部分是前面留海部分，第二部分是丸子形态部分，第三部分是马尾部分。

涉及的命令：

（1）Creat>CV Curve Tool（创建 >CV 曲线工具）。

（2）Surface>Loft（曲面 > 放样）。

（2）Edit Curve>Insert Knot（编辑曲线 > 插入点）。

5.2.4 任务实施

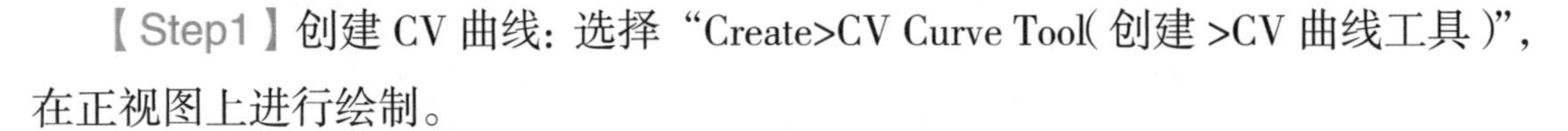

【Step1】创建 CV 曲线：选择“Create>CV Curve Tool(创建 >CV 曲线工具)”，在正视图上进行绘制。

【Step2】CV 曲线会自动吸附网格，故需要在非透视视图内进行创建，如图 5-2-2 所示。

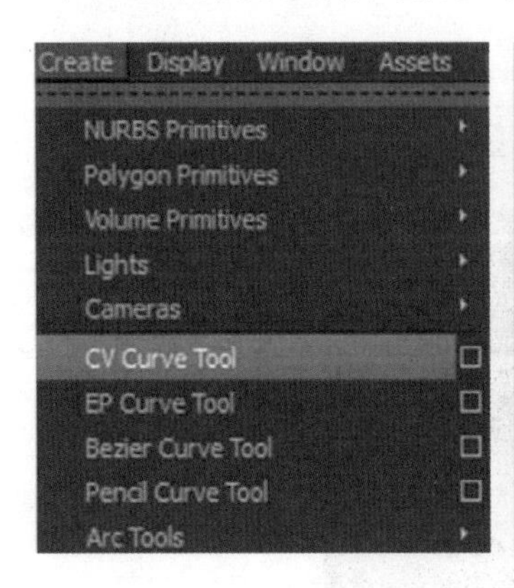

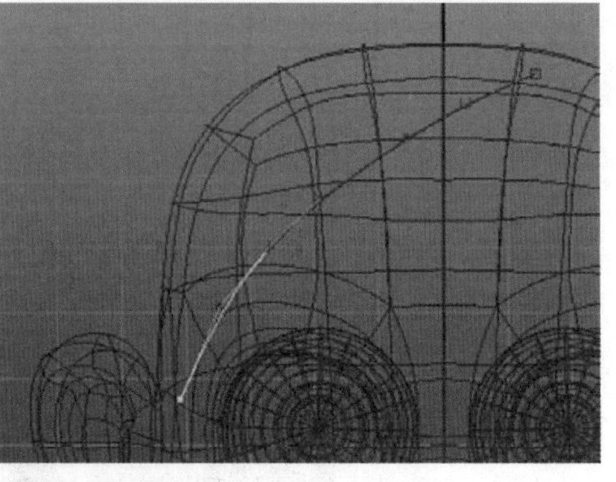

图 5-2-2

在透视视图内，右击选择“Control Vertex（控制点）”，对曲线进行调整，最终效果如图 5-2-3 所示。

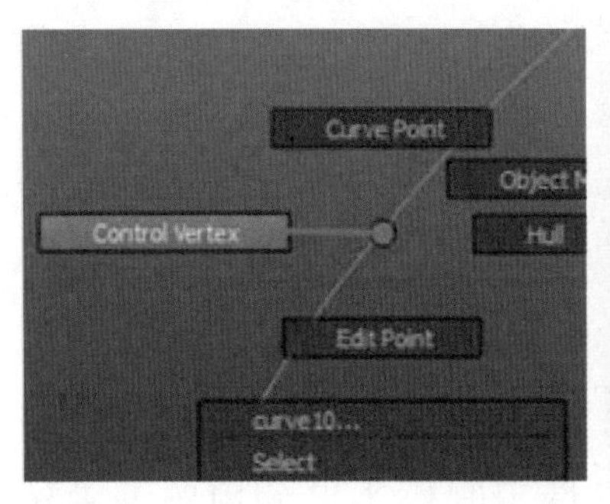

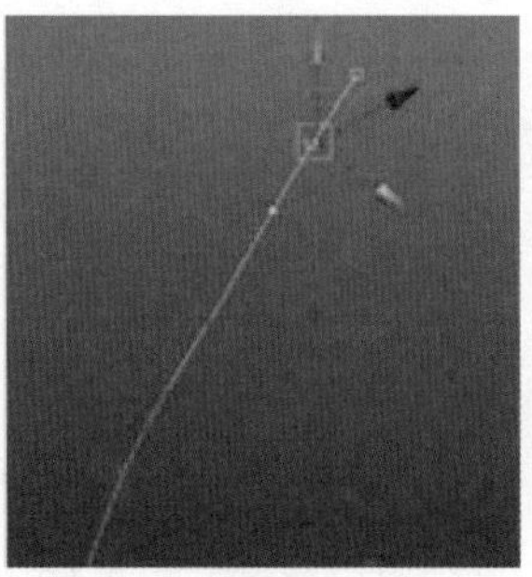

图 5-2-3

【Step3】选中已经绘制出的两条曲线，选择“Surfaces>Loft（曲面 > 放样）”命令，即可在两条曲线中形成曲面，如图 5-2-4 所示。

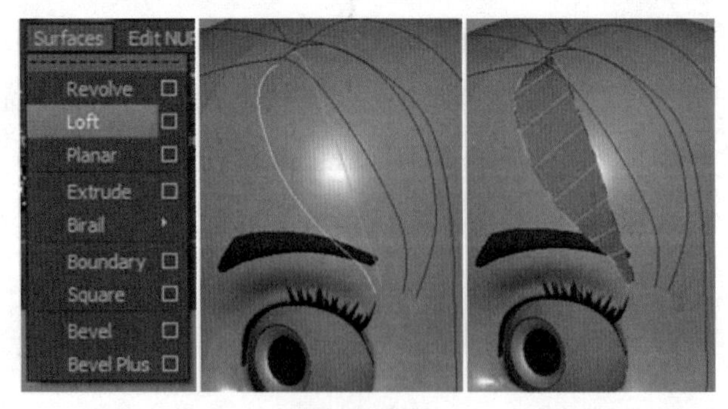

图 5-2-4

在曲面上右击，选中“Hull（壳线）”，即可对曲面形状进行进一步的调整，如图 5-2-5 所示。

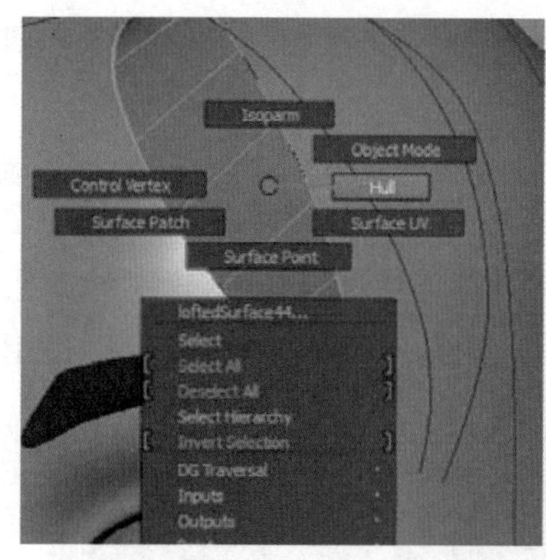

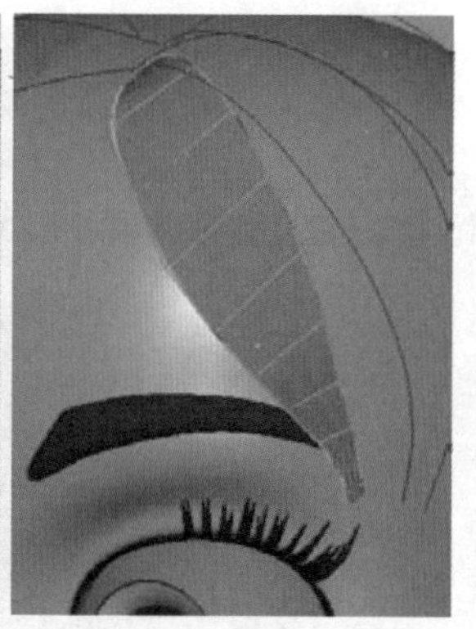
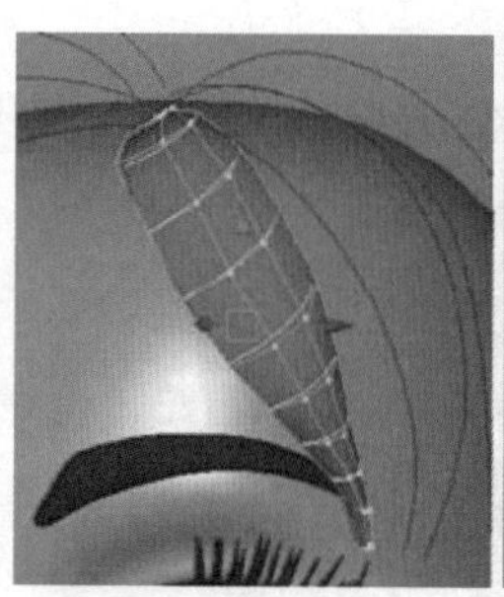

图 5-2-5

对其他的曲线进行同样的操作，制作刘海部分的所有曲面，如图 5-2-6 所示。

图 5-2-6

【Step4】用上述方法在额头前增加细小头发效果，如图 5-2-7 所示。

图 5-2-7

【Step5】重复以上方法制作出一缕头发，右击选择“Isoparm（等参线）”，插入线段，如图 5-2-8 所示。

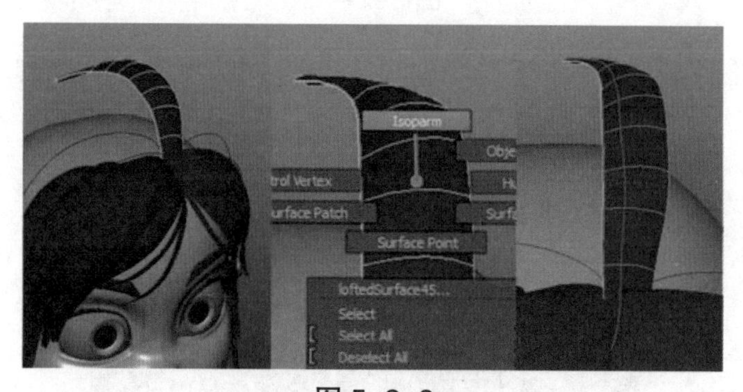

图 5-2-8

【Step6】单击“Edit Curves>Insert Knot（编辑曲线 > 插入结）”确认插入等参线，如图 5-2-9 所示。

插入等参线后调整形状，做出头发的波浪起伏感，如图 5-2-10 所示。

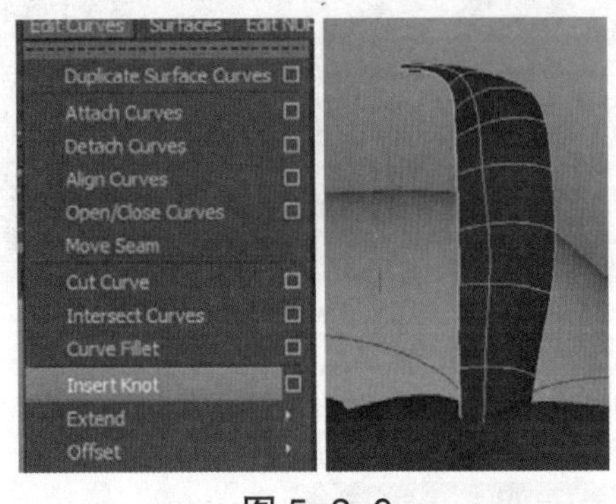

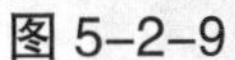
图 5-2-9

图 5-2-10

复制该曲面，适当调整，覆盖后脑勺。发片之间可以适当穿插，但是要避免漏出缝隙，如图 5-2-11 所示。

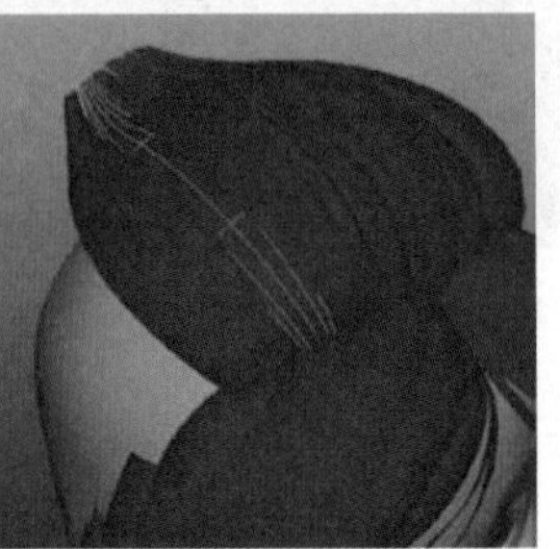

图 5-2-11

将剩下的部分如上制作方式补全，如图 5-2-12 所示。

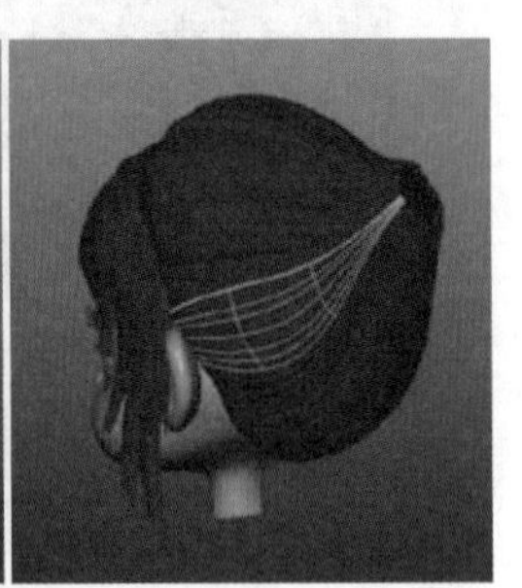

图 5-2-12

【Step7】如前文制作方式，补充马尾即可完成头发的所有制作，如图 5-2-13 所示。

图 5-2-13

任务5.3　卡通女孩衣服的制作

本任务的最终效果如图 5-3-1 所示。

图 5-3-1

5.3.1　制作难度评定

难度等级：★★★

5.3.2　任务要求

本任务中人物身体比例是重点，其次学习对整个衣服制作流程的思路，合理制作衣服部分的布线，以便于动画的制作，确定人物关节位置并合理改变布线方式，掌握形体特征。

5.3.3　任务分析

卡通角色衣服部分的制作，主要先将衣服进行分块分析，先制作躯干部分的衣服，然后将袖子部分单独进行制作，并进行焊接，接着制作连在衣服上的帽子，制作裙子，制作腿部，最后制作鞋。

涉及的命令：

（1）Mesh>Smooth（网格 > 光滑）。

（2）Edit Mesh>Edit Edge Flow（编辑网格 > 编辑边流功能）。

（3）Edit Mesh>Duplicate Face（编辑网格 > 复制面）。

（4）Edit Mesh>Merge Edges to Center（编辑网格 > 合并边到中心）。

5.3.4 任务实施

【Step1】制作角色衣服及身体部分。创建 Cube 并调整盒子大小。使用环线工具加入线段。选择上端的面进行挤压，并删除选中的上面两个面与下面两个面，如图 5-3-2 所示。

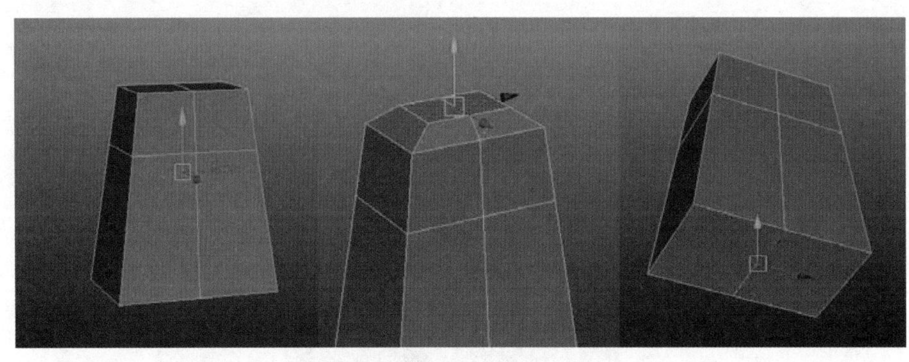

Step1~Step17
制作视频

图 5-3-2

【Step2】Smooth（光滑）：

选择“Mesh>Smooth（网格 > 光滑）”命令，自动将模型形状加线圆滑。也可选择物体，按住 Shift 键和右键，选择“Smooth（光滑）”命令。在 Smooth 属性为默认的状况下，物体的边缘会不光滑，如图 5-3-3 所示。

按“Ctrl+A”键打开通道盒，在“Smooth（历史）”中，将“Keep Border（保持边缘）”值改为 0，则边缘可以光滑。在通道盒开启关闭选项中，1 表示 on（开启），0 表示 off（关闭），如图 5-3-4 所示。

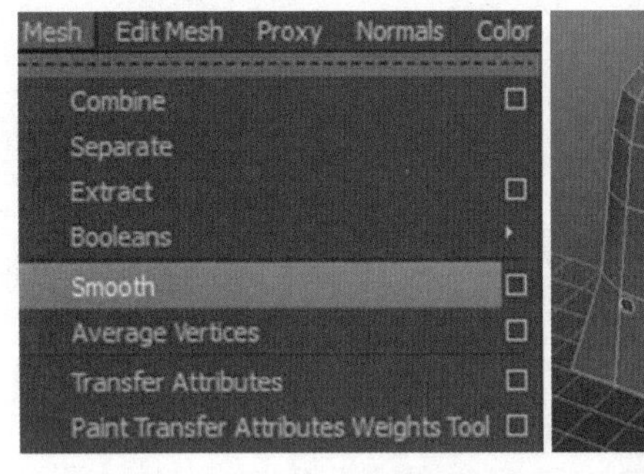

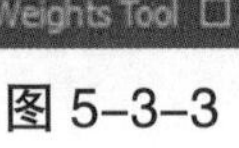

图 5-3-3

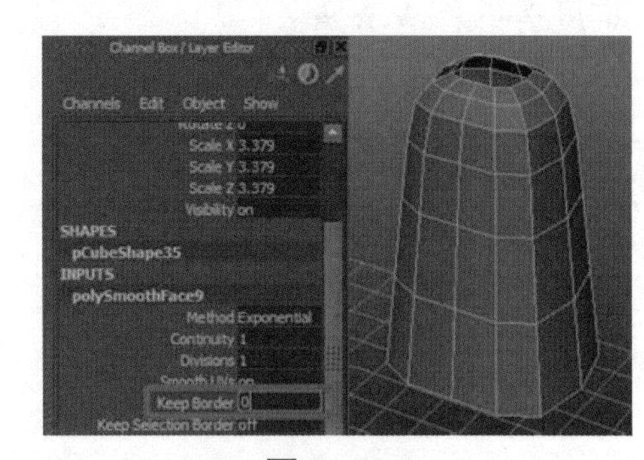

图 5-3-4

【Step3】调整身体弧度：分别在侧视图中，选择一圈线进行缩放和移动，调整身体曲线，如图 5-3-5 所示。

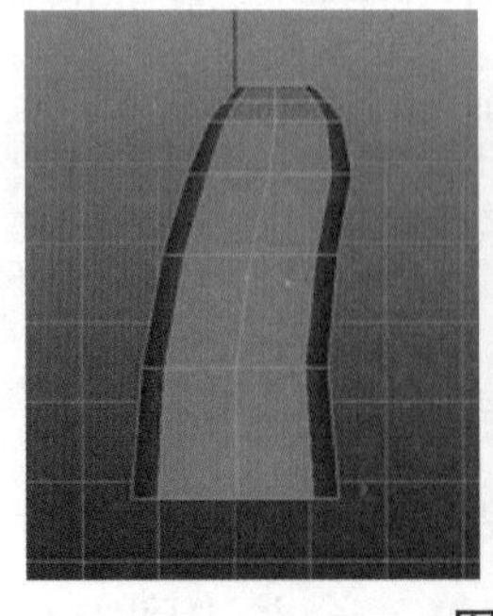

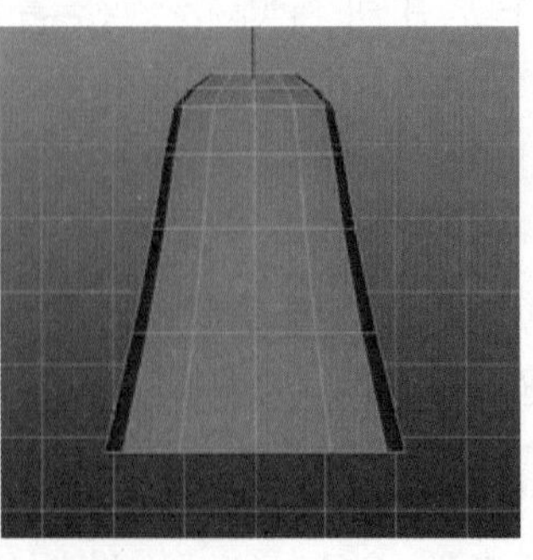

图 5-3-5

【Step4】“Edit Edge Flow（编辑边流功能）”是 Maya 2014 的新功能，可以使选中的棱自动捕捉所在物体的弧度，达到圆滑效果。

【Step5】目前调整过形状的身体形状尚有些棱角，需要更加圆滑。选择四条棱，按住 Shift 键和鼠标右键，在菜单中选中“Edit Edge Flow”，选中的线段就会变为如图 5-3-6 所示的效果，可以有效提高建模速度。

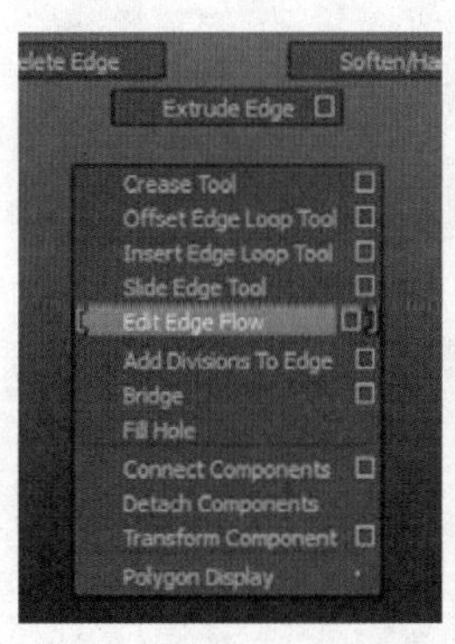

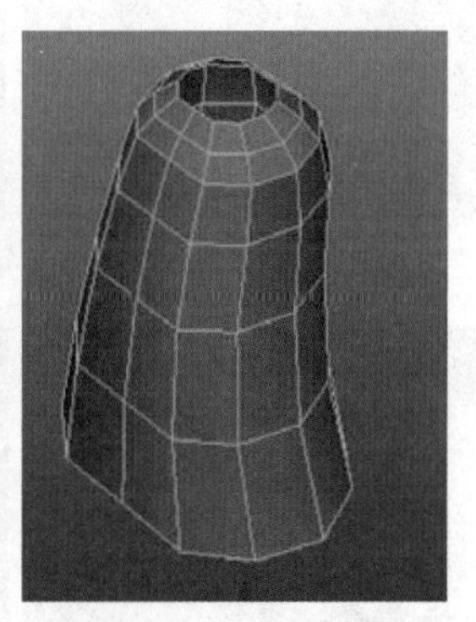

图 5-3-6

【Step6】袖子部分：创建圆柱，调整为 8 段，并调整圆柱的粗细大小，移动到合适的位置，如图 5-3-7 所示。

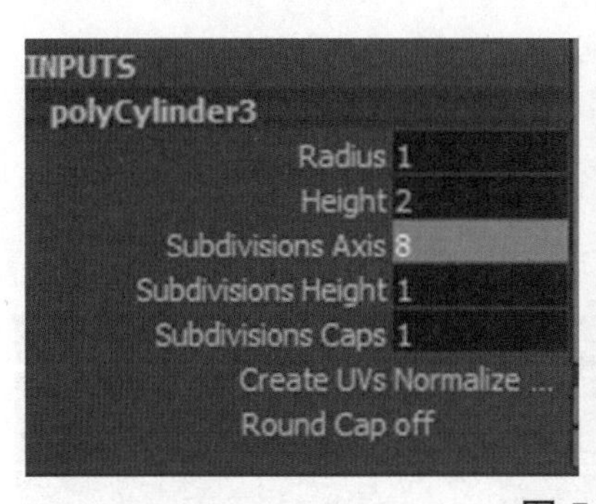

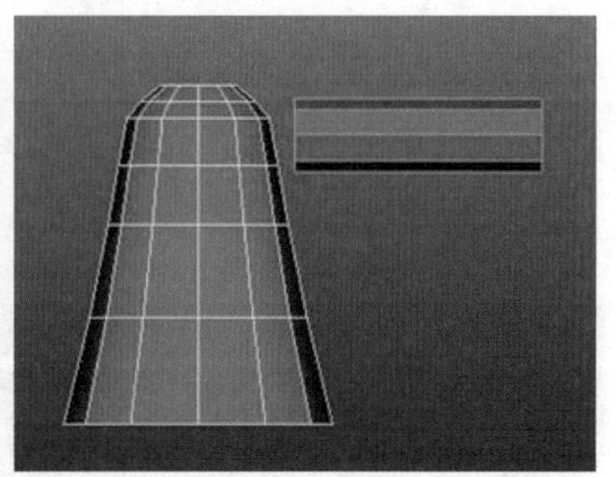

图 5-3-7

【Step7】将身体和袖子两部分合并，删除袖子靠近衣服的面，以及衣服上肩部的四个面。然后选中身体部分删除面的边缘，运行挤压命令向外移动一点，如图 5-3-8 所示。

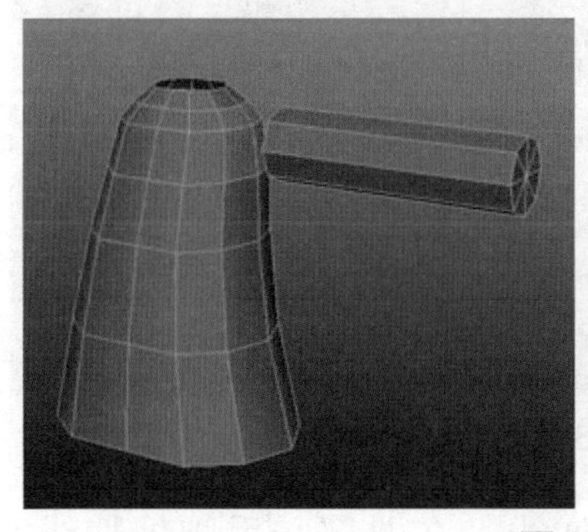
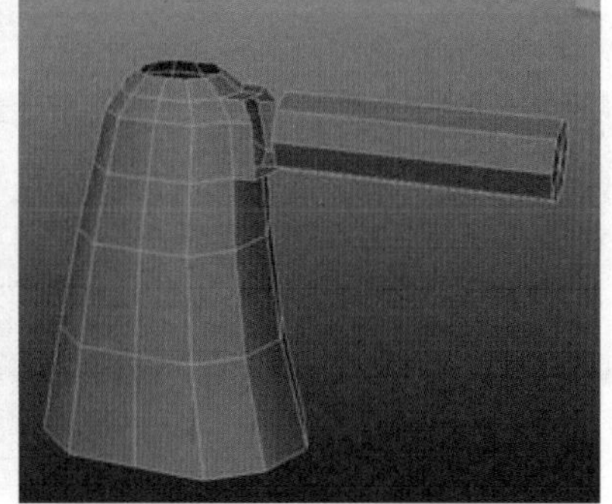

图 5-3-8

【Step8】Merge Vertices（合并点工具）：选中两个点，按住 Shift 键和鼠标右键，选择“Merge Vertices > Merge Vertices（合并点 > 合并点）”命令，如图 5-3-9 所示。

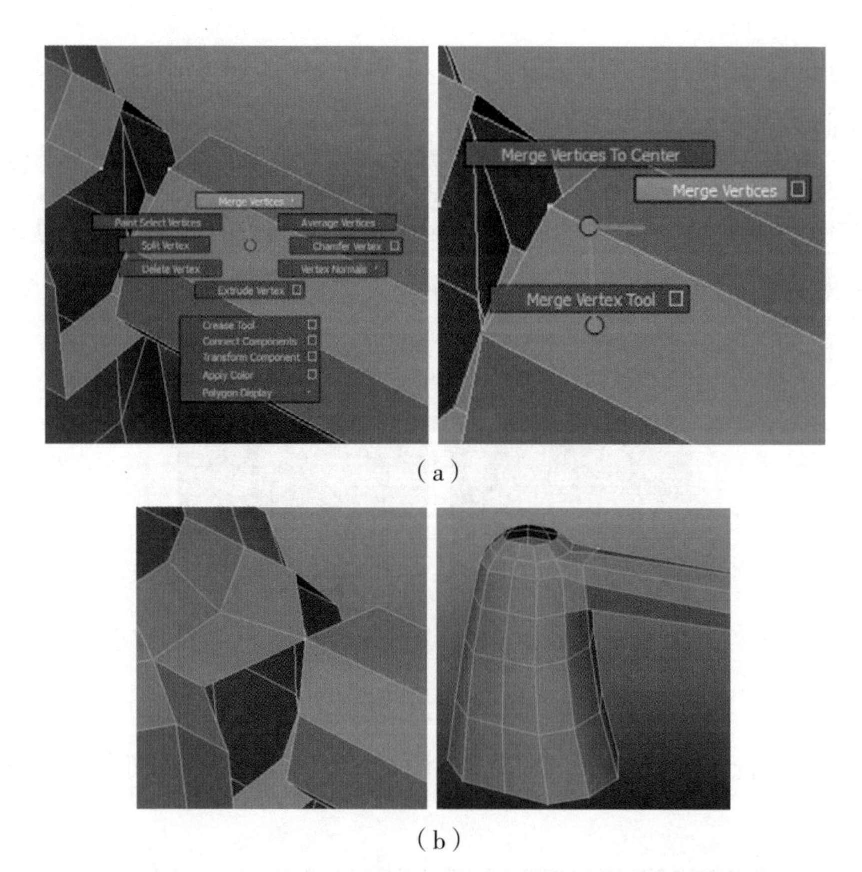

（a）

（b）

图 5-3-9

【Step9】关联复制：打开“Edit>Duplicate Special（编辑 > 特殊复制）”后面的□，打开设置，如图 5-3-10 所示。

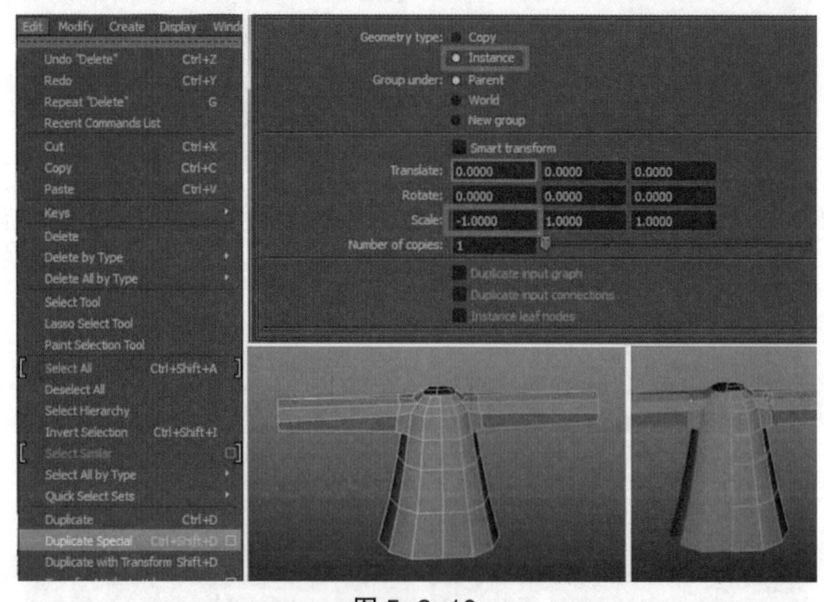

图 5-3-10

【Step10】调整肩部截面形状，在肩关节加线，在肘部和手腕处加线，增加袖口结构，如图 5-3-11 所示。

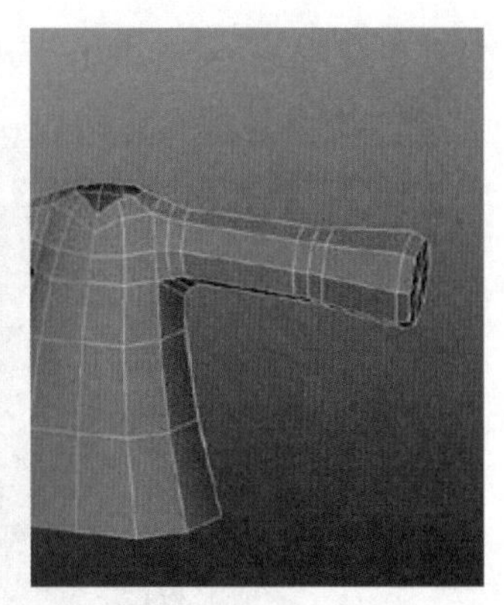

图 5-3-11

【Step11】通过选点进而选面：选中一个点，按住 Ctrl 键和鼠标右键，选择“To Face>To Face（到面 > 到面）”，就可以快速选中所有连接到这个点的面，如图 5-3-12 所示。

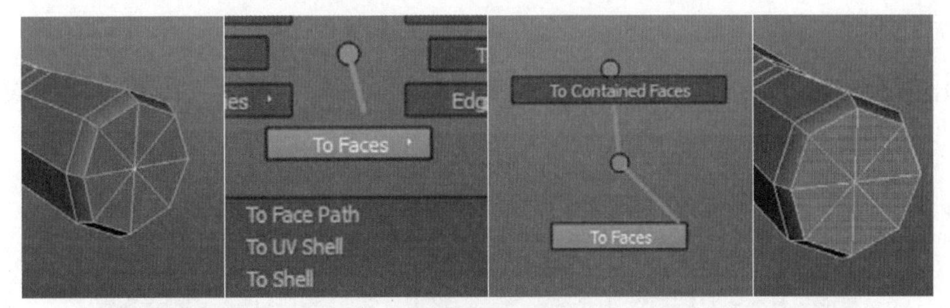

图 5-3-12

【Step12】选中面后挤压向外移动做出袖口。

关闭保持面：选中袖口的一圈面，关闭“Edit Mesh>Keep Faces Together（编辑网格 > 保持面）”，再进行挤压，挤压出的面就是相互独立的，调整形状，如图 5-3-13 所示。

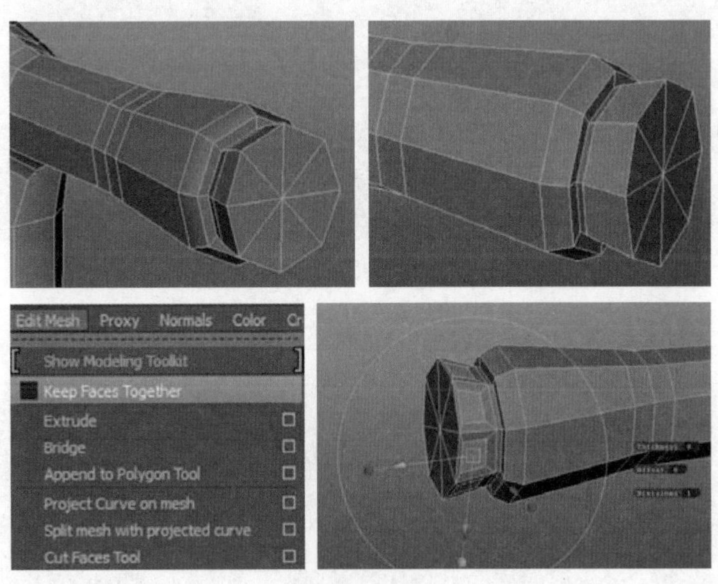

图 5-3-13

【Step13】删除多余的面，选中边缘进行挤压，制作袖口假厚度，如图 5-3-14 所示。

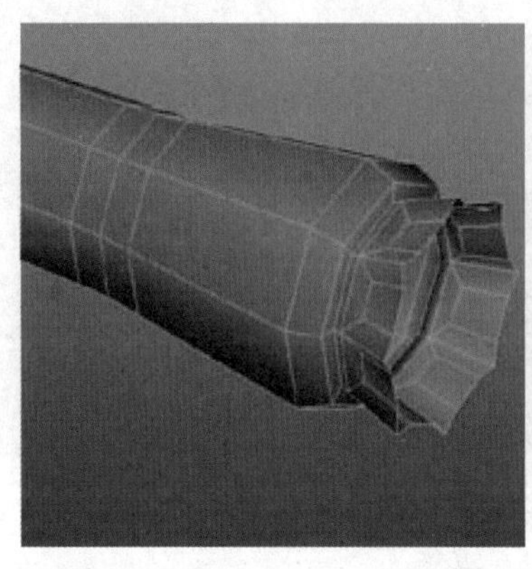
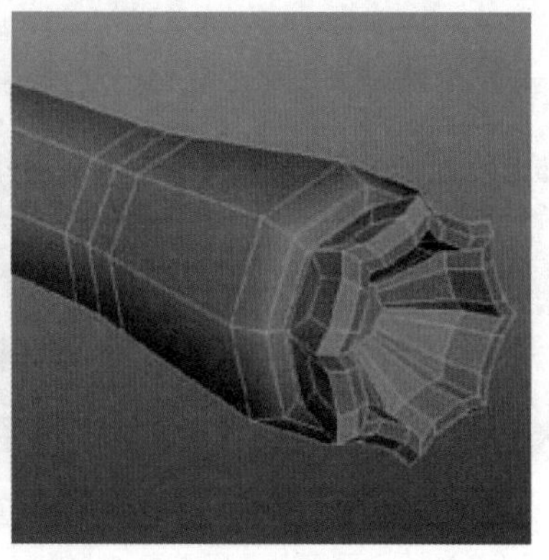

图 5-3-14

【Step14】帽子的制作：

创建立方体后，选择“Mesh>Smooth（网格 > 光滑）”命令，可得到如图 5-3-15 所示效果。移动并与身体大小匹配。删除顶面，调整开口大小，选边向上挤压，加线调整。

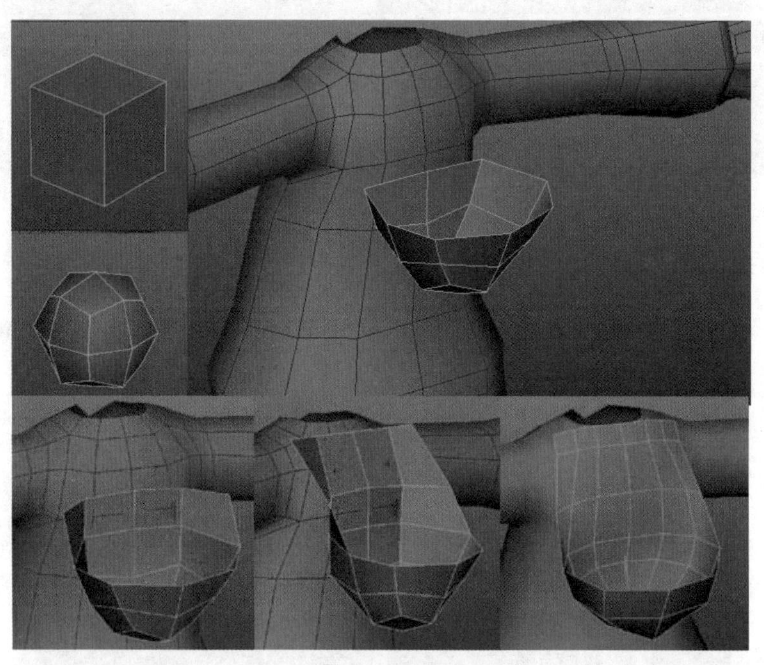

图 5-3-15

选中边缘，向上挤压，删除多余的面，并调整弧度，如图 5-3-16 所示。

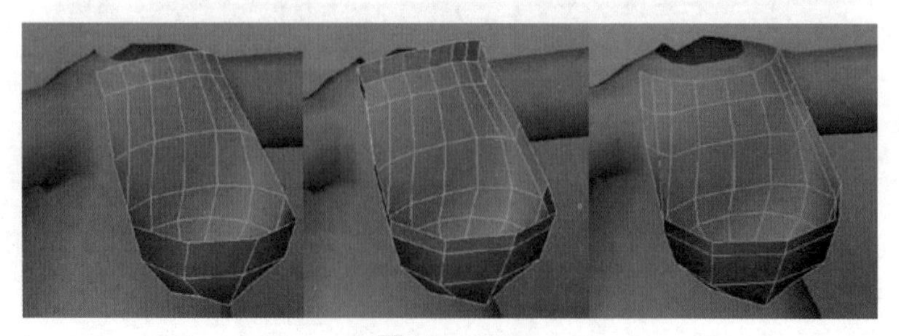

图 5-3-16

挤压出厚度，并删除一半帽子，进行关联复制，删除如图 5-3-17 所示选中的面。

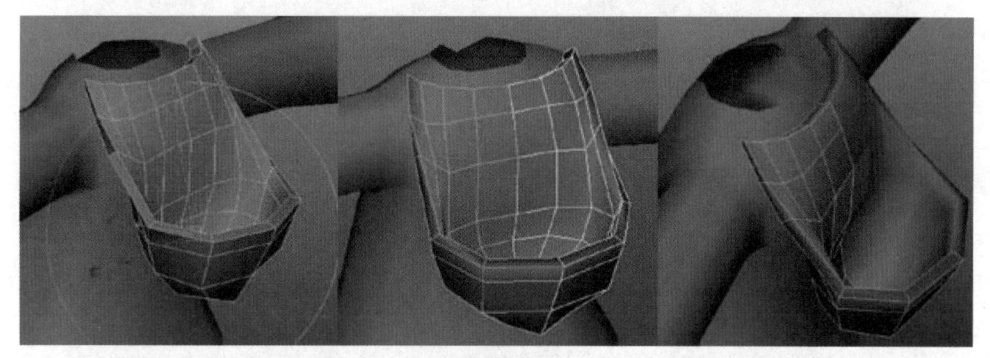

图 5-3-17

【Step15】将帽子与衣服合并，再次关联复制，如图 5-3-18 所示。

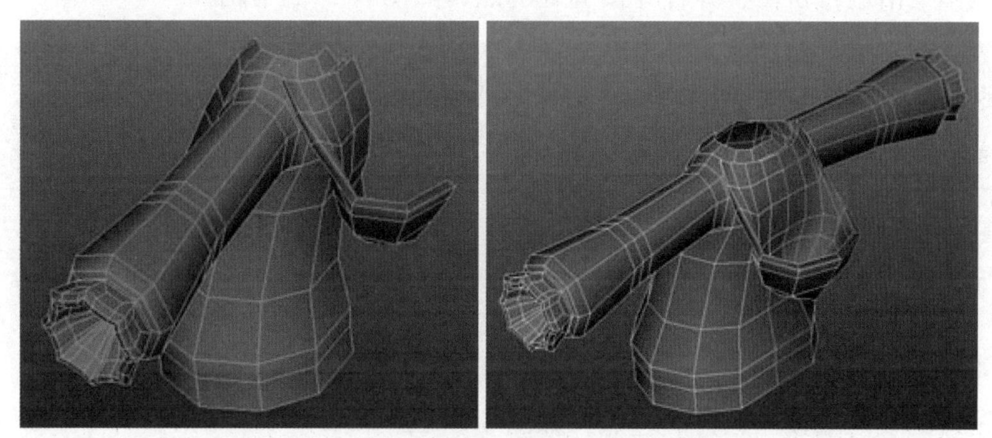

图 5-3-18

【Step16】选中物体后按住 Shift 键和鼠标右键，选择 Append to Polygon Tool（补面工具），分别单击需要补面的两个边缘，然后按 Enter 键就可以确认补面。将帽子和领子之间的面补好，如图 5-3-19 所示。

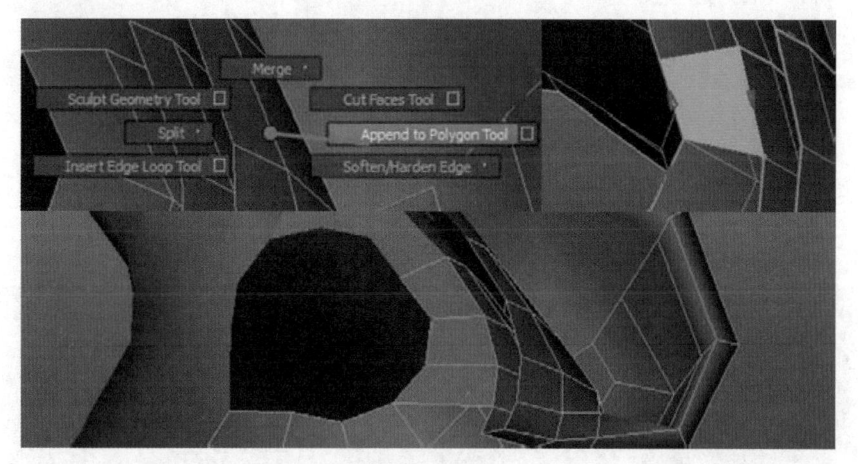

图 5-3-19

【Step17】插入两条线，保持领口凹陷的形状，如图 5-3-20 所示，选中三段线进行挤压，边缘再次运用补面，与后面风帽拼接起来。

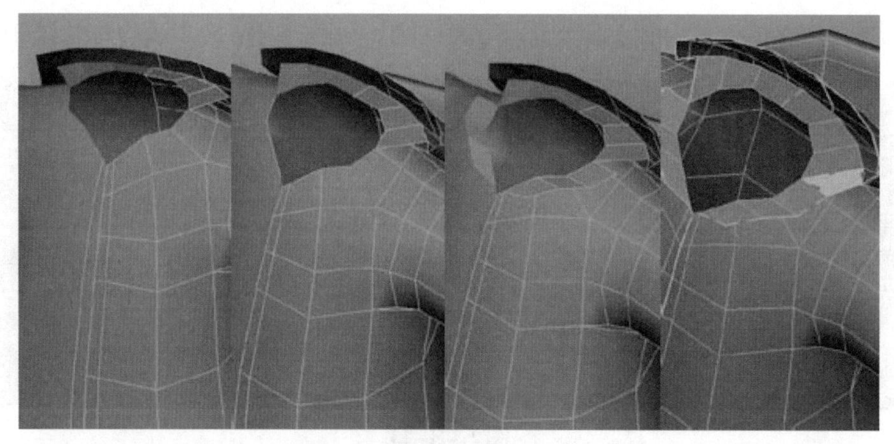

图 5-3-20

选中风帽上沿进行挤压，并合并接缝处的点，如图 5-3-21 所示。

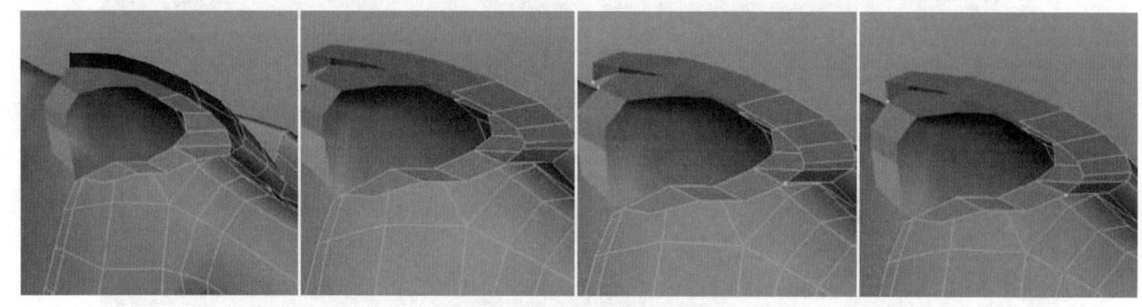

图 5-3-21

选中领口的线两端挤压，再次缝点，如图 5-3-22 所示。

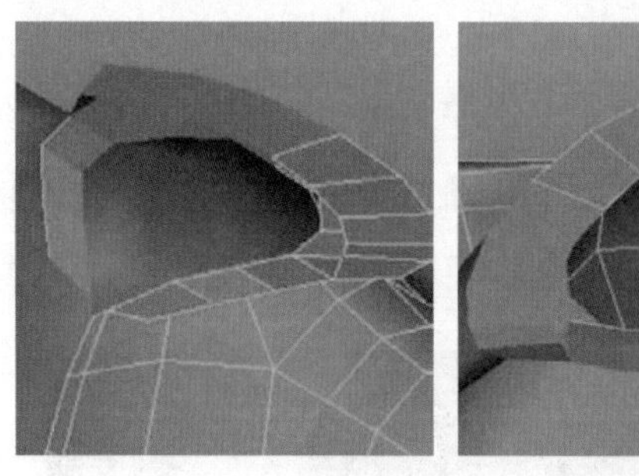

图 5-3-22

在风帽转折处加入线段调整弧度。将领子前面的面补好，然后合并衣服的左右两部分，合并中间的点，如图 5-3-23 所示。

图 5-3-23

选中领口边缘挤压向下制作厚度，如图 5-3-24 所示。

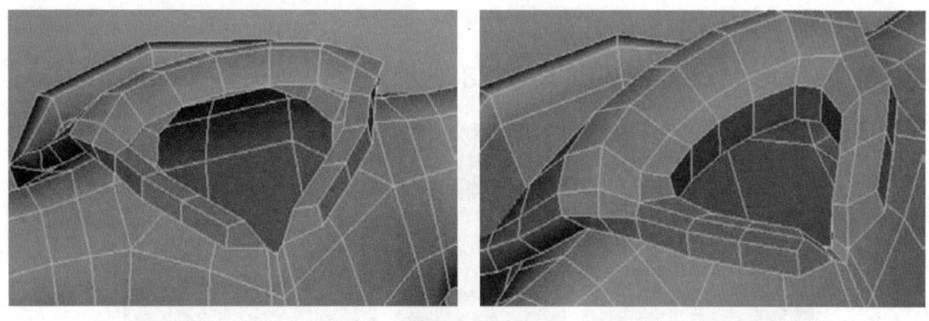

图 5-3-24

【Step18】调整图中两条线位置，选中衣襟的面进行挤压，调整形状，如图 5-3-25 所示。

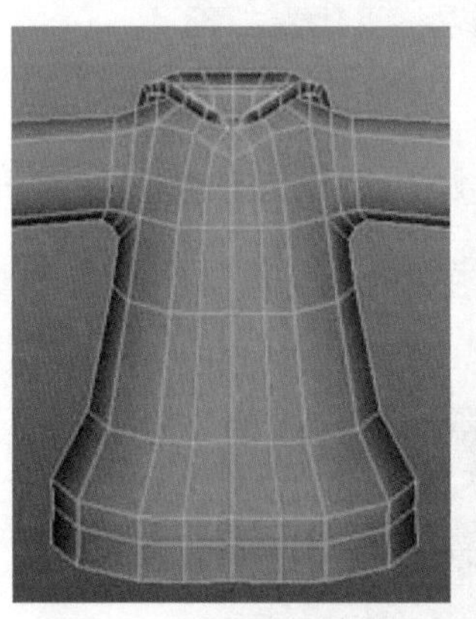
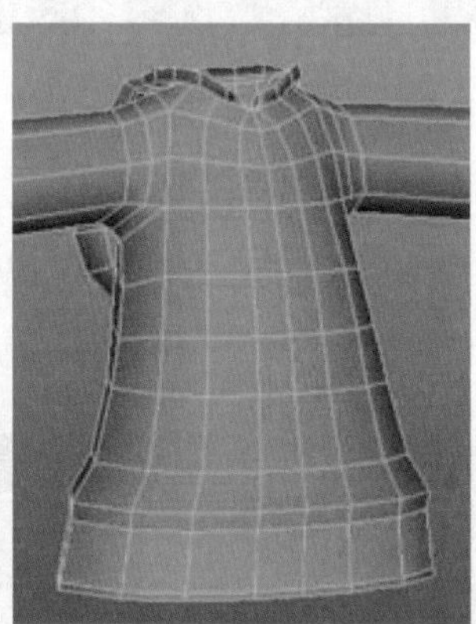
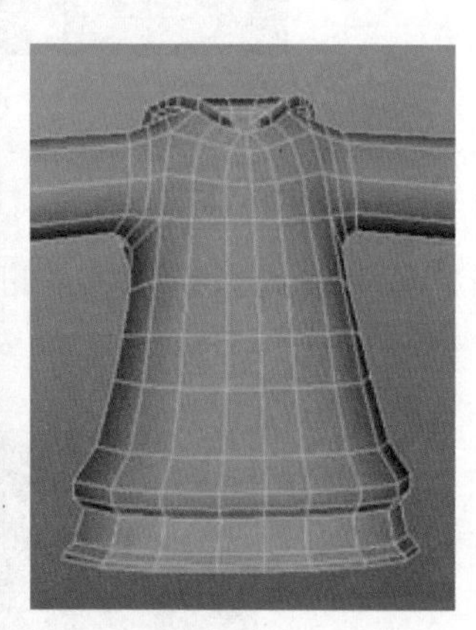

Step18~Step21
制作视频

图 5-3-25

选中衣襟下边缘挤压制作厚度，如图 5-3-26 所示。

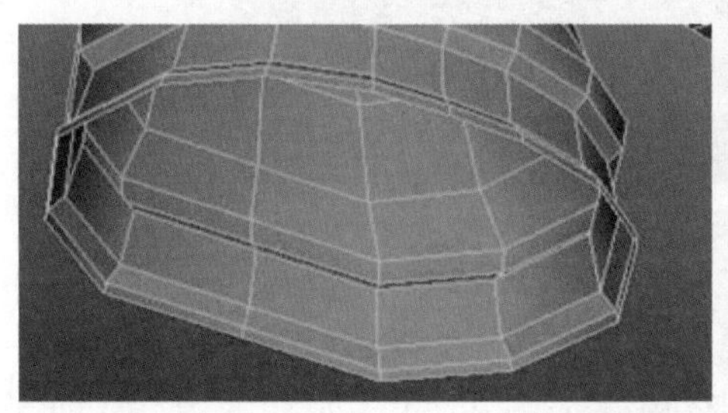
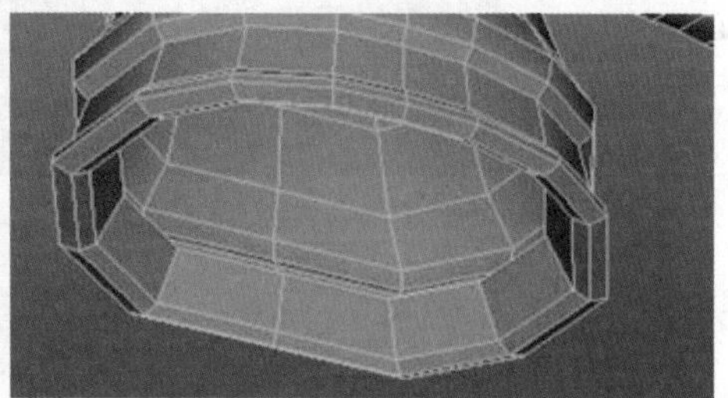

图 5-3-26

【Step19】制作第二层帽子：复制整体，删除多余面，只保留帽子，调整大小，避免穿帮即可，如图 5-3-27 所示。

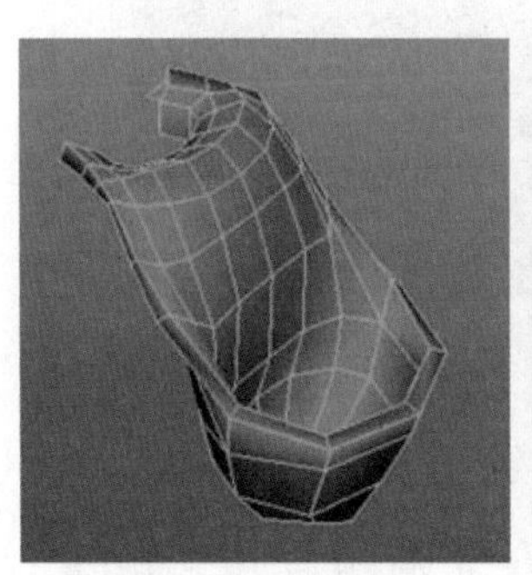
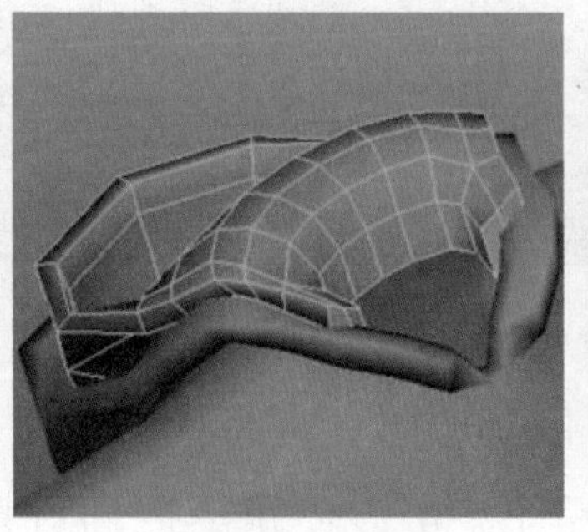
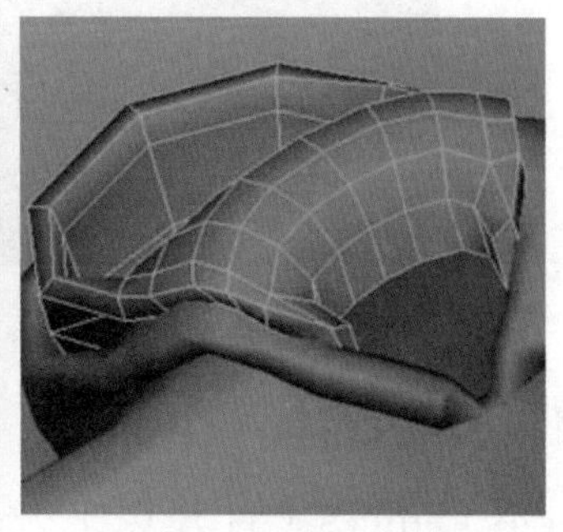

图 5-3-27

【Step20】口袋的制作。

选中衣服上的面，按住 Shift 键和鼠标右键，选择“Duplicate Face（复制面）”，即可将这部分面复制出来成为独立物体，如图 5-3-28 所示。

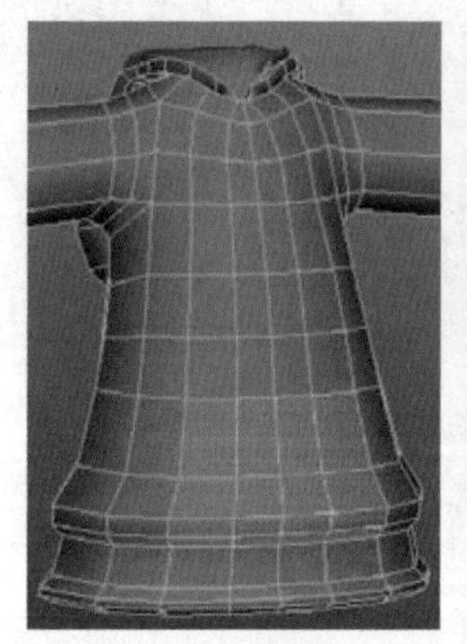
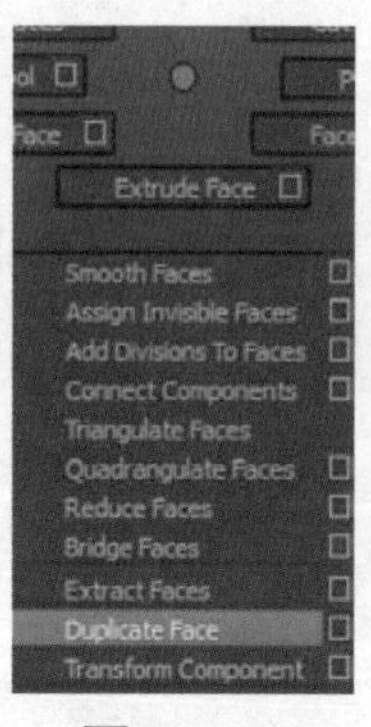

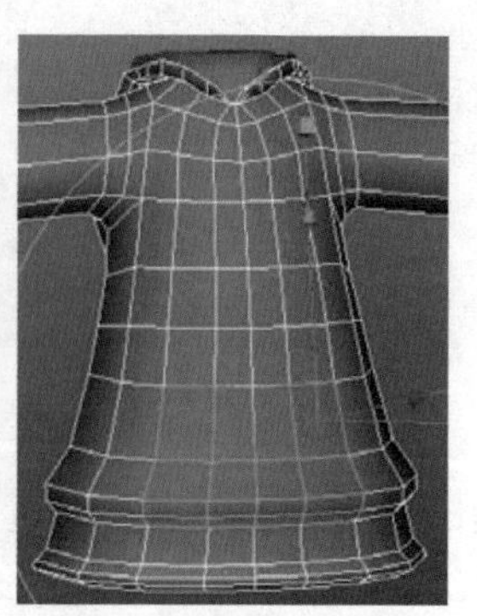

图 5-3-28

调整口袋面片的形状，加线，选择外边缘挤压，作为口袋的边缘，加线，并向外轻微移动，保证口袋形状不变且有边缘的凹陷痕迹，再选中口袋边缘挤压，制作厚度，如图 5-3-29 所示。

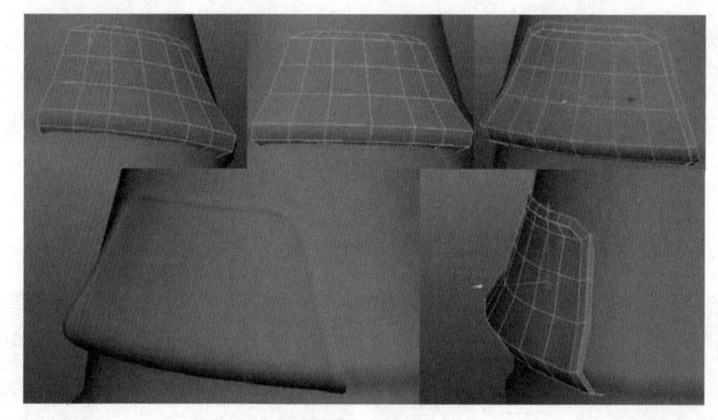

图 5-3-29

【Step21】裙子的制作。

创建圆柱，调整形状与衣襟下缘吻合。删除圆柱上下的面，如图 5-3-30 所示。

图 5-3-30

关闭保持面后，挤压全部面，使其凹陷，再将面的宽度缩小到几乎为 0。选中所有的点进行“Merge Vertices（合并点）”操作，可以使距离近的点自动两两合并。删除上下多余的面，裙子的波浪形状就做出来了，如图 5-3-31 所示。

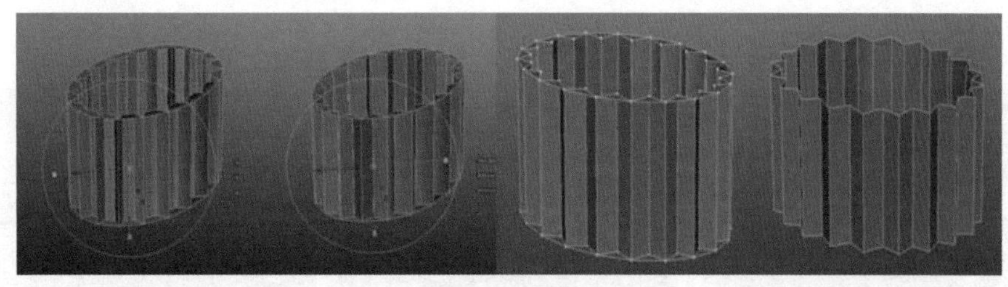

图 5-3-31

选中裙子的所有边进行“Bevel（倒角）”，调整属性中的“Offset”数值，可使裙子形状固定，如图 5-3-32 所示。

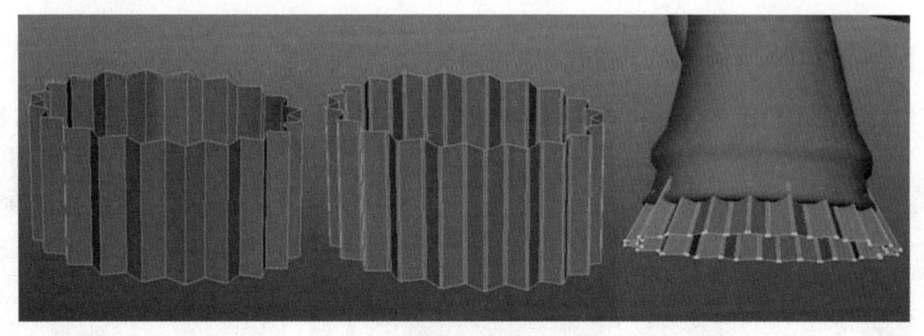

图 5-3-32

选择裙子下缘的点缩放，调整裙子的张开角度，适当加线。挤压裙子下边缘，制作假厚度，如图 5-3-33 所示。

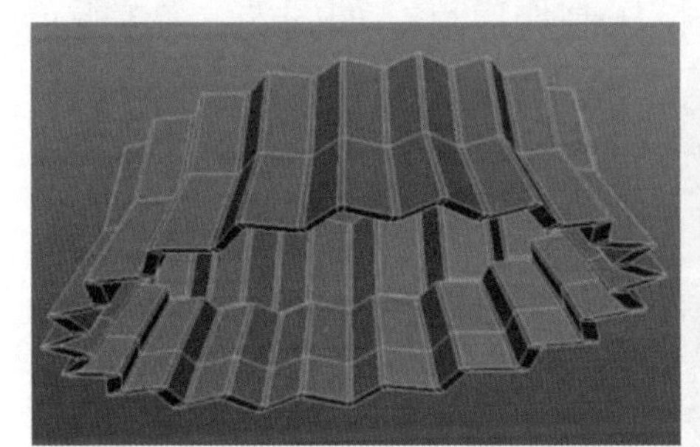

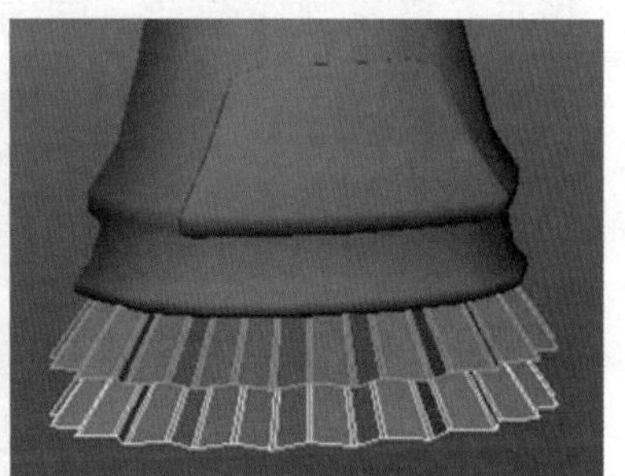

图 5-3-33

【Step22】腿部和鞋子。

创建圆柱作为腿的基本形状。膝盖加线，删除上下面。创建立方体，“Smooth（光滑）”后，调整宽度与腿匹配。删除多余的面，留下的部分作为鞋子的前端，如图 5-3-34 所示。

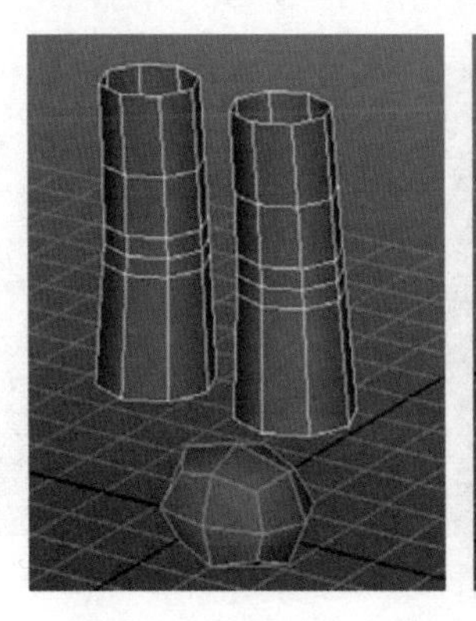

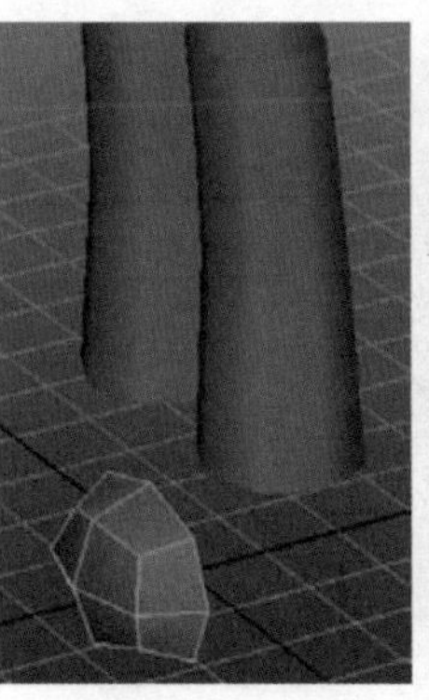

Step22~Step23
制作视频

图 5-3-34

调整挤压的形状，将鞋子后面的面补好，如图 5-3-35 所示。

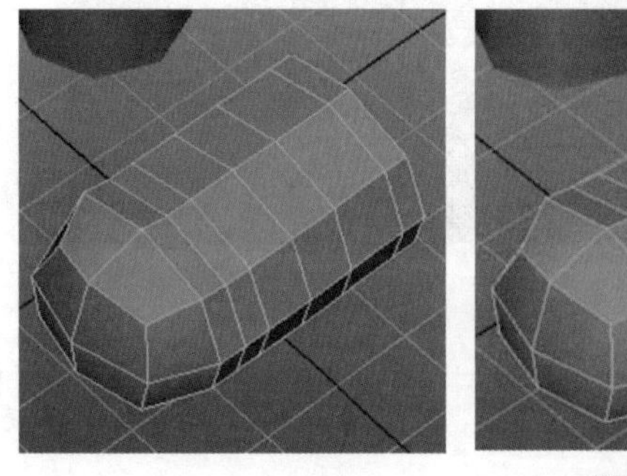
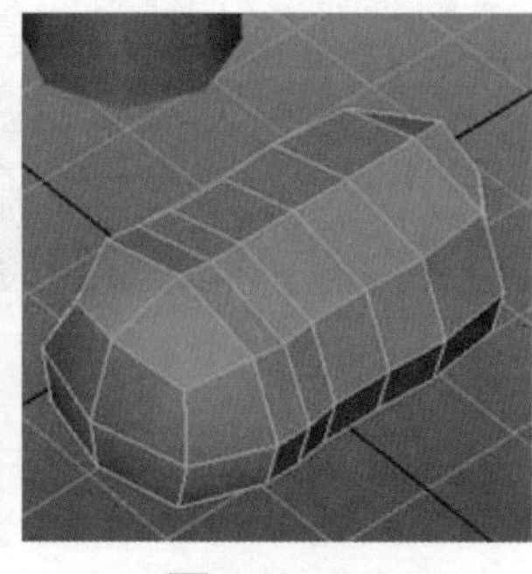
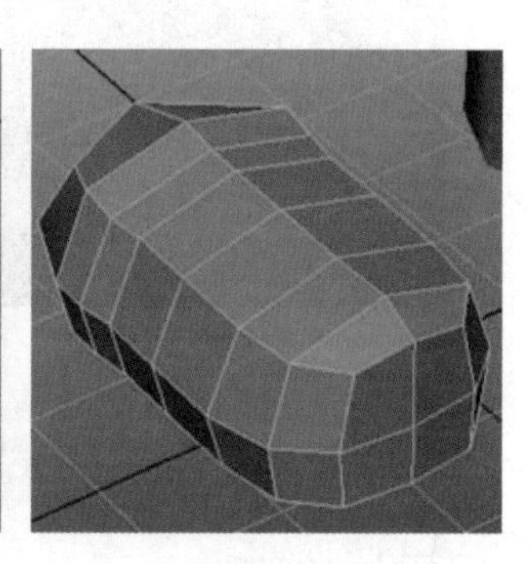

图 5-3-35

在顶视图上连线勾画出鞋口的形状，并删除面，如图 5-3-36 所示。

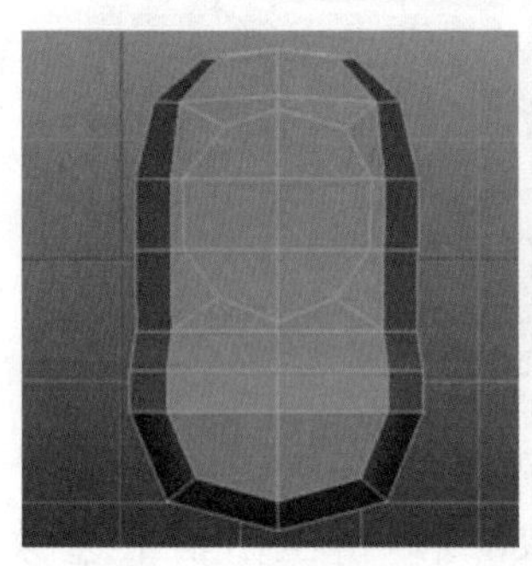
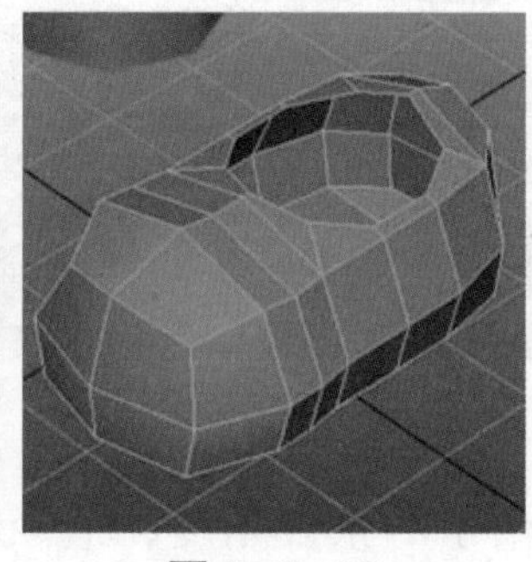
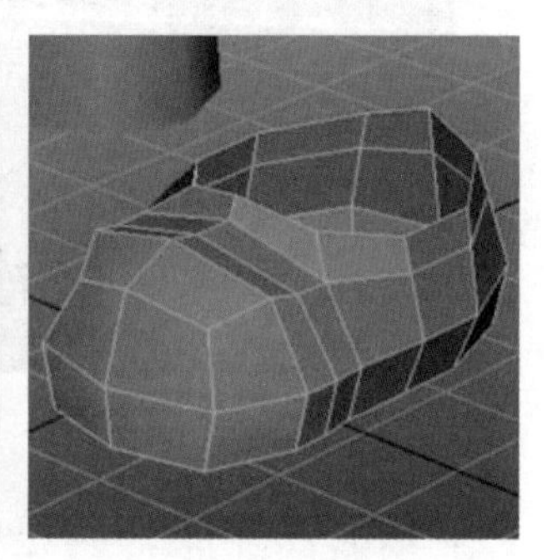

图 5-3-36

调整边缘，并向上挤压制作鞋帮，向内挤压制作厚度，如图 5-3-37 所示。

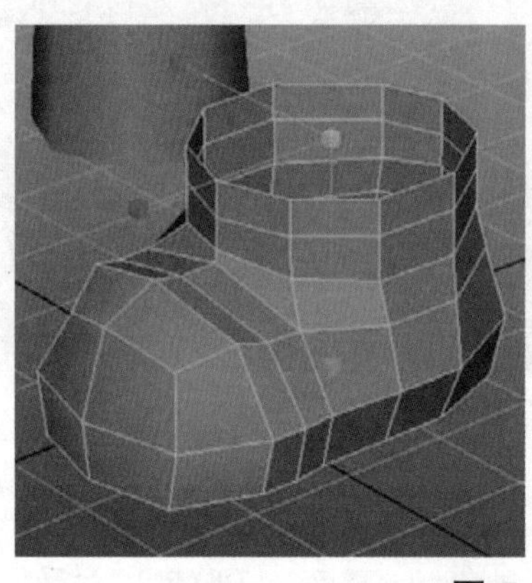
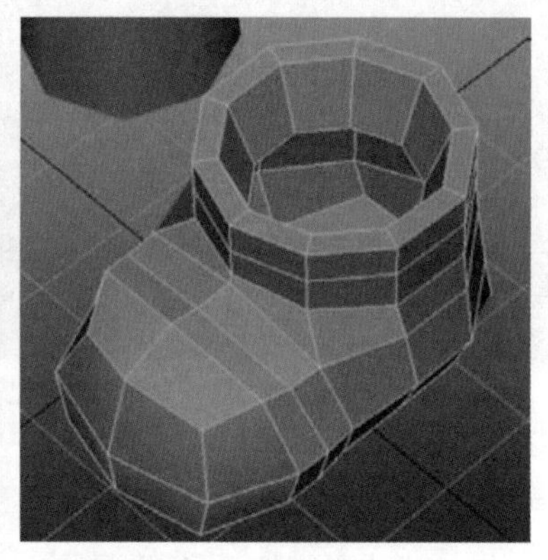

图 5-3-37

将鞋底的面选中，使用缩放推平。挤压制作鞋底，如图 5-3-38 所示。

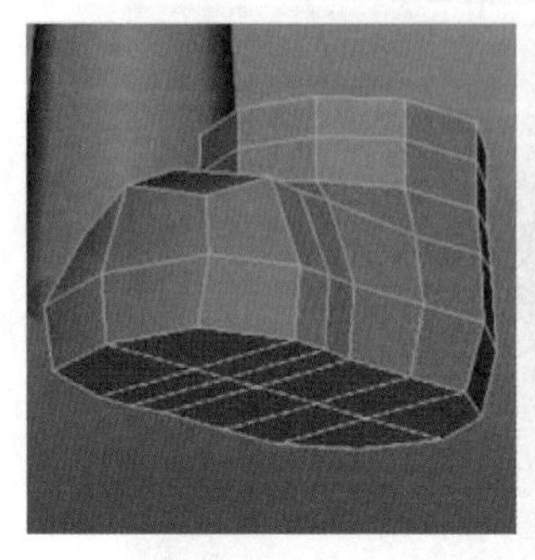
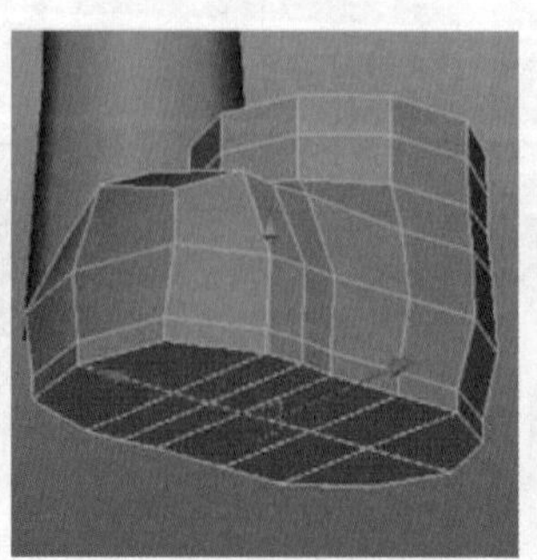
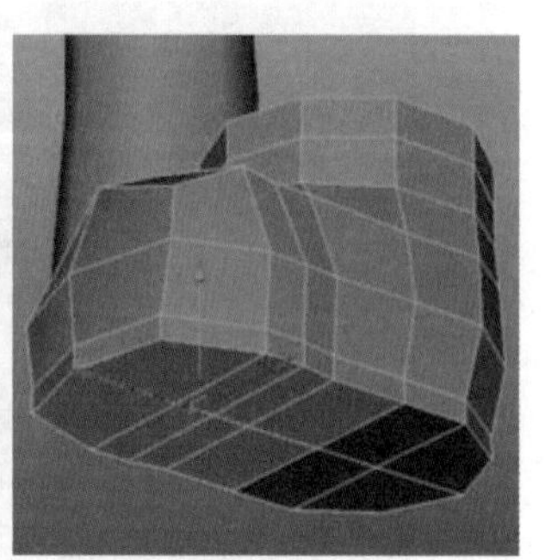

图 5-3-38

选中前半段鞋底进行挤压，调整形状。再选择后半段挤压出鞋跟，如图 5-3-39 所示。

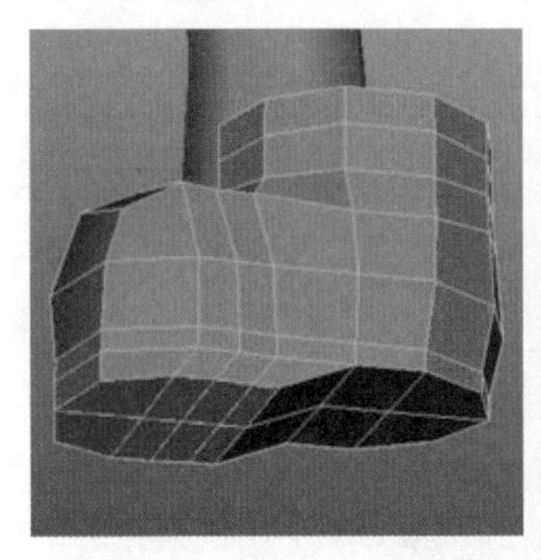
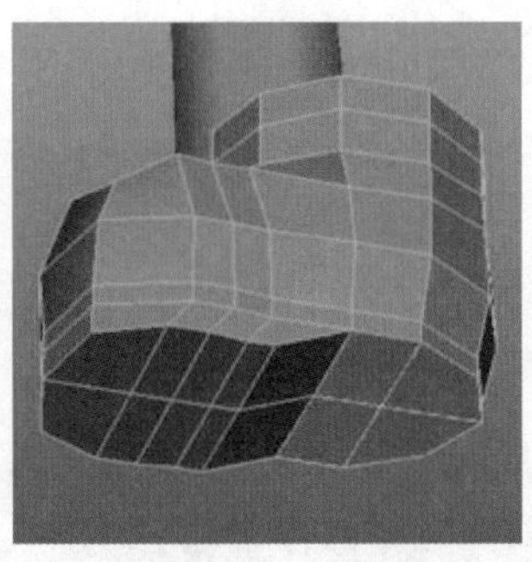
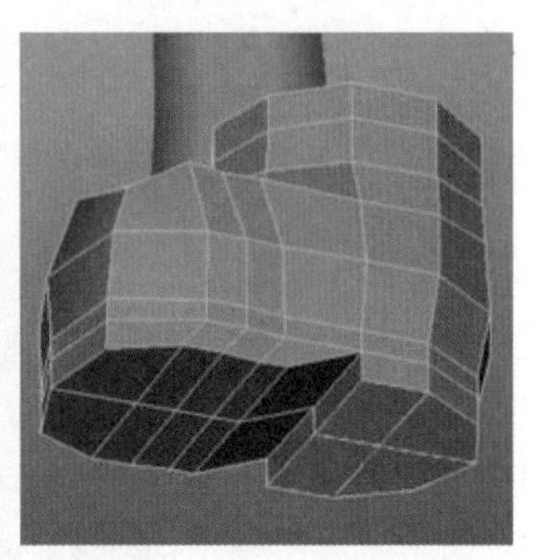

图 5-3-39

对鞋底凹槽部分进行卡线。选中如图 5-3-40 所示部分的线，按住 Shift 键和鼠标右键，执行“Merge/Collapse Edges>Merge Edges to Center（合并 / 塌陷边 > 合并边到中心）”命令。选中并合并为一个点，删除多余的卡线。

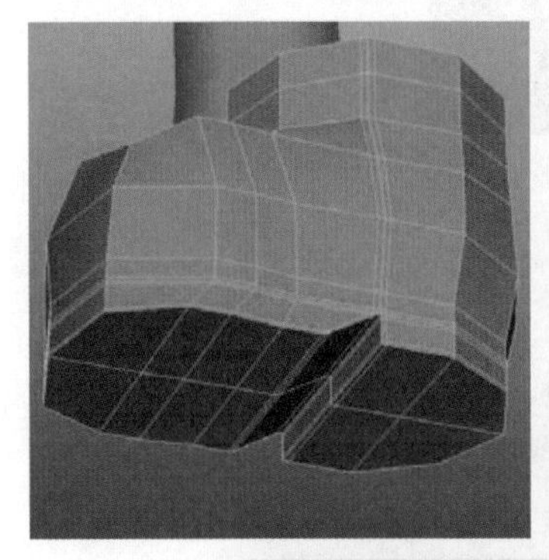
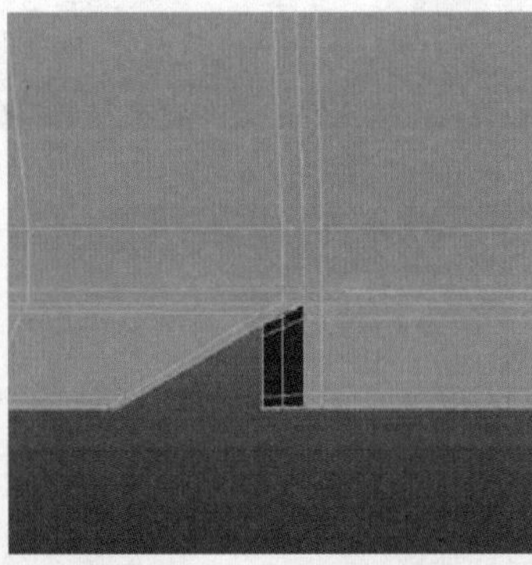
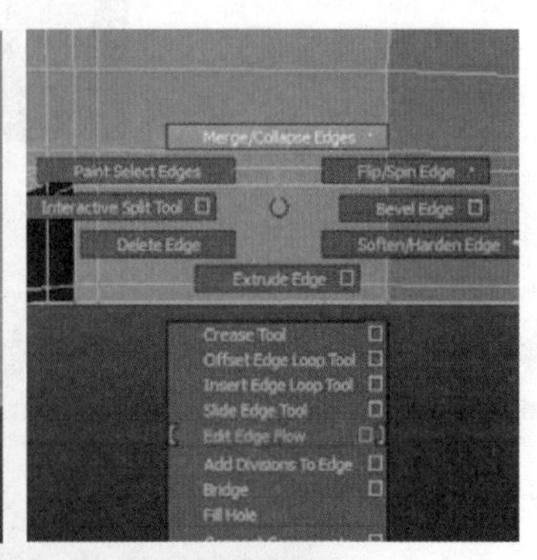

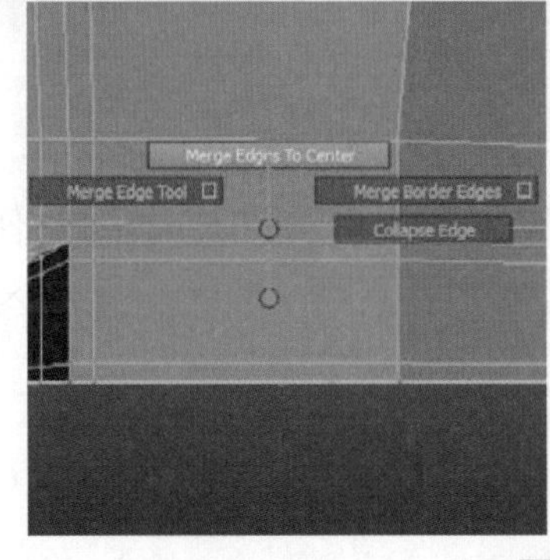

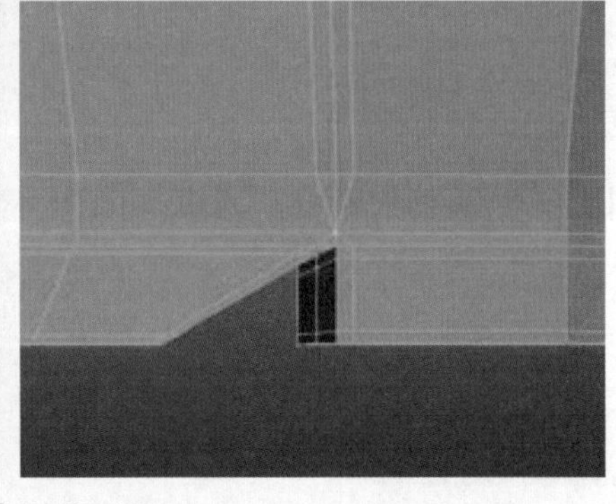

图 5-3-40

【Step23】整体效果如图 5-3-41 所示。

在卡通角色服装制作过程中，要强调圆滑和柔和，避免过于尖锐的转折和突起，因此手动调整会比较多。在手肘、膝盖等处需要有足够的环线，每个关节至少有 3 圈环线才能支持模型运动。

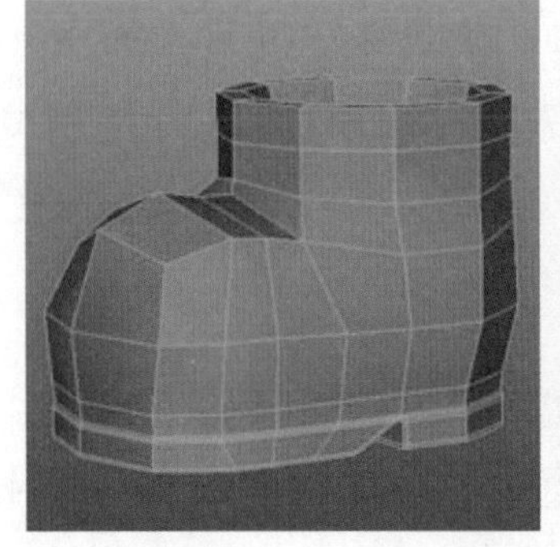
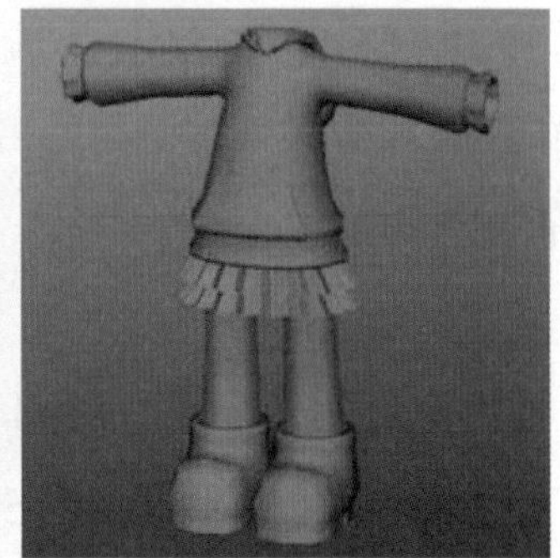

图 5-3-41

任务5.4 卡通女孩手部的制作

本任务的最终效果如图 5-4-1 所示。

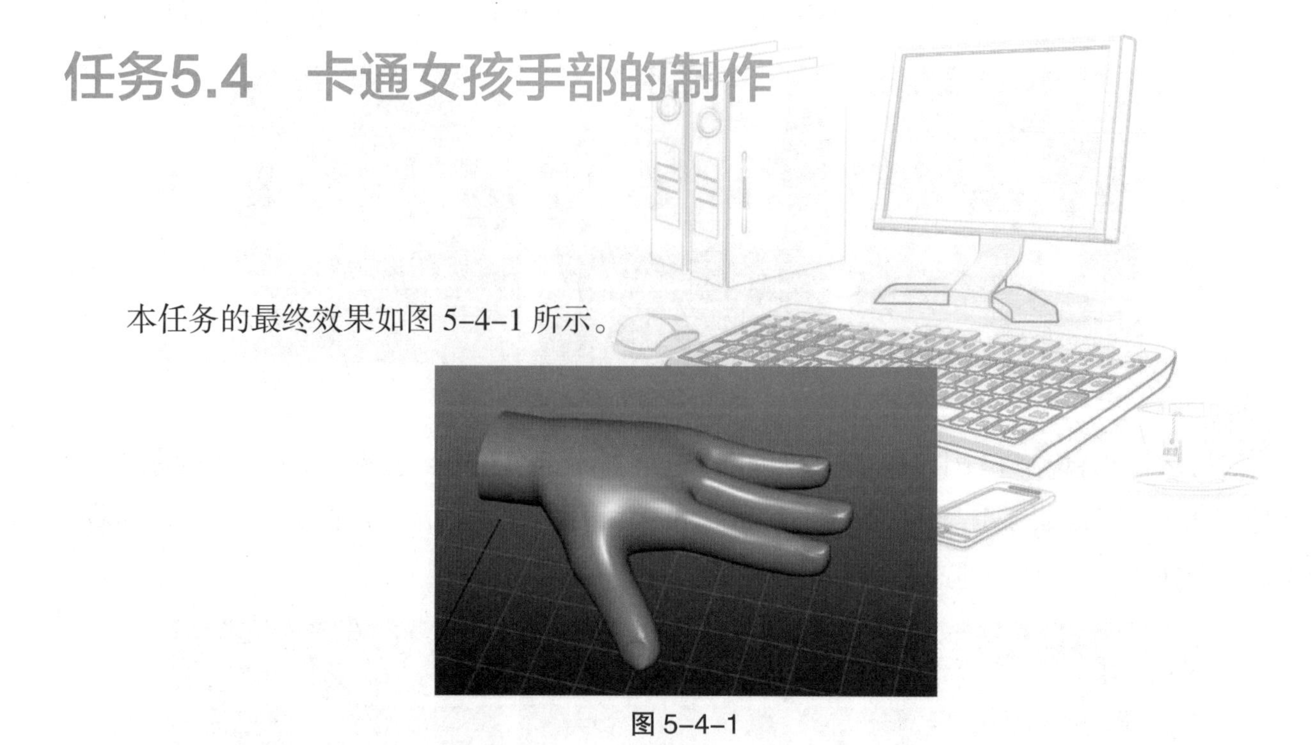

图 5-4-1

5.4.1 制作难度评定

难度等级：★★★

5.4.2 任务要求

本任务主要以方块来制作手的形状，了解手部的布线以便于动画的制作，学习如何将手指焊接于手掌上。在本任务学习时，首先要熟练地掌握多边形建模的基础命令。

5.4.3 任务分析

手部制作主要以立方体分块方式制作手掌部分，可以分为两部分制作，第一部分是制作手掌部分，在制作手掌部分进行分段时，需要考虑到手指的数量和焊接。第二部分是制作手指部分，单独制作一根手指，然后进行复制调整。最后将手指焊接到手掌上，完成手部的制作。

涉及的命令：

（1）Edit Mesh>Extrude（编辑网格 > 压面）。

（2）Edit Mesh>Split>Split Polygon Tool（编辑网格 > 分割 > 分割多边形工具）。

（3）Edit Mesh>Insert Edge Loop Tool（编辑网格 > 插入环边工具）。

（4）Edit Mesh>Bevel（编辑网格 > 倒角）。

（5）环边并分割［选择需要加中线的边，按住 Ctrl 键再按住鼠标右键，选择 Edge Ring Utilities>To Edge Ring Split（环边工具 > 分割边缘环）命令］。

（6）Edit Mesh>Merge Vertex Tool（编辑网格 > 焊接点工具）。

制作视频

5.4.4 任务实施

【Step1】创建立方体并调整盒子大小。使用插入环边工具［模型模式下按住 Shift 和鼠标右键，选择“Insert Edge Loop Tool（插入环边工具）”］。因为卡通角色是四根手指，所以纵向加两条线做三根手指，横向加一条线做一根大拇指，如图 5-4-2 所示。

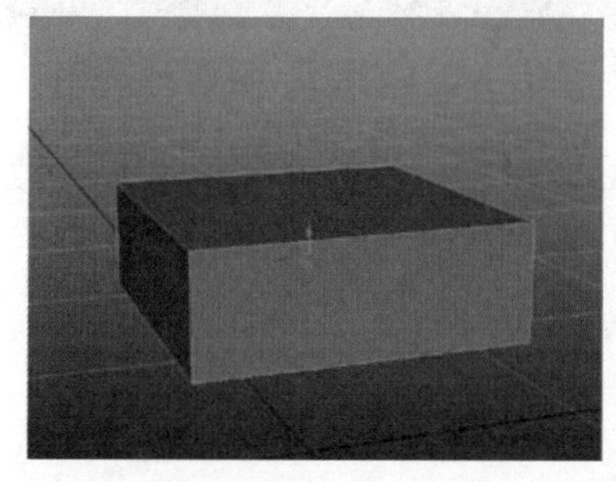

图 5-4-2

【Step2】选择手指长出的位置的面，先在菜单“Edit Mesh（编辑网格）”下关闭“Keep Face Together（保持面一致）”，然后使用挤压命令［快捷操作为选中面按住 Shift 键，再按住鼠标右键向下滑至“Extrude Face（挤压面）”］，挤压出四根手指，并用加中线的方法给横截面加二倍的段数，如图 5-4-3 所示。

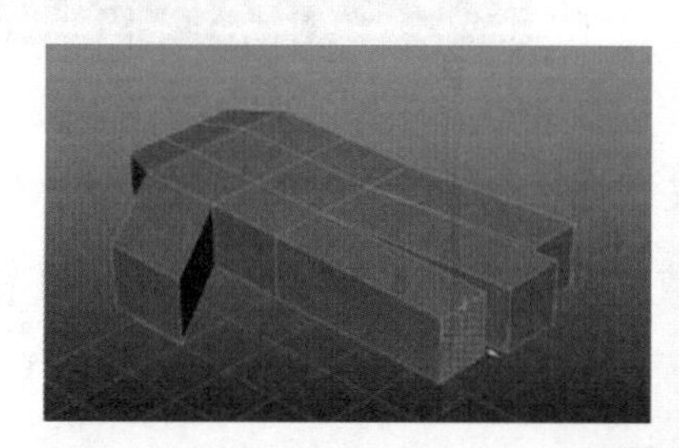

图 5-4-3

【Step3】然后选择手指间的边，对其执行倒角命令［选择边先按住 Shift 键，再按住鼠标右键，执行“Bevel Edge（倒角边）”命令］，如图 5-4-4 所示。

图 5-4-4

【Step4】通过分割多边形工具［选择物体先按住 Shift 键，再按下鼠标右键，选择“Split>Split Polygon Tool（分割 > 分割多边形工具）”］改线，如图 5–4–5 所示。

【Step5】删除食指以外的两根手指，把食指的横截面调圆，如图 5–4–6 所示。

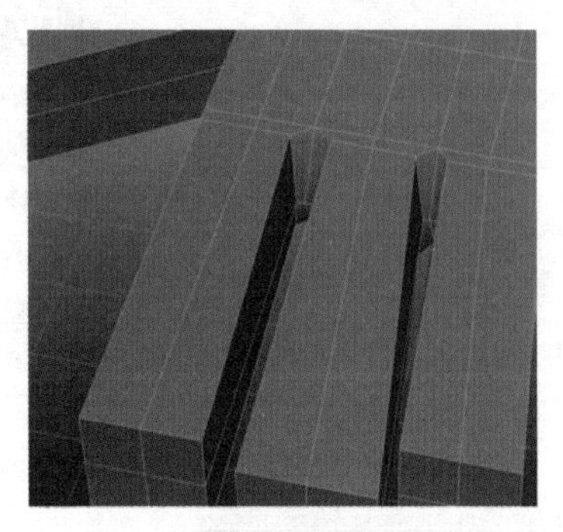

图 5–4–5

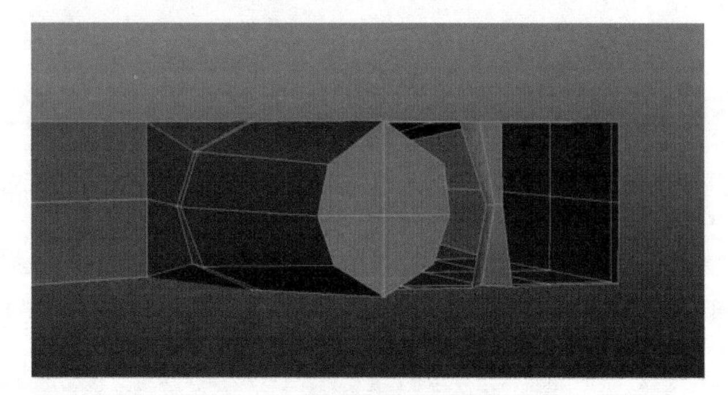

图 5–4–6

【Step6】给关节处加三条环线（为动画绑定做准备），调节指尖和手指的形状，如图 5–4–7 所示。

【Step7】挤压指尖上的面，制作指甲，如图 5–4–8 所示。

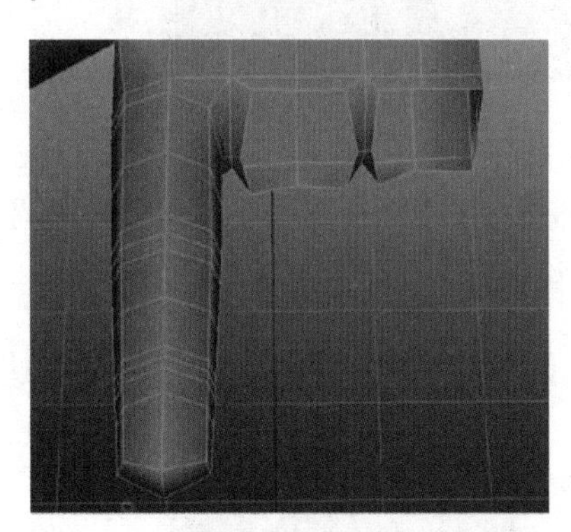

图 5–4–7

图 5–4–8

【Step8】用面模式框选整个手指，使用提取面命令。如果之前没有开启“Edit Mesh（编辑网格）”下的“Keep Face Together（保持面一致）”，则应先勾选。按住 Shift 键和鼠标右键，选择“Extract Faces（提取面）”，如图 5–4–9 所示。

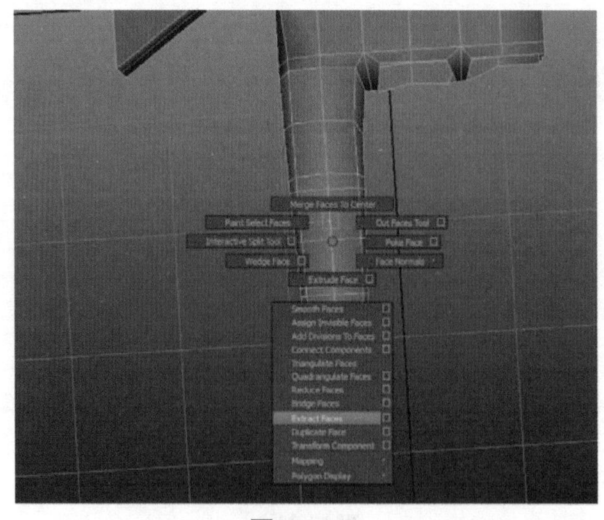

图 5–4–9

【Step9】选择提取出的手指。使用快捷键“Ctrl+D”复制出三节相同的手指，调节每个手指的比例和位置，如图 5-4-10 所示。

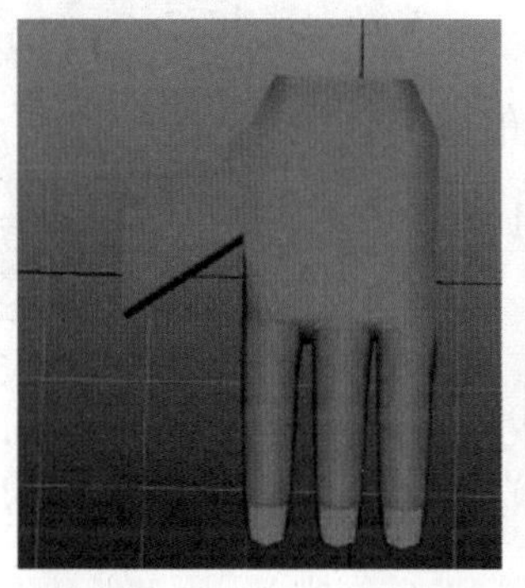
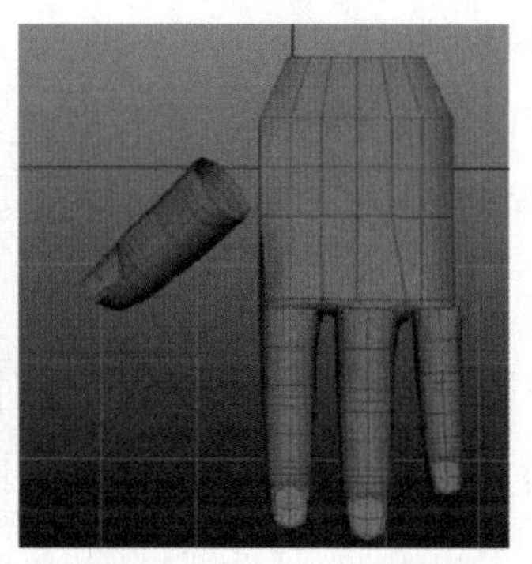

图 5-4-10

【Step10】选中手指和手掌，执行“Mesh>Combine（网格 > 合并）”命令，把手指与手掌合并为一个物体，然后使用“Edit Mesh>Merge Vertex Tool（编辑网格 > 合并点工具）”，将手指的末端点焊接上手掌上相应的位置，如图 5-4-11 所示。

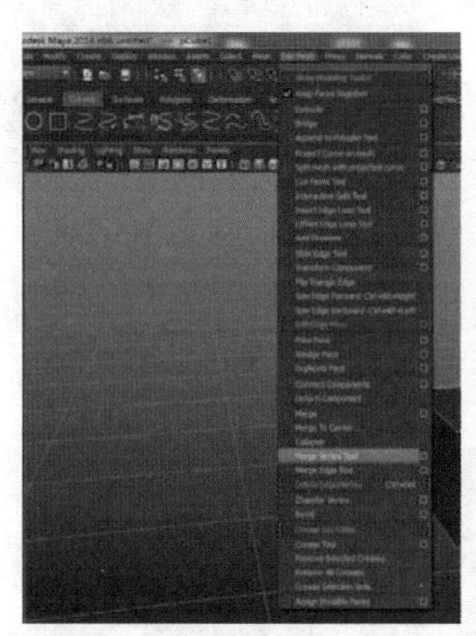
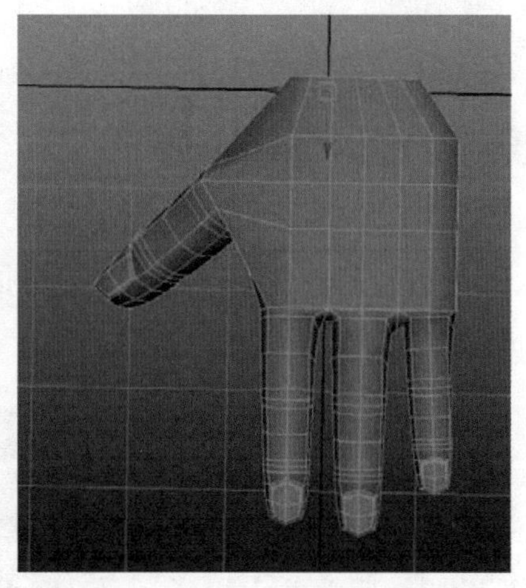

图 5-4-11

【Step11】利用插入环边工具［选中物体先按住 Shift 键，再按住鼠标右键，选择“Insert Edge Loop Tool（插入环边工具）”］给手掌加线，并把线调均匀，如图 5-4-12 所示。

【Step12】调整手背的形状和手背的横截面（手背不是平面的，是弧形的），如图 5-4-13 所示。

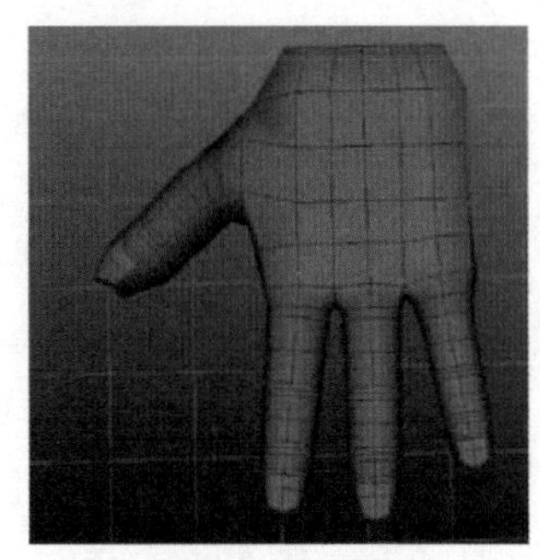

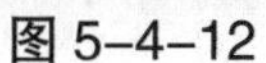
图 5-4-12

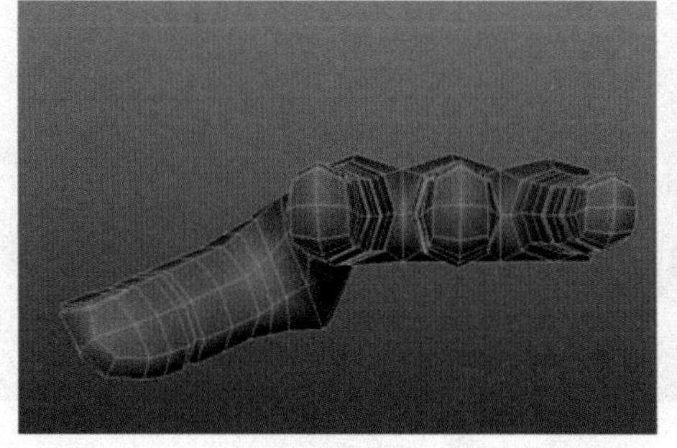
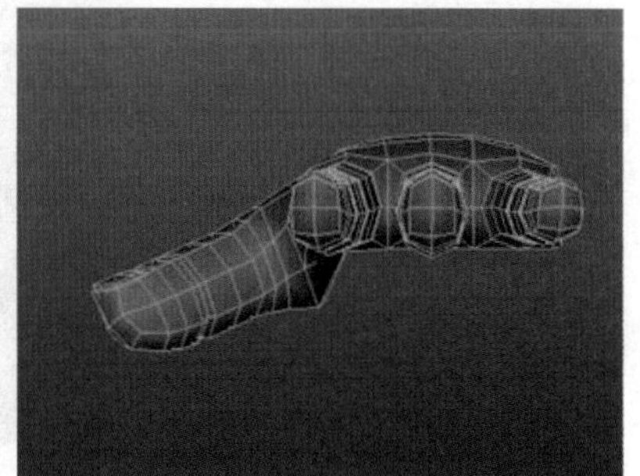

图 5-4-13

【Step13】再制作手心的部分，按照手掌纹的位置方向，使用分割多边形工具对手掌纹的位置进行布线，如图 5-4-14 所示。

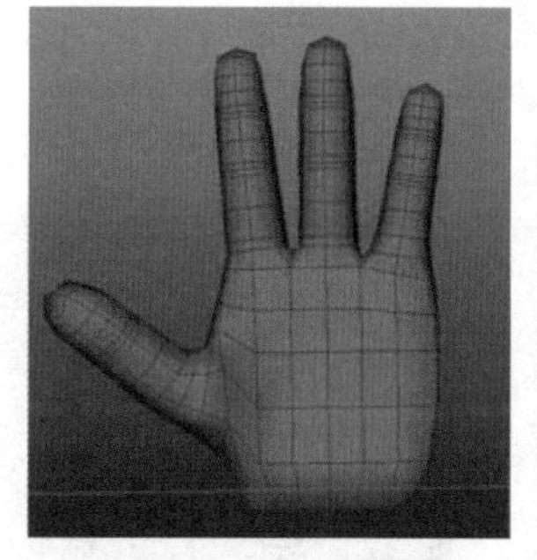
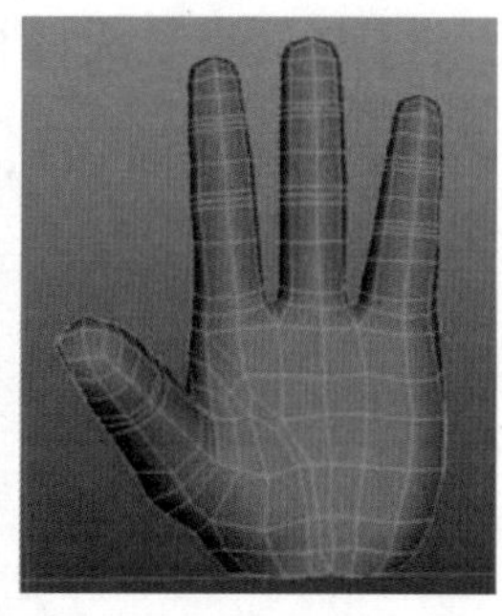

图 5-4-14

【Step14】使用相同方法继续绘制出掌纹布线，制作掌纹的方法有点像卡线，如图 5-4-15 所示。

【Step15】挤压手腕，选中手腕位置的整圈边，执行“Edit Mesh>Extrude(编辑网格 > 挤压)”命令，挤压出手腕的长度并对其进行调整，如图 5-4-16 所示。

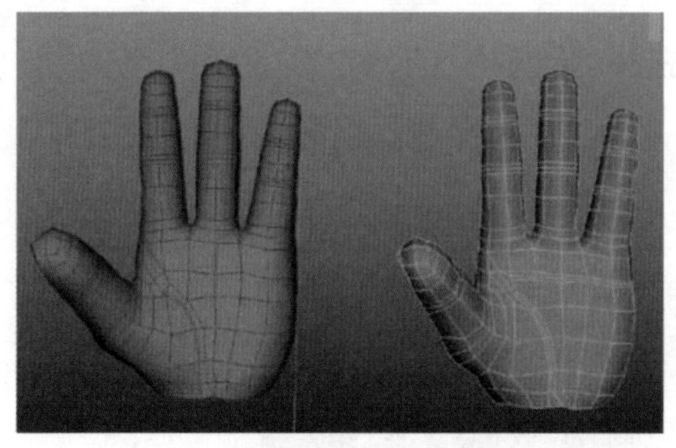

图 5-4-15

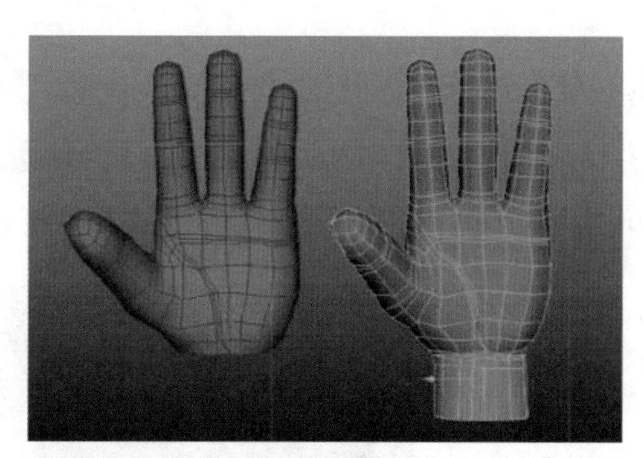

图 5-4-16

【Step16】对于手的塑造尽量多观察一些自己的手或参考图片，对手部结构进行细致调整，如图 5-4-17 所示。

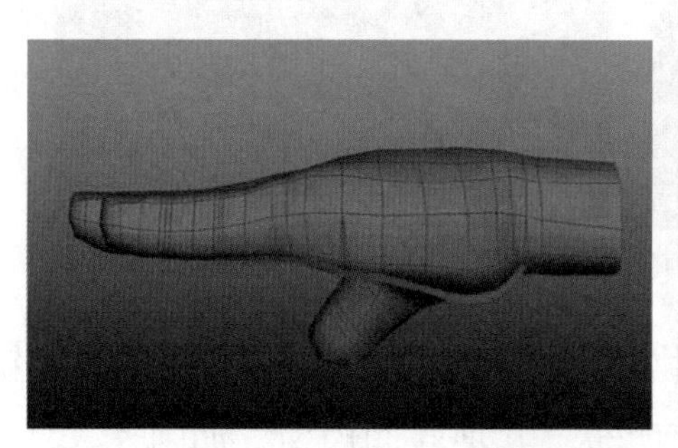
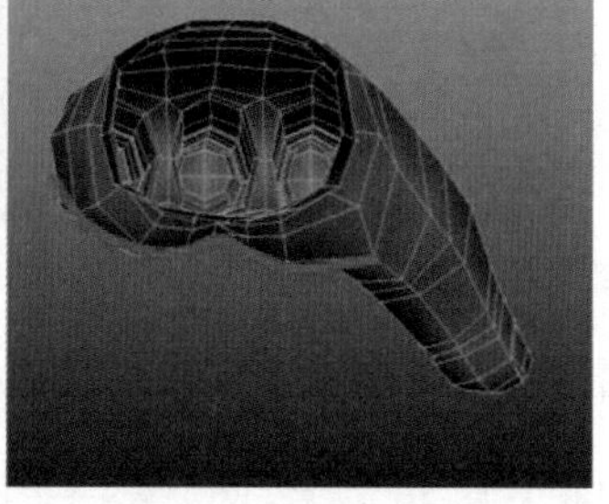

图 5-4-17

【Step17】手的部分制作完毕，如图 5-4-18 所示。

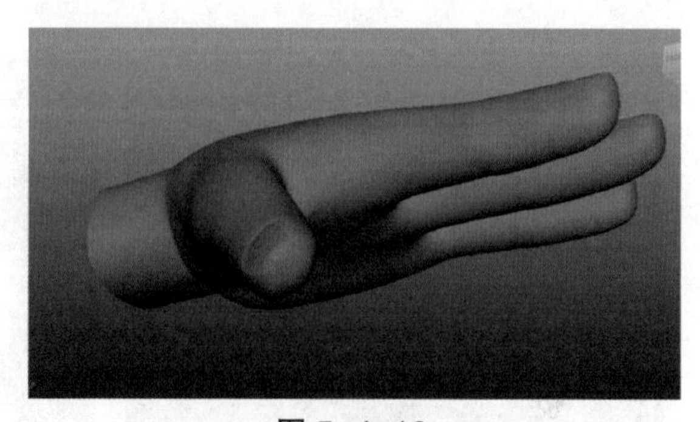

图 5-4-18

项目六

复杂多边形建模

任务6.1 坦克基础形状及第一层制作

本任务的最终效果如图 6-1-1 所示。

图 6-1-1

6.1.1 制作难度评定

难度等级：★★★★

6.1.2 任务要求

本任务主要制作坦克大形，也就是用立方体确定坦克的比例关系，然后再动手制作每个部分。

6.1.3 任务分析

在制作坦克时，应首先确定坦克的基本比例，即坦克主体、坦克中层、坦克顶层与坦克轮子的位置与大小比例关系。只有确定好整体的比例后，才可以制作钢板配件等物体。

涉及的命令：

（1）Edit Mesh>Slide Edge Tool（编辑网格 > 滑动边工具）。

（2）Split Polygon Tool（分割多边形工具）。

（3）Modify>Freeze Transformations（修改 > 冻结变换）。

（4）Edit Mesh>Merge Vertex Tool（编辑网格 > 焊接点工具）。

（5）Modify>Center Pivot（修改 > 中置中心点）。

（6）Edit Mesh>Duplicate Face（编辑网格 > 复制面）。

6.1.4　任务实施

Step1
制作视频

【Step1】基础形状制作：新建场景，创建基本体，搭建坦克基本形状。

镜像：选中需要镜像的一组物体，按“Ctrl+G”键（打组）后，再按“Ctrl+D”键（复制），然后修改参数，“Scale X”值修改为 -1，即可得到镜像，如图 6-1-2、图 6-1-3、图 6-1-4 所示，镜像中，物体的操作中心要在世界中心才能确保镜像与原物体关于世界中心对称。

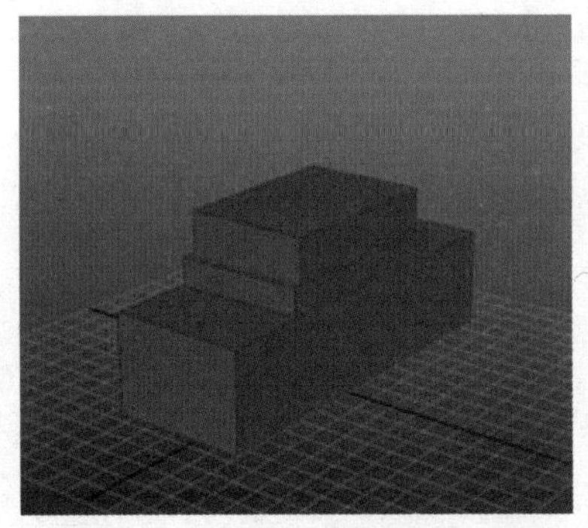
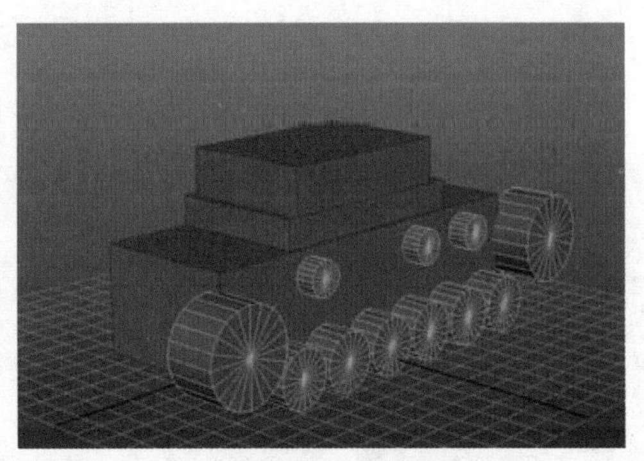

图 6-1-2

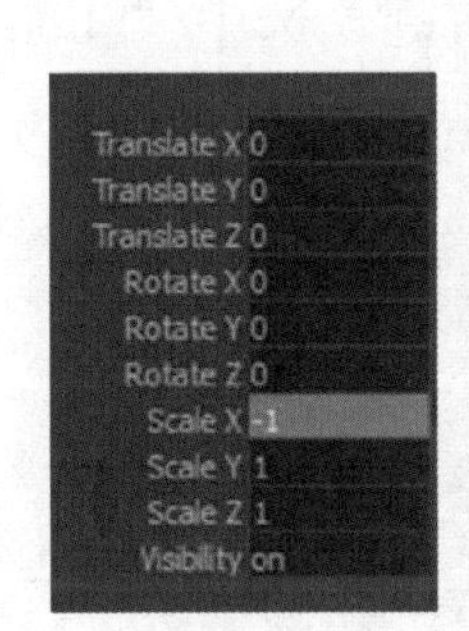

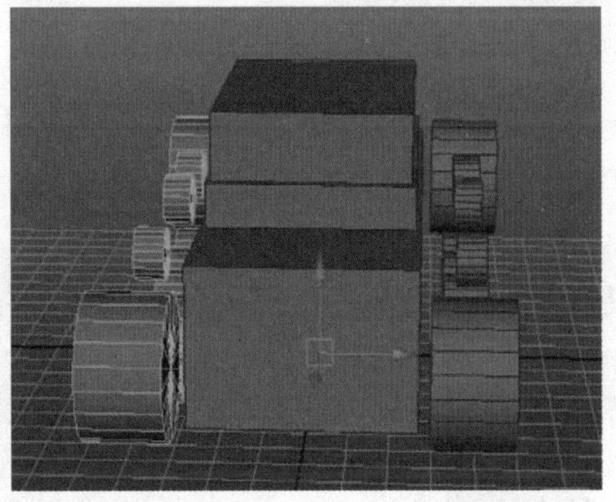

图 6-1-3

图 6-1-4

Step2~Step5
制作视频

【Step2】坦克第一层制作：坦克第一层后部有弧度，于是对照基本体创建正方体，删除不需要的面后重新挤压（最初制作的基本体不一定需要保留到最后，可在制作中删除），如图 6-1-5 所示。

图 6–1–5

挤压后，调整形状，如图 6–1–6、图 6–1–7 所示。

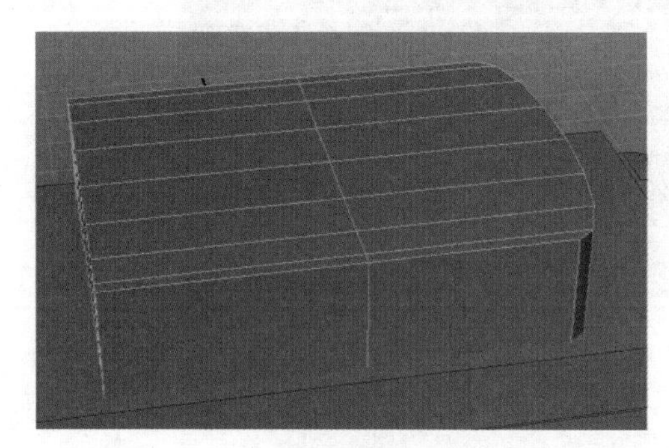

图 6–1–6

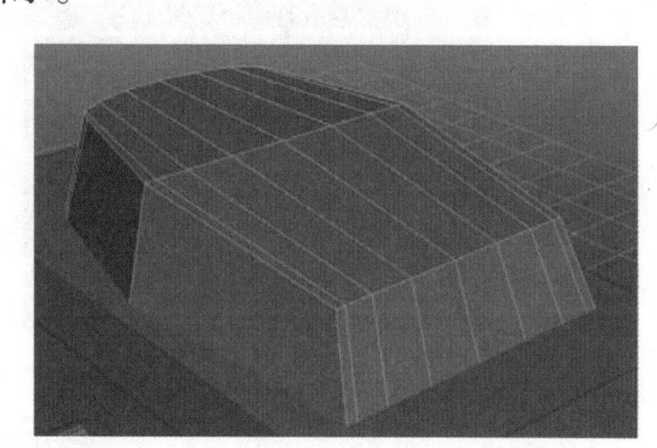

图 6–1–7

【Step3】选中需要调整的边，按住 Shift 键和鼠标右键，选中“Slide Edge Tool（滑动边工具）”，按住鼠标中键，选中线会沿面滑动，加线如图 6–1–8、图 6–1–9 所示。

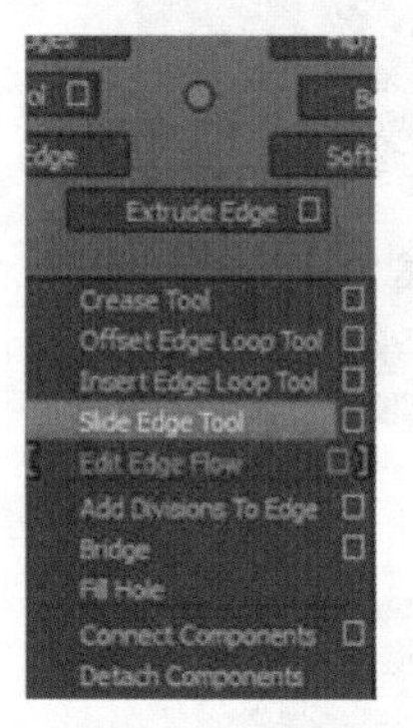

图 6–1–8

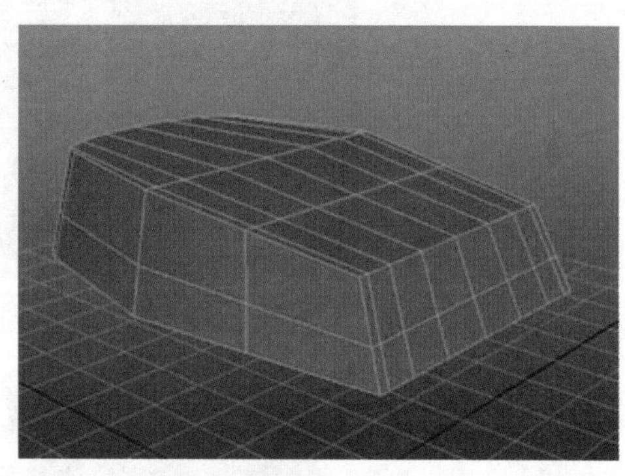

图 6–1–9

【Step4】选中物体，按住 Shift 键和鼠标右键，选择“Split>Split Polygon Tool（分割 > 分割多边形工具）”，可手动加线，如图 6–1–10、图 6–1–11、图 6–1–12 所示位置加线（左右对称）。

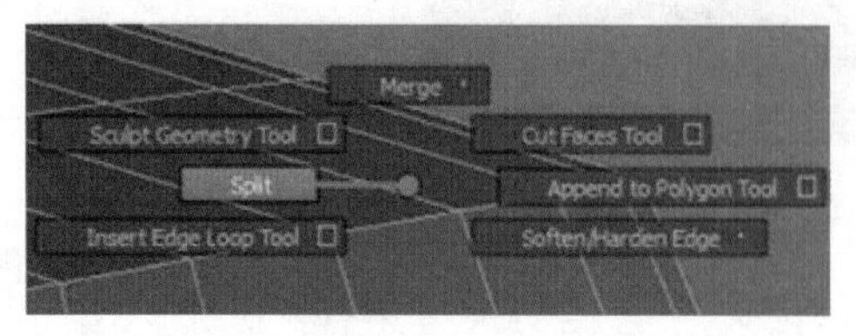

图 6–1–10

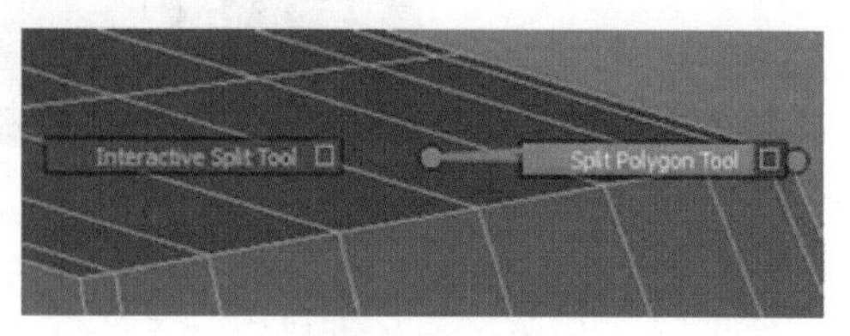

图 6–1–11

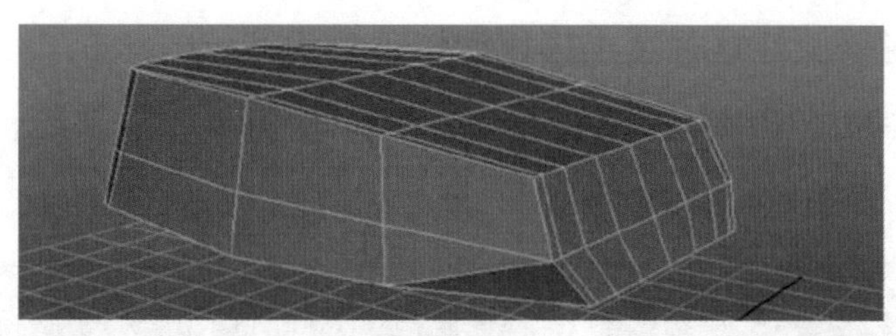

图 6-1-12

【Step5】形状调整后，进行卡线，这样就完成了坦克第一层的基础形状，如图 6-1-13、图 6-1-14 所示。

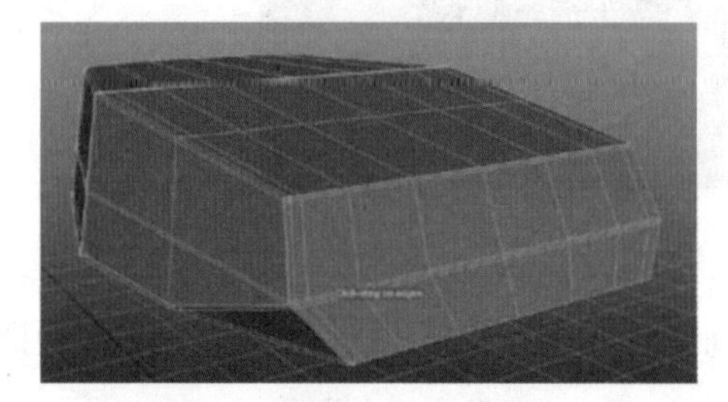

图 6-1-13

图 6-1-14

【Step6】瞭望口的制作：创建圆柱体，摆放至坦克第一层上方位置后，挤压并调整至与图中形状相同，选面挤压调整结构，如图 6-1-15、图 6-1-16 所示。

Step6~Step13
制作视频

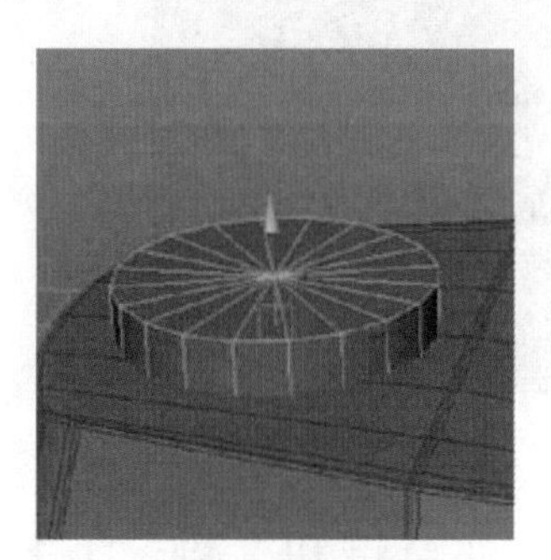

图 6-1-15

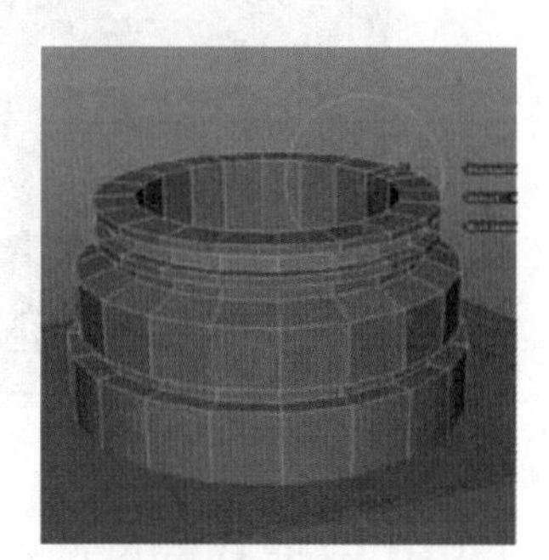

图 6-1-16

另外创建一个圆柱作为盖子。在移动模式下，按住键盘 V 键移动物体即可使物体吸附到其他物体的点，使用这个命令移动瞭望口盖子，使其吸附到之前制作的瞭望口主体中心，确保盖子和主体位置吻合。

注意：作为盖子的圆柱必须与瞭望口的段数相同，针对具备两个或两个以上相吻合结构的物体，都需要遵守这一原则，如图 6-1-17、图 6-1-18 所示。

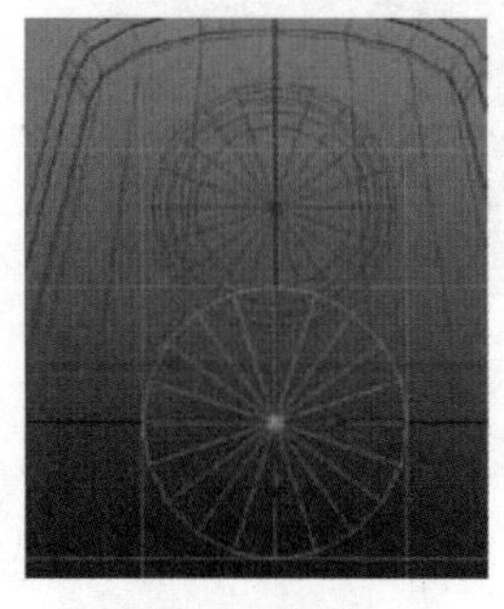

图 6-1-17

图 6-1-18

【Step7】卡线：对于圆柱这种基本体比较快速的卡线方式是执行“Bevel（倒角）”命令。选中需要卡线的棱，执行“Bevel（倒角）”，合理修改“Offset”参数，“Segments”参数修改为2，卡线即可结束，如图6-1-19所示。

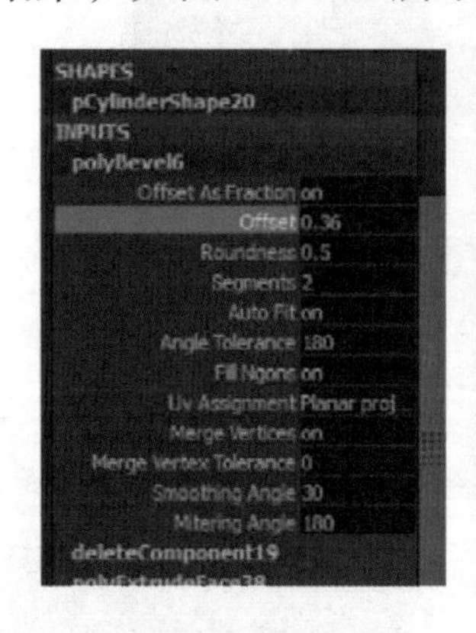

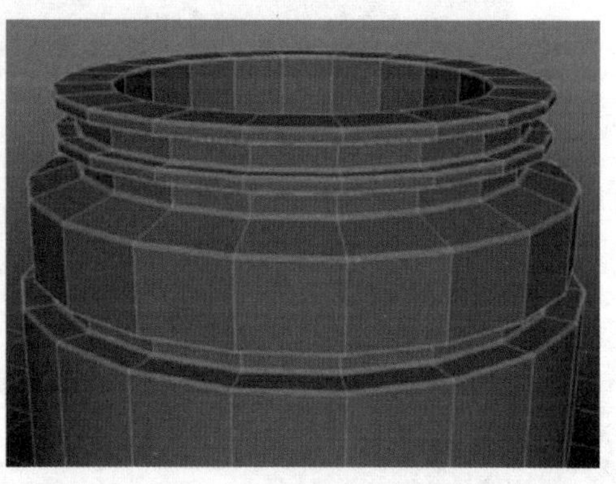

图6-1-19

【Step8】为了使模型看上去更加合理，适当添加细节：创建立方体，调整形状与图中相同，删除看不见的面，卡边后摆放到图中位置，避免穿帮，可适度穿插，如图6-1-20所示。

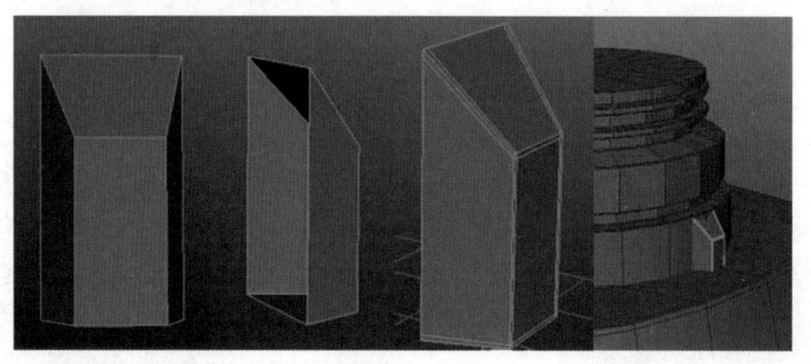

图6-1-20

【Step9】按住键盘D键可调整物体移动中心，同时按住D键和V键，将配件中心吸附到瞭望口的中心点，按“Ctrl+D”键复制，Y轴旋转90°，复制3个，如图6-1-21所示。

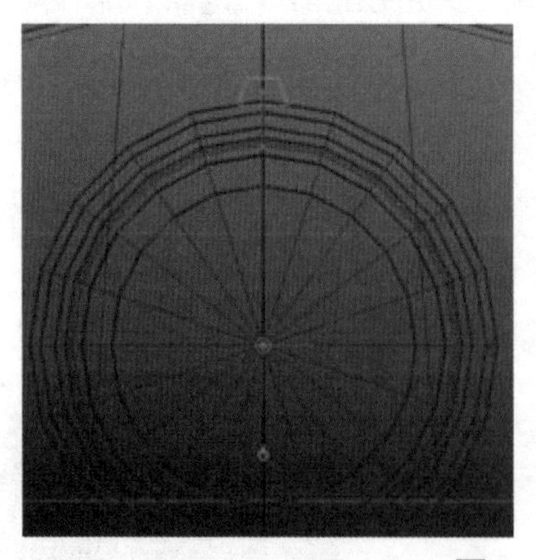
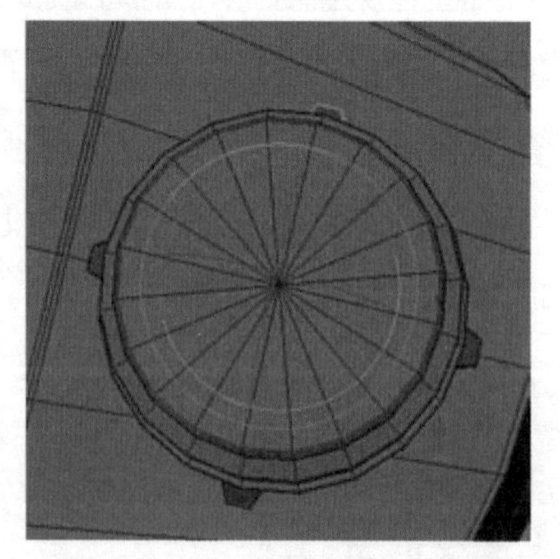

图6-1-21

【Step10】制作合页：因为零件较小，所以段数不必太多。创建两个圆柱，调整到8段，调整形状，将两个圆柱挤压至与图中相同形状，同时卡边。用同样方式制作另一个合页，如图6-1-22、图6-1-23所示。

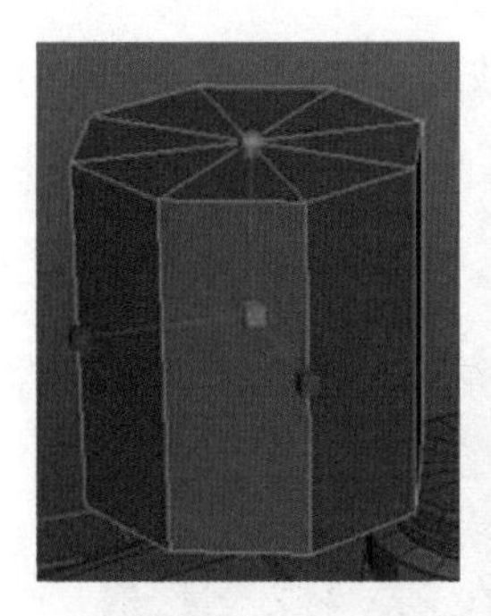
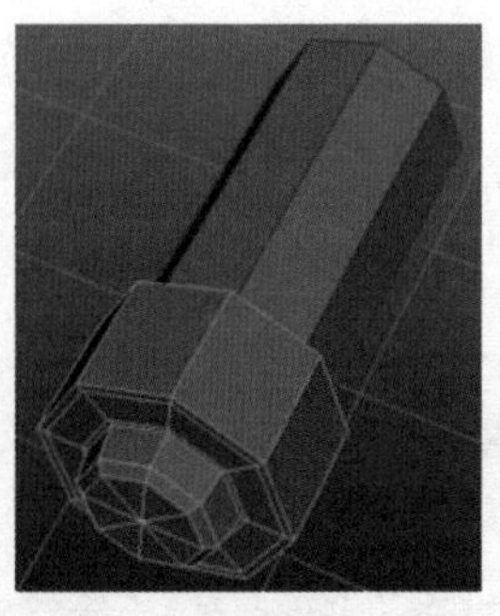
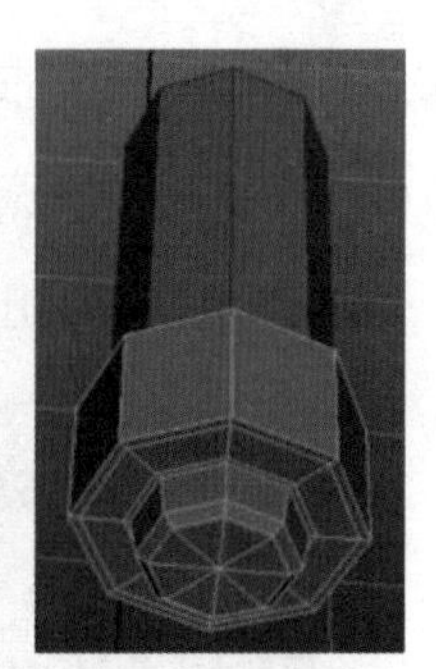

图 6-1-22

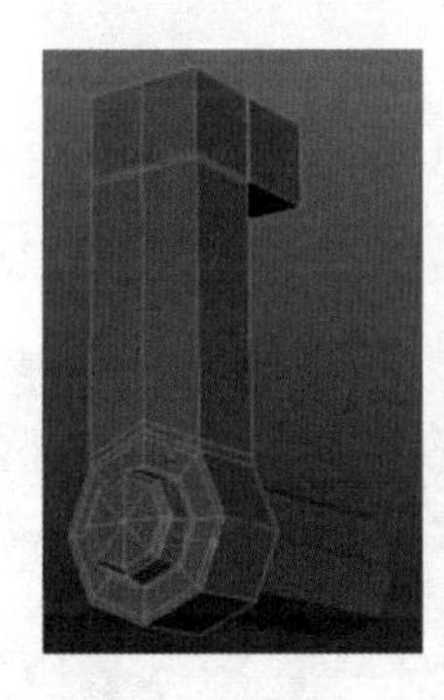
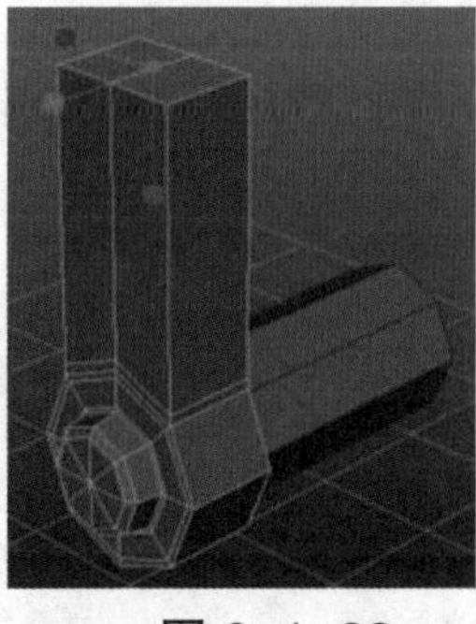

图 6-1-23

【Step11】将选择物体冻结，一切数据恢复到初始状况，以现在所处位置为原点。选择“Modify>Freeze Transformations（调整 > 冻结变换）”命令。冻结前、冻结后复制一侧物体，设置参数“Scale X”为 -1，即可得到镜像物体，如图 6-1-24 所示。

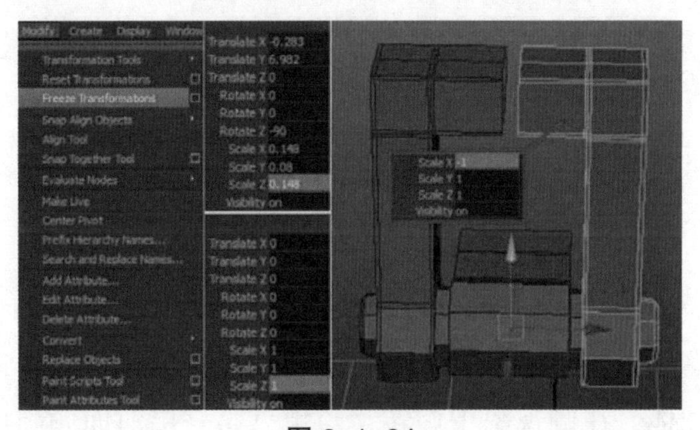

图 6-1-24

【Step12】选择“Edit Mesh>Merge Vertex Tool（编辑网格 > 合并点工具）”，或按住 Shift 键和鼠标右键，选择“Merge Vertices>Merge Vertex Tool（合并点 > 合并点工具）”，如图 6-1-25 所示。

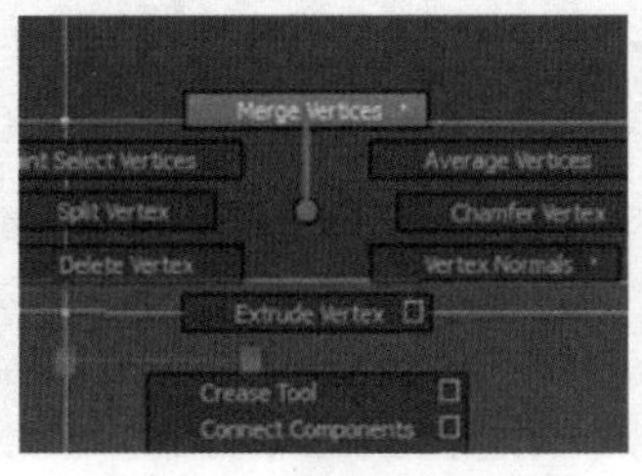

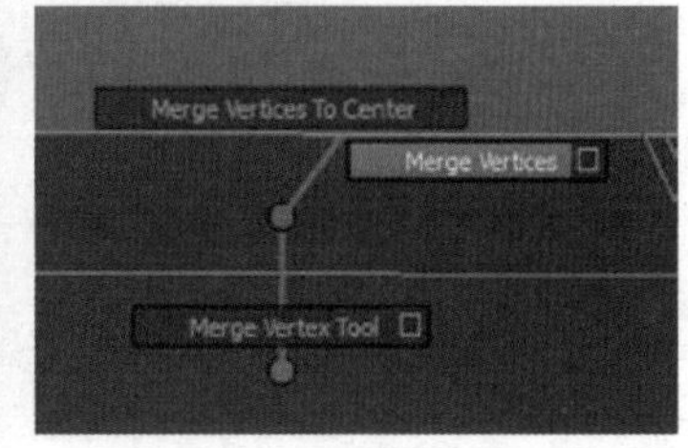

图 6-1-25

选择两个物体，合并后，框选接口处的点，用缩放工具推平后，使用“Merge Vertex Tool（合并点工具）”将点合并。合并点工具的属性可调整，默认为0.01，可能导致卡线比较近的点被错误合并。手动将“Threshold”数值改为0.0010，就可以避免失误，如图6-1-26所示。

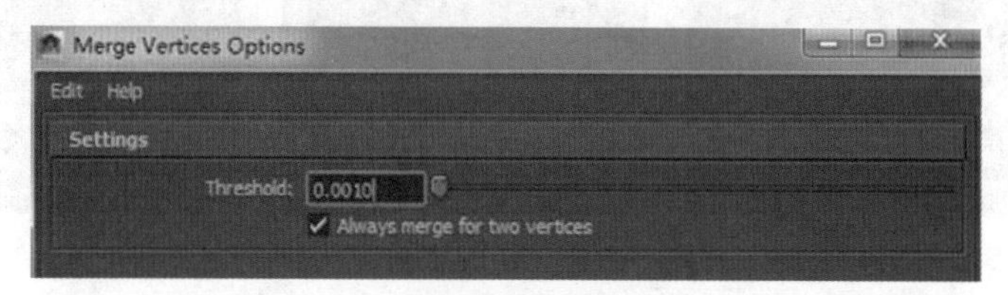

图 6-1-26

【Step13】完成后按“Ctrl+G”键打组，“Center Pivot（中心轴）”恢复中心点将物体整组摆放至图中位置，调整形状，保证合理且不穿帮，如图6-1-27、图6-1-28所示。

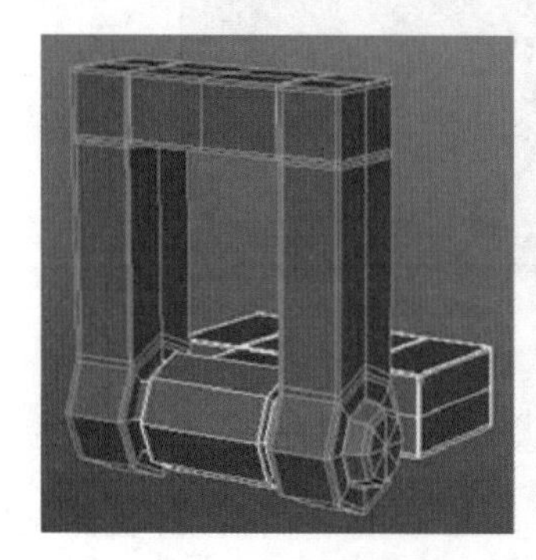
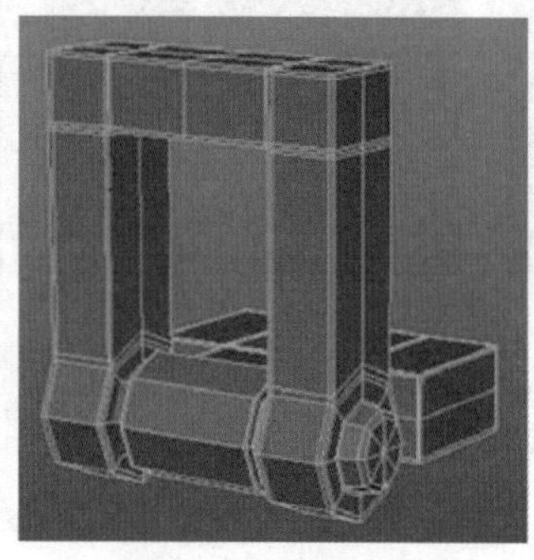
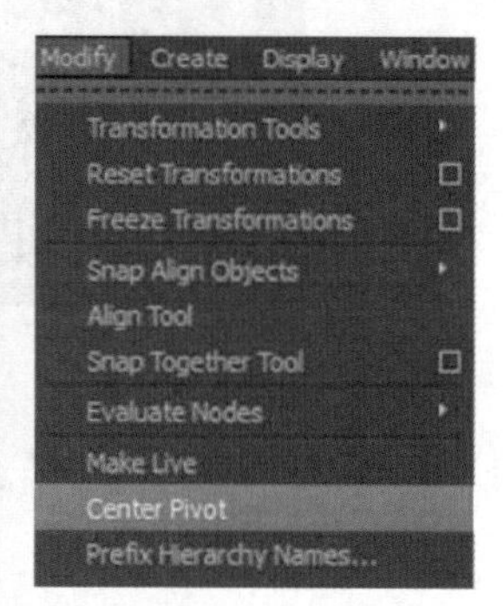

图 6-1-27

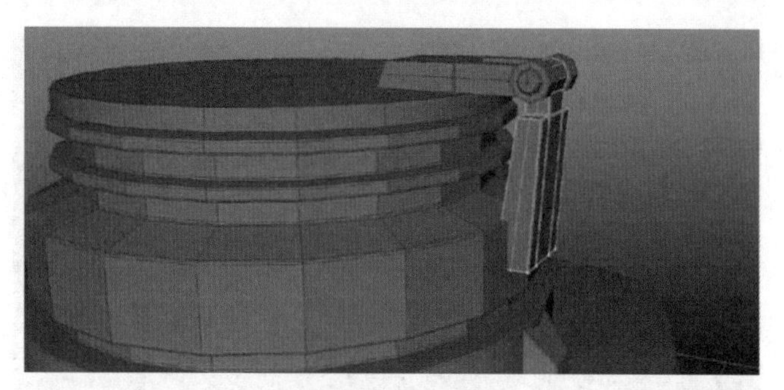

图 6-1-28

【Step14】创建球体，在侧视图中旋转，与坦克第一层前面倾斜度相匹配，切换视图，选择球体一半的面进行挤压。删除不需要的面，只留下物体的一半，将其镜像到另一侧以保证左右完全对称。将镜像与本体合并，缝点，如图6-1-29所示。

Step14~Step16
制作视频

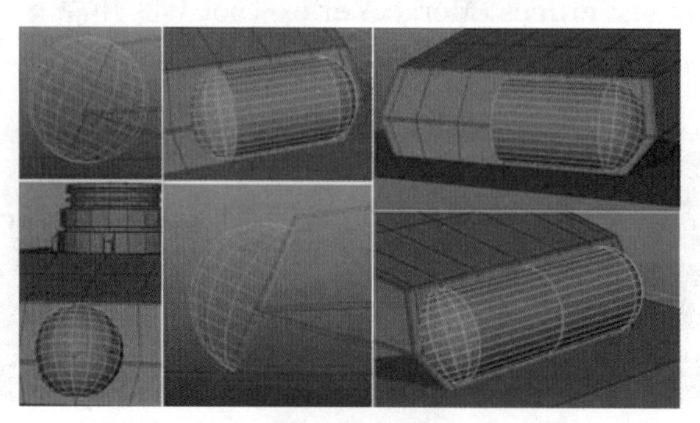

图 6-1-29

【Step15】执行“Edit Mesh>Duplicate Face（编辑网格 > 复制面）”命令，选择一部分面，按住 Shift 键和鼠标右键，选择“Duplicate Face(复制面)”，即可将选中面复制出来独立成体，如图 6-1-30 所示。

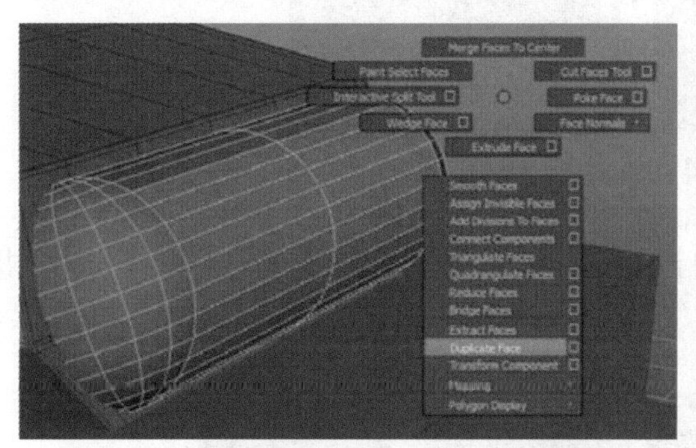

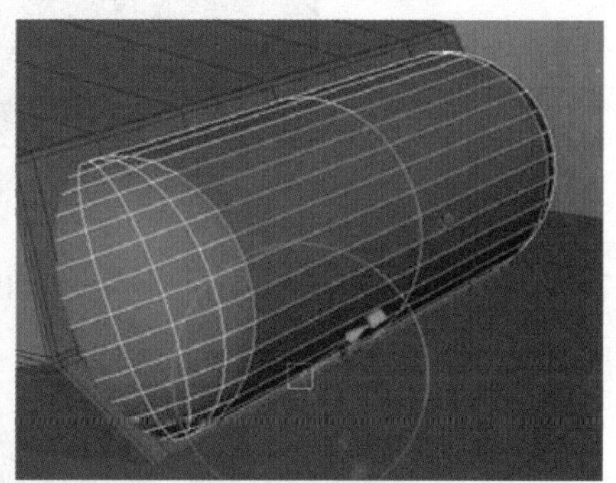

图 6-1-30

选择新物体的所有面进行挤压命令，制作厚度，然后卡线，如图 6-1-31 所示。

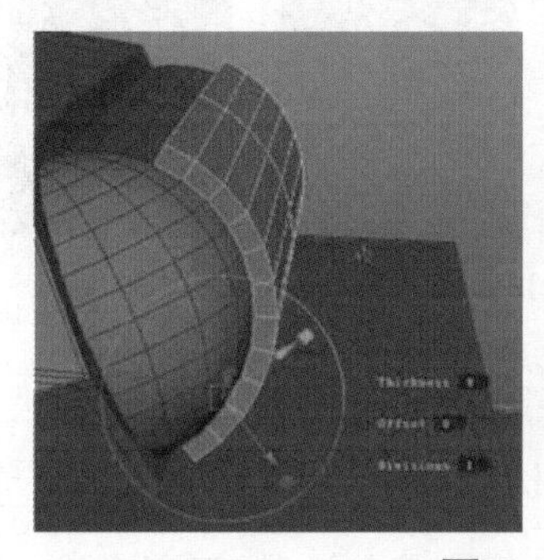
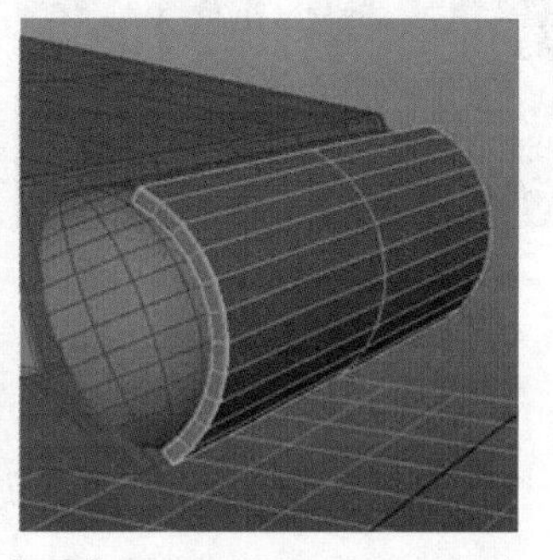

图 6-1-31

创建 2×2×2 段数立方体，调整各边位置。选中所有棱，“Bevel（倒角）”卡线，如图 6-1-32 所示。

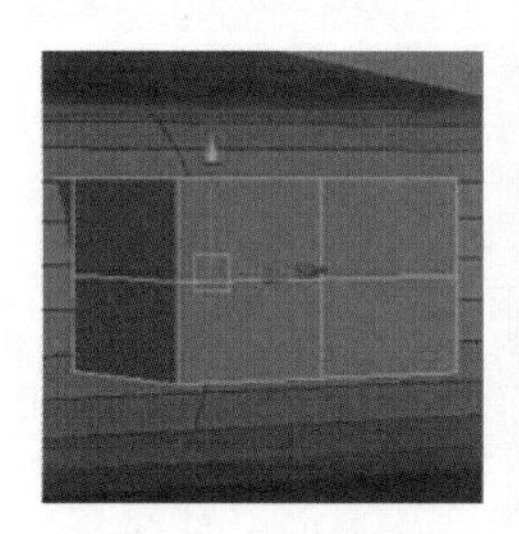
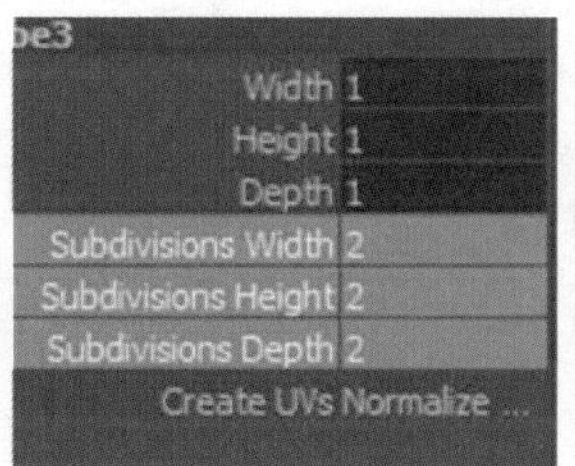

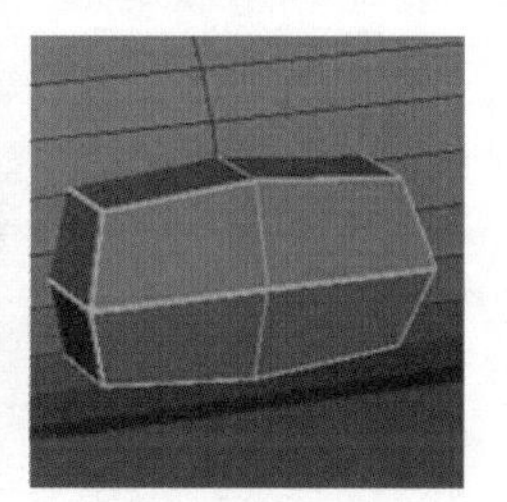

图 6-1-32

创建圆柱体制作炮筒，炮筒为空心的，用挤压命令制作假厚度。同时可以制作小炮管，制作方式基本与主炮管相同，如图 6-1-33、图 6-1-34 所示。

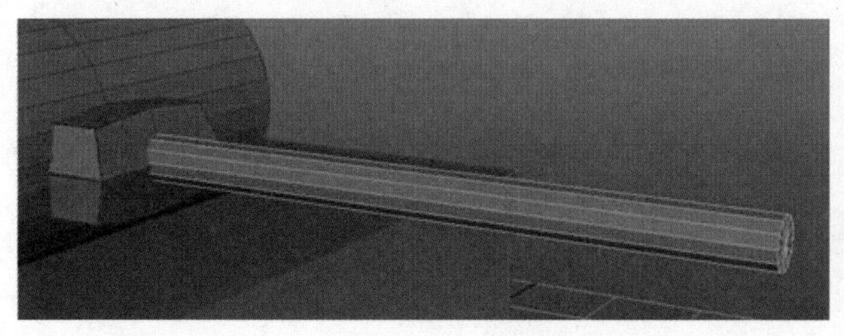
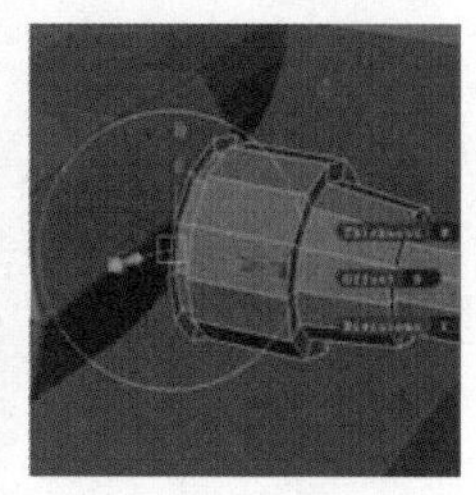

图 6-1-33

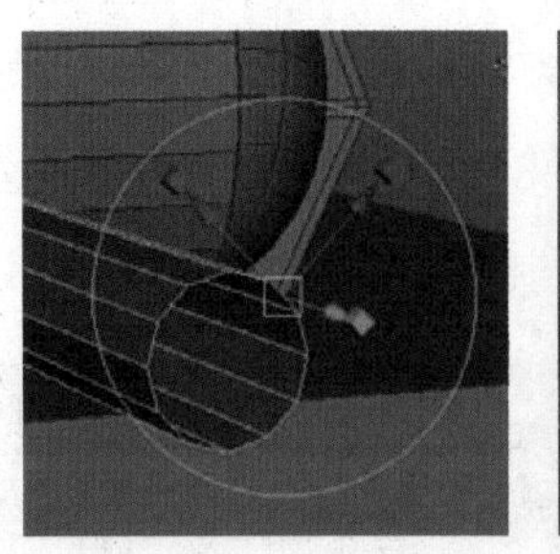 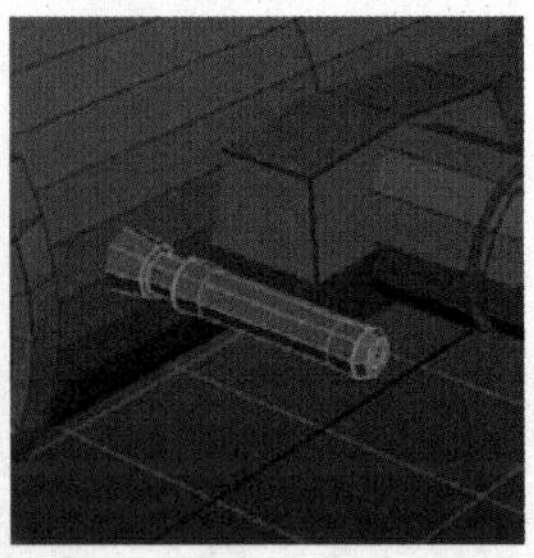

图 6-1-34

【Step16】炮管两侧细节：选中合适面进行复制面操作，配合挤压制作凹槽和厚度，如图 6-1-35 所示。

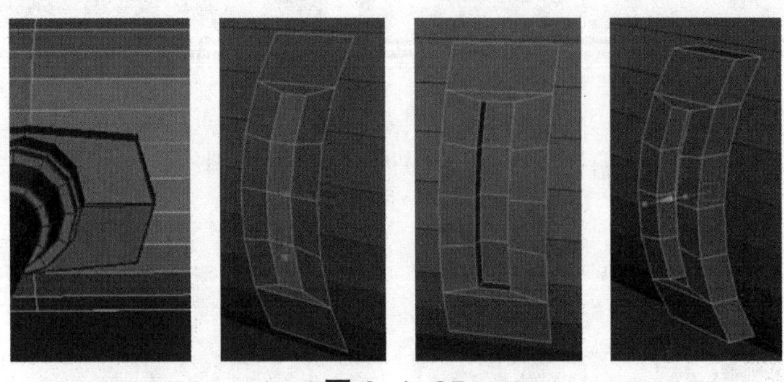

图 6-1-35

坦克第一层制作完成。

这部分最重要的三个知识点是制作镜像物体、滑动边工具、复制面工具。镜像物体需要注意物体中心在世界中心。滑动边工具平滑效果，不会改变平滑物体表面。不能用选择面后按 Ctrl+D 键（复制功能）代替复制面。

任务6.2 坦克第二层及第三层的制作

本任务的最终效果如图 6-2-1 所示。

图 6-2-1

6.2.1 制作难度评定

难度等级：★★★★

6.2.2 任务要求

在制作本任务前首先要确定上一任务的比例是否已经确定，本任务中主要制作各类钢板。任务中尽量使钢板合理地摆放位置，详细制作细节。

6.2.3 任务分析

本任务主要制作包括平面上的孔洞制作、圆角矩形制作、基础改线等内容，是制作机械物体配件的常见方法，需要重点学习。

涉及的命令：

（1）Edit Mesh>Bevel（编辑网格 > 倒角）。

（2）Modify>Append to Polygon Tool（修改 > 补面工具）。

（3）Mesh>Extract（网格 > 提取）。

6.2.4 任务实施

Step1
制作视频

【Step1】添加环线，在多个视图中不断调整形状，然后选中所有棱进行“Bevel（倒角）”操作，完成卡线，如图 6-2-2、图 6-2-3 所示。

图 6-2-2

图 6-2-3

复制第三层主体，调整厚度，制作侧面装甲。注意，调整厚度时不能使用缩放工具，为了保证卡线的距离，需要选点移动。侧面装甲做好并镜像到另一侧，之后制作履带上的装甲板基本形状。创建立方体，调整厚度，挤压形状，做好后复制镜像到另一面备用，如图 6-2-4、图 6-2-5 所示。

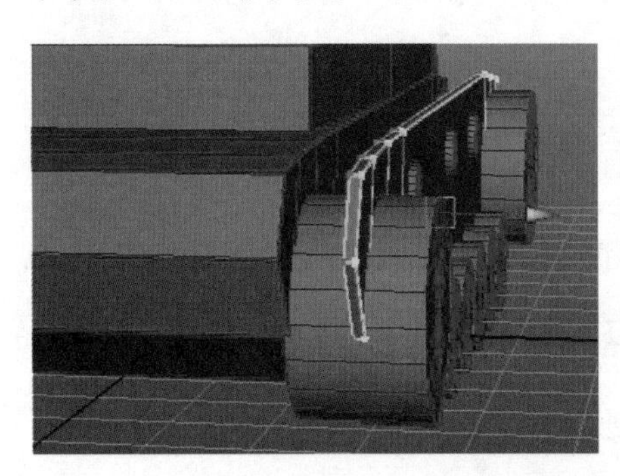
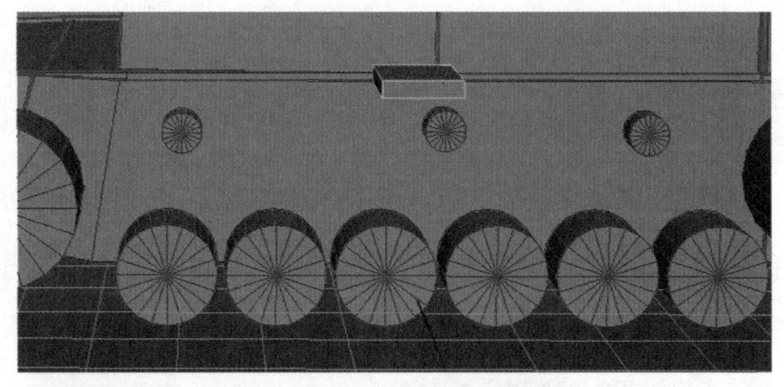

图 6-2-4

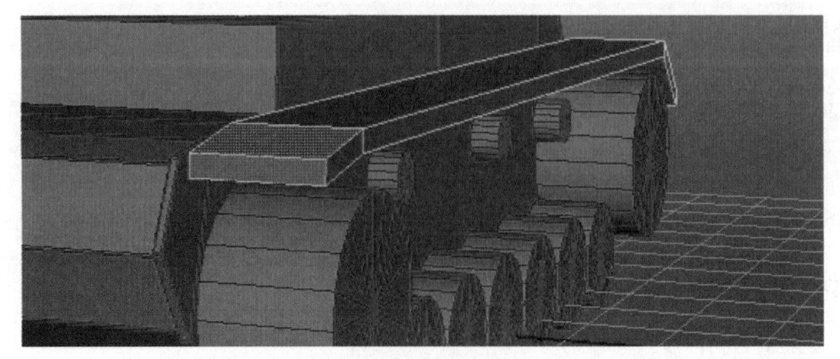

图 6-2-5

【Step2】创建第二层上的细节：创建 8 段圆柱，选中全部侧面进行挤压操作，随后分别选中外侧的定点，每三个为一组，使用缩放推平，使圆柱外缘变为正方形，如图 6-2-6 所示。

Step2~Step9
制作视频

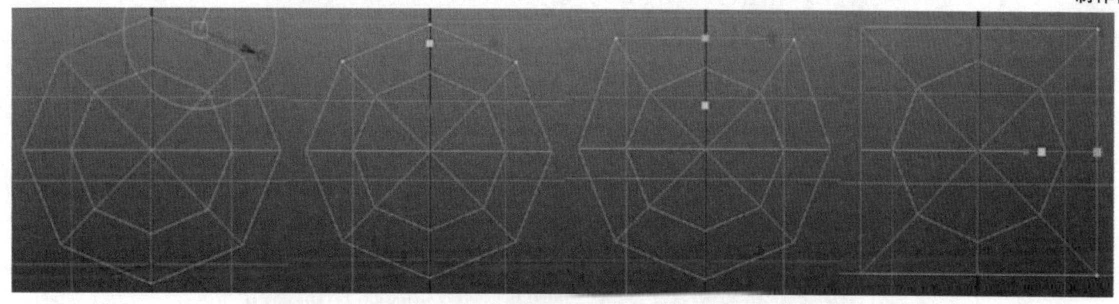

图 6-2-6

复制该物体，删除多余面，留下两个环状面，合并并缝合，如图 6-2-7 所示。

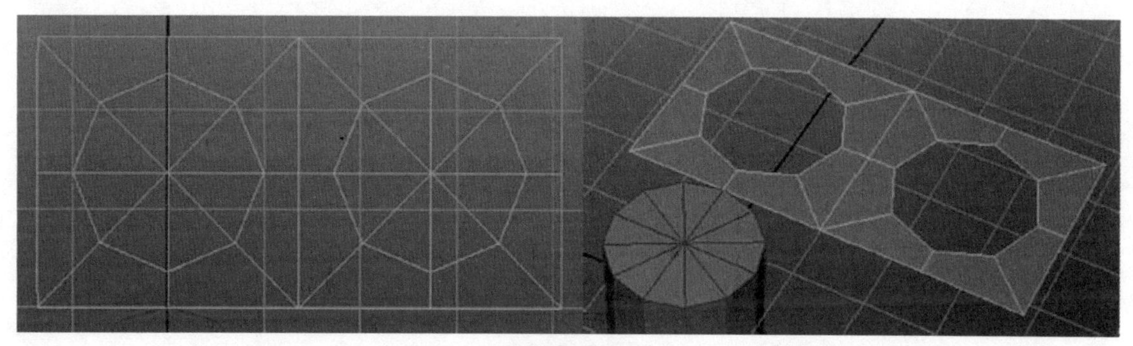

图 6-2-7

另建一圆柱，选中右半的面，挤压操作，再选取下半的面，再次挤压，之后删除多余面，留下圆角矩形。将刚才的两部分配件合并为一体，选择所有的点，使用缩放功能推平，确保整个面片在统一水平线上，方便后续操作，如图 6-2-8 所示。

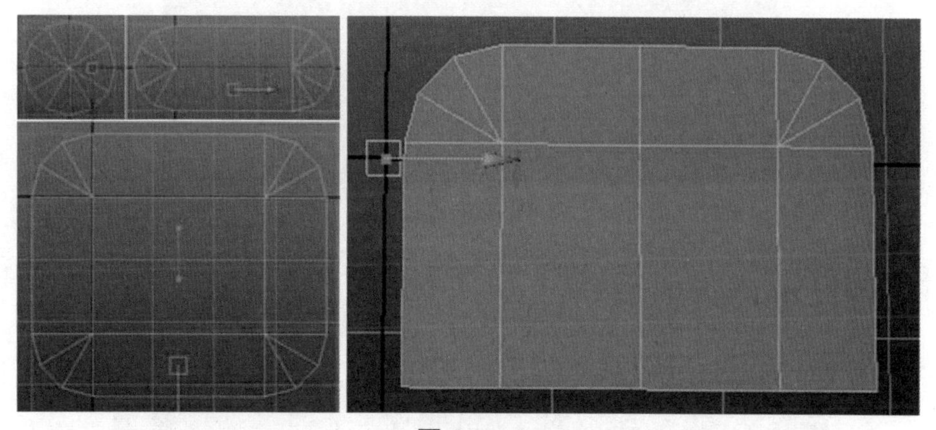

图 6-2-8

【Step3】在物体模式下，按住 Shift 键和鼠标右键选中补面工具，先单击一条棱，再单击另一条棱则可在两条棱，在之间补面（粉色），按 Enter 键确认补面，每次只可补出一个四边面或三角面，如图 6-2-9、图 6-2-10 所示。

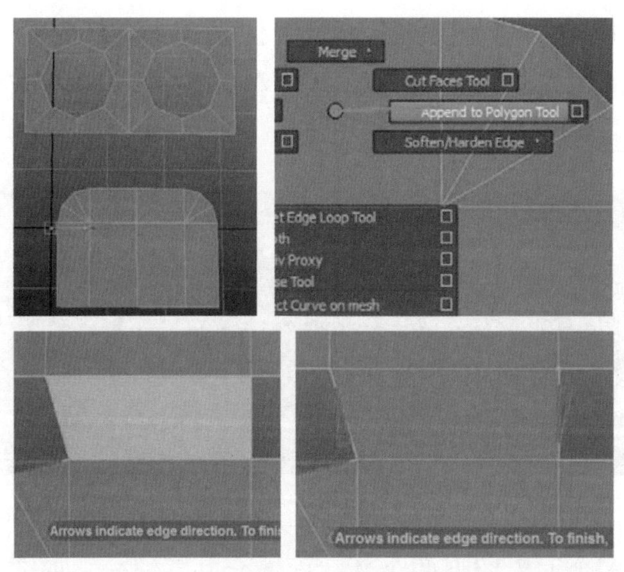

图 6-2-9

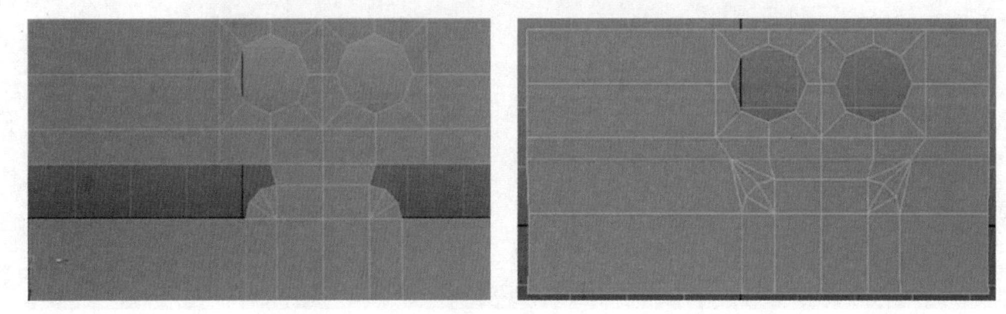

图 6-2-10

补面配合挤压合并点命令使用，将面片扩展，同样的做法将配件左侧也制作出来，删除不需要的面，如图 6-2-11 所示。

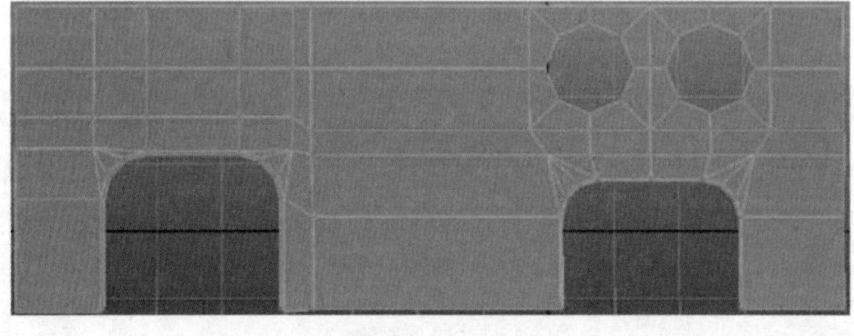

图 6-2-11

将面片移动到坦克第二层正面，挤压面片成体，卡线避免变形，如图 6-2-12、图 6-2-13 所示。

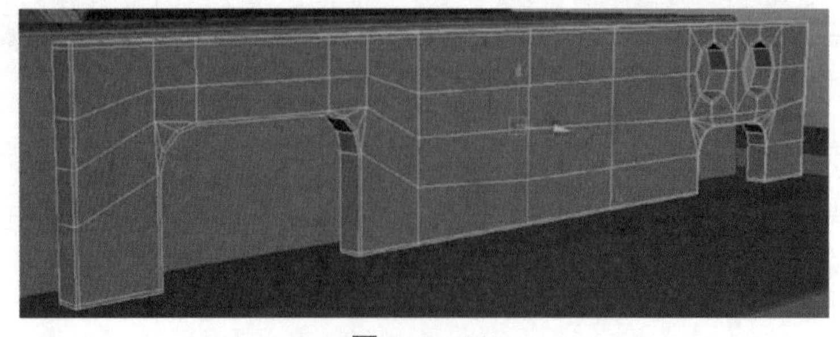

图 6-2-12

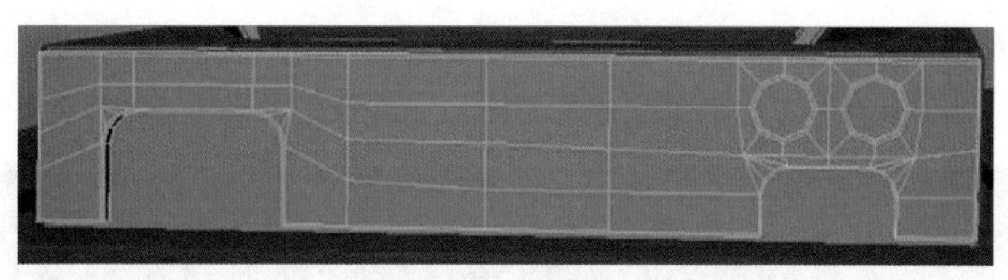

图 6-2-13

【Step4】再次制作圆角矩形，只保留侧面一圈面，重新向内挤压厚度，即可得到如图 6-2-14 所示的配件，调整位置后加入其他配件，制作方式与上文类似。

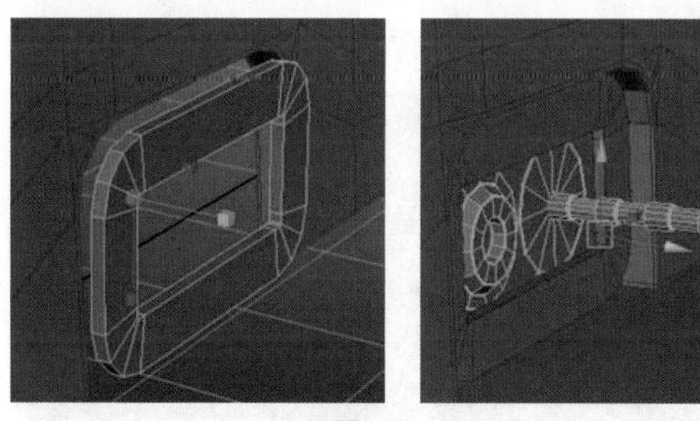

图 6-2-14

在右侧挡板的空隙中创建球体，选择右侧所有面挤压，再删除下半部分。选面挤压出厚度，如图 6-2-15、图 6-2-16 所示。

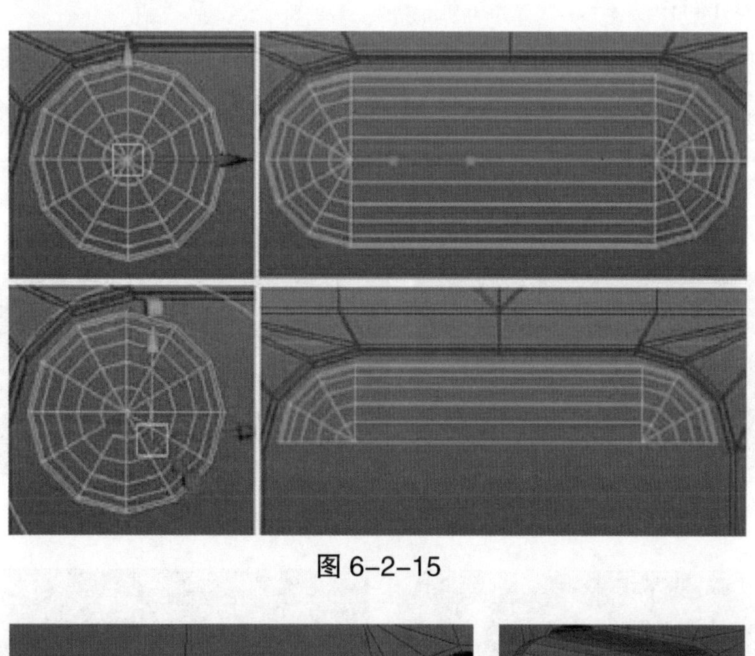

图 6-2-15

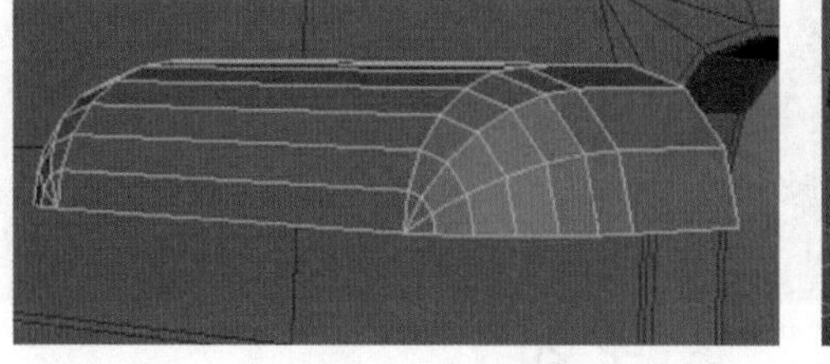
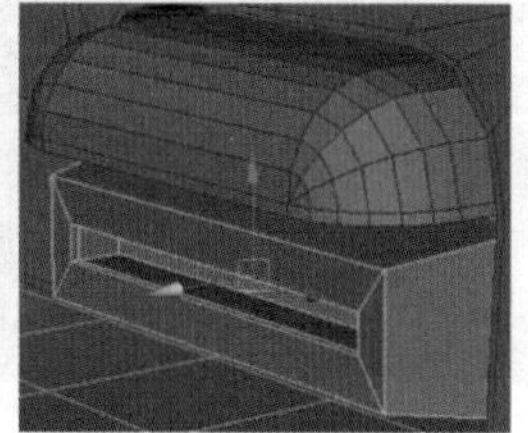

图 6-2-16

【Step5】创建立方体，选面挤压制作凹槽，卡线。然后将第二层正面所有配件制作完毕。坦克正面的装甲板制作方式都是创建立方体加线调点，如图 6-2-17、图 6-2-18 所示。

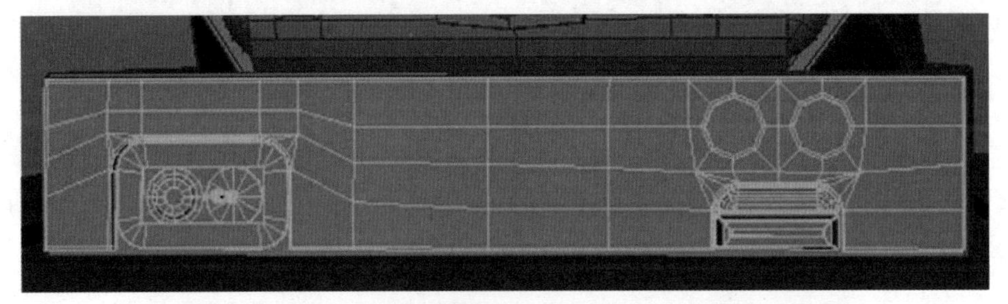

图 6-2-17

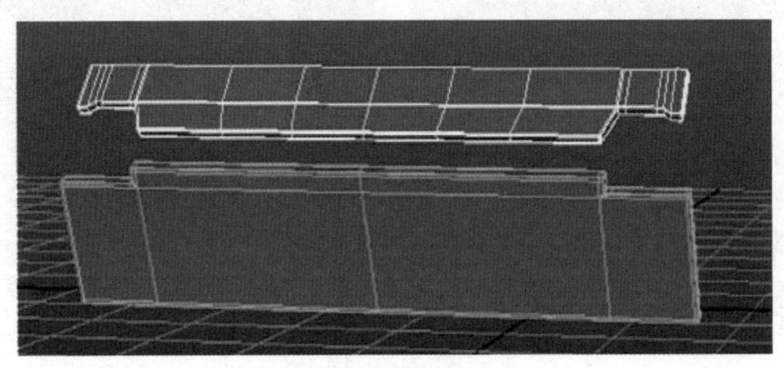

图 6-2-18

制作坦克前部的窗户。基本形状制作原理与前面相同，不同的是两扇窗户，用提取命令分开后再进行下一步操作。

【Step6】选中面后运行“Mesh>Extract（网格 > 提取）”命令，可将这部分面变成独立物体，效果与“Duplicate Face（复制面）”类似，但是被选中的面不会被复制。提取面之后对两部分分别挤压制作厚度，卡线，移动到适当位置，如图 6-2-19、图 6-2-20、图 6-2-21 所示。

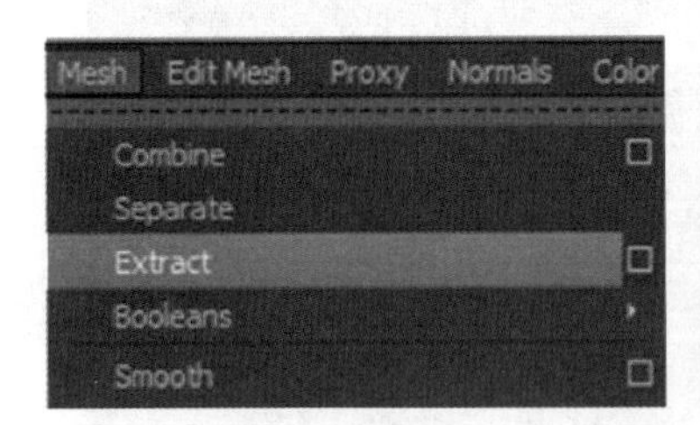

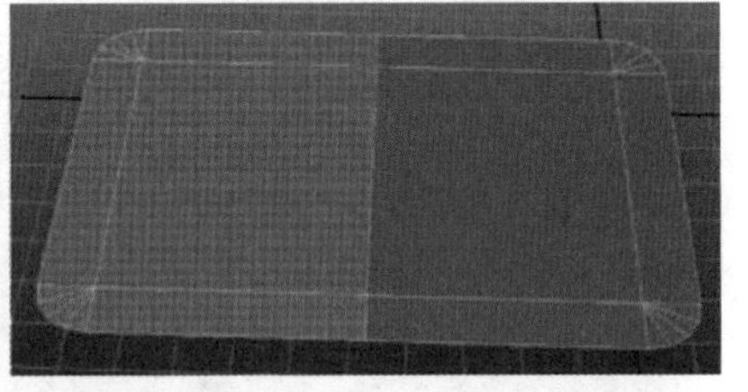

图 6-2-19

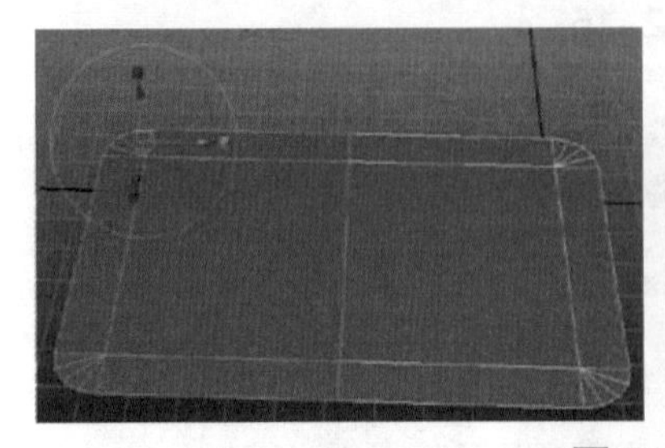

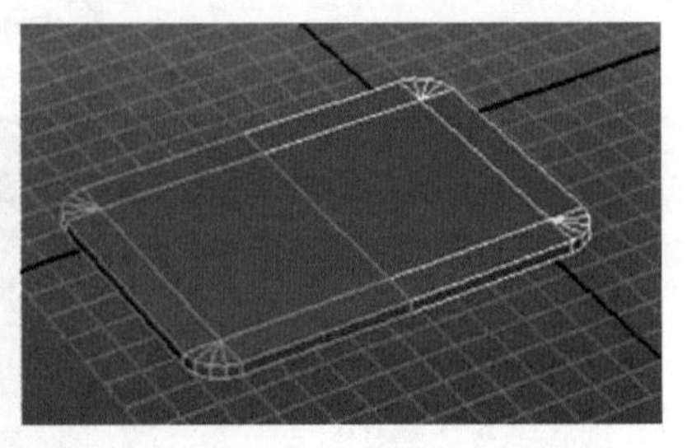

图 6-2-20

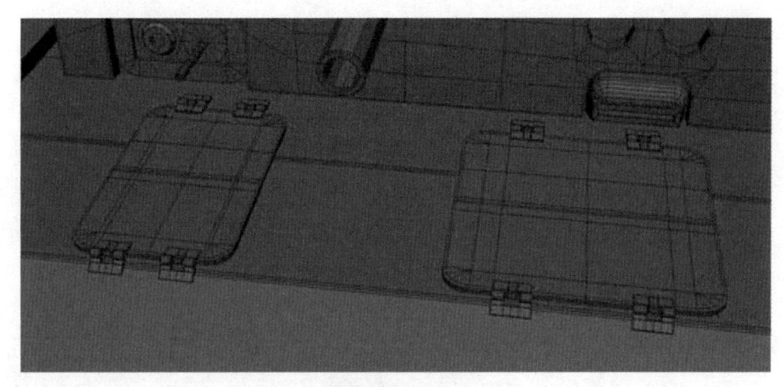

图 6-2-21

合页的制作方法前文已经介绍了，这里不再叙述。

任务6.3 坦克细节配件的制作

本任务的最终效果如图 6-3-1 所示。

图 6-3-1

6.3.1 制作难度评定

难度等级：★★★

6.3.2 任务要求

（1）掌握特定配件的特殊制作方法，包括扶手和圆角盒状物。

（2）特定配件的制作方法相对固定，多学多练，活学活用。

6.3.3 任务分析

结合之前学习的几种配件制作方式，加以综合使用就可以得到很多不同类型的零件。在制作中，多使用基本体，减少手动调整，可以最大限度地保持机械感。

涉及的命令：

（1）Cut Faces Tool（切面工具）。

（2）Merge Edges to Center（合并边到中心）。

制作视频

6.3.4 任务实施

【Step1】制作履带装甲板上方的细节。创建圆柱，运用挤压功能调整，如图 6-3-2 所示。选中物体后按住 Shift 和鼠标右键，选择“Cut Faces Tool（切面工具）”后面的□，对其属性进行编辑。勾选“Delete cut faces（删除剪切面）”，可使运用切面工具的时候直接删除虚线指向方向的面，如图 6-3-3 所示。

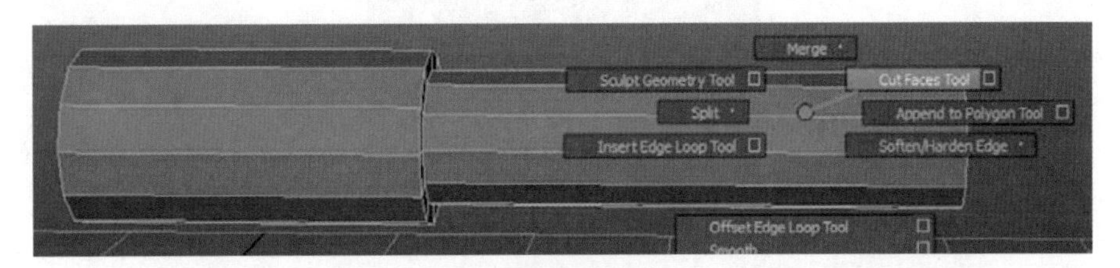

图 6-3-2

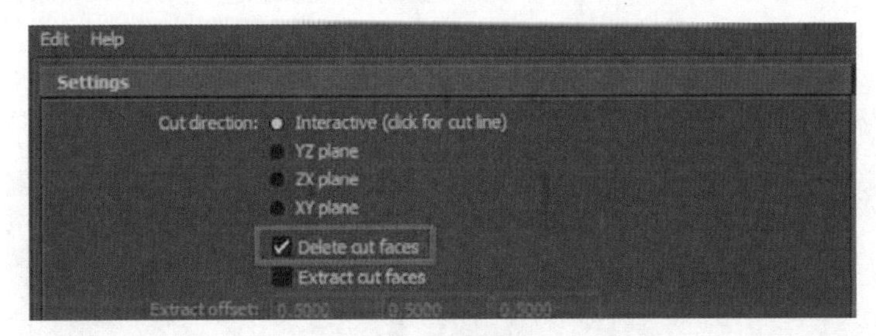

图 6-3-3

切换视图，在无透视状况下进行切面，虚线指向方向会被截掉，如图 6-3-4 所示。

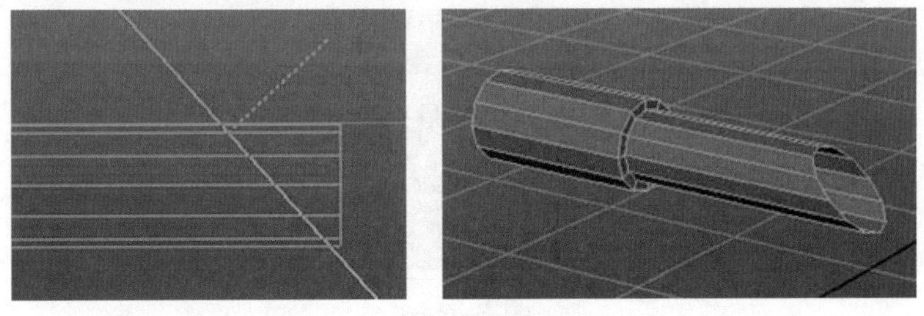

图 6-3-4

【Step2】选择切口的线段进行挤压，缩小一点后将其合并到中心封口。

选中边后按住 Shift 和鼠标右键，依次选择“Merge/Collapse Edges>Merge Edges to Center（合并 / 塌陷棱 > 合并边到中心）”，则可将选中边合并到中心，如图 6-3-5 所示。

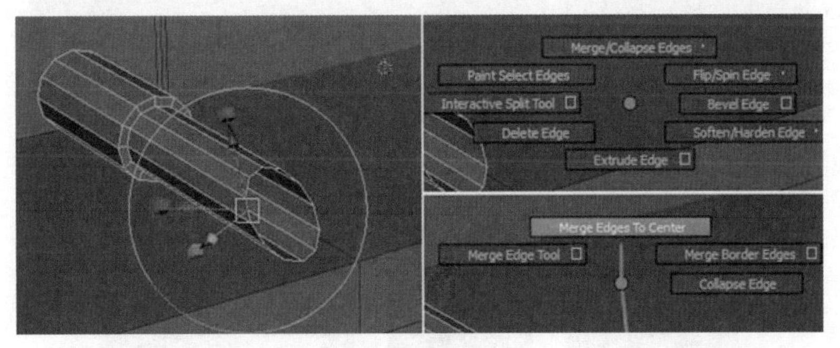

图 6-3-5

补充制作两个立方体支架，与圆柱合并，方便操作。复制并摆放后再镜像到另一侧，如图 6-3-6 所示。

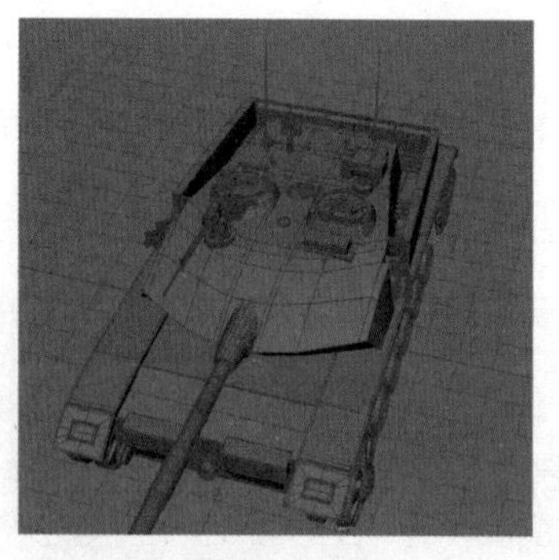

图 6–3–6

【Step3】另外制作圆角矩形，调整形状，选择外边缘进行挤压，如图 6–3–7 所示，卡线如图 6–3–8 所示。

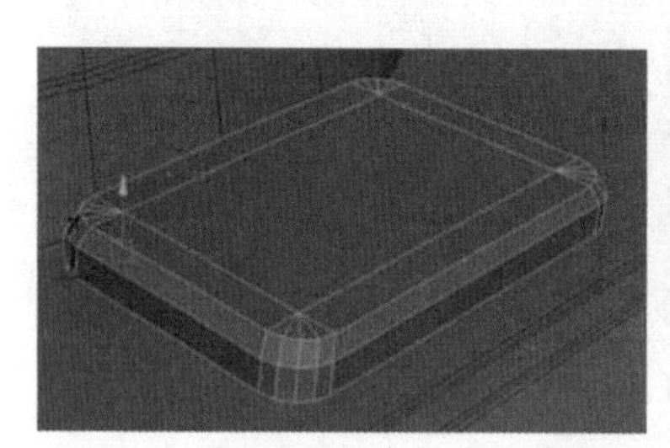
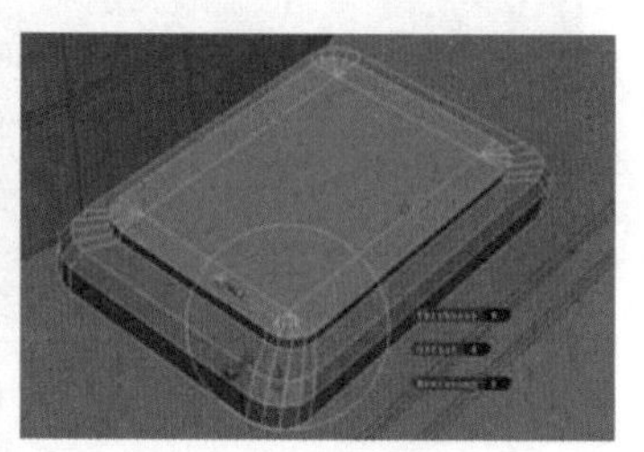

图 6–3–7

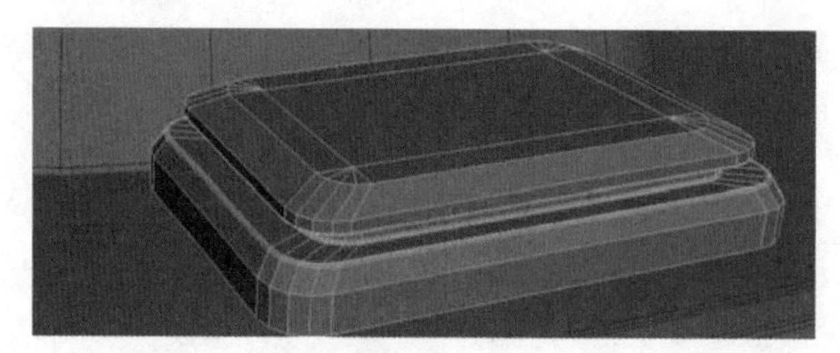

图 6–3–8

【Step4】创建圆环，制作栏杆，调整属性，进行挤压，调整形状，删除多余面后，摆放位置如图 6–3–9 所示。

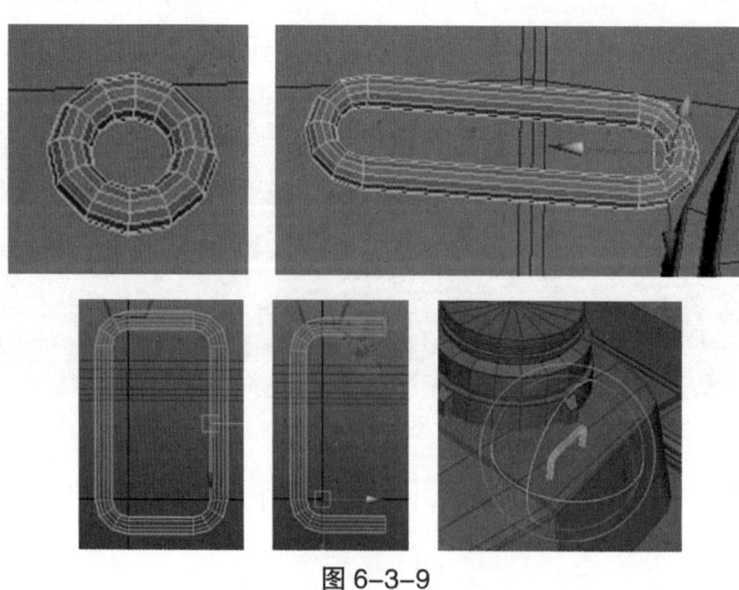

图 6–3–9

再制作其他细节，制作方法在此不重复介绍，如图 6-3-10 所示。

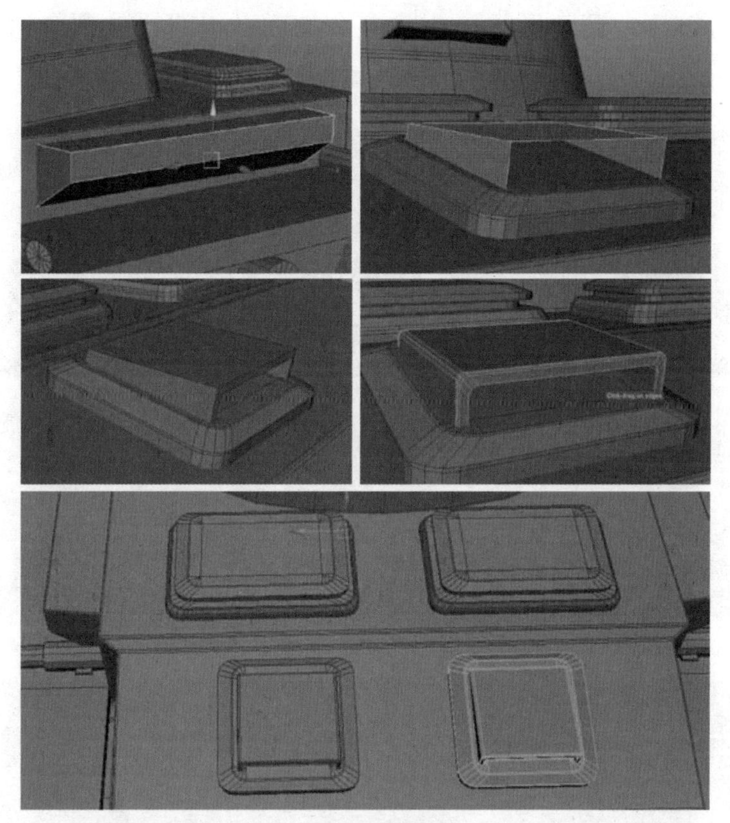

图 6-3-10

【Step5】坦克后部配件 1：复制并移动坦克正面零件，如图 6-3-11 所示。

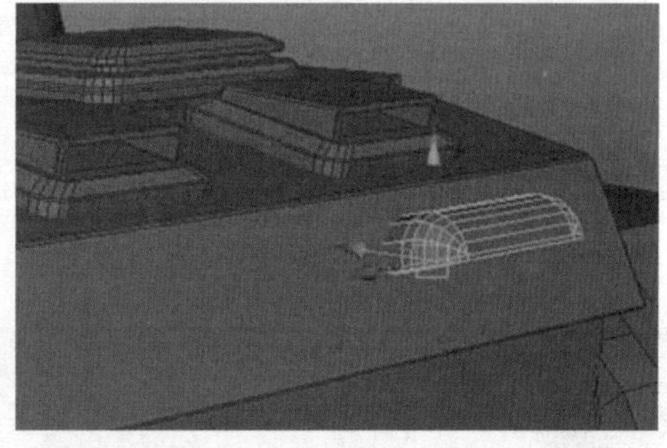

图 6-3-11

【Step6】坦克后部配件 2：创建立方体，中分处加一段线，调整形状，移动到合适位置。对于此类规则物体，卡线时可直接选取所有棱进行 Bevel（倒角），调整数值，即可得到如图 6-3-12 所示效果。

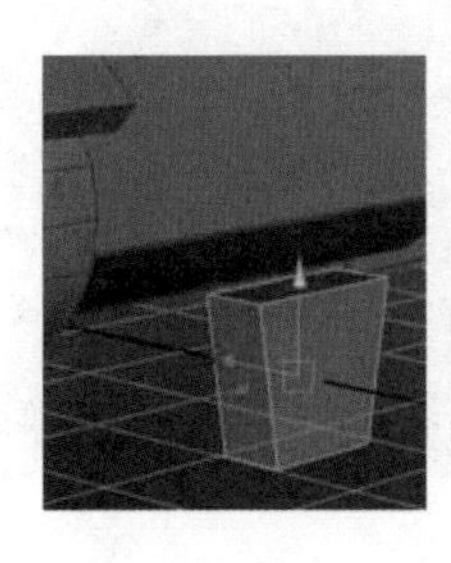

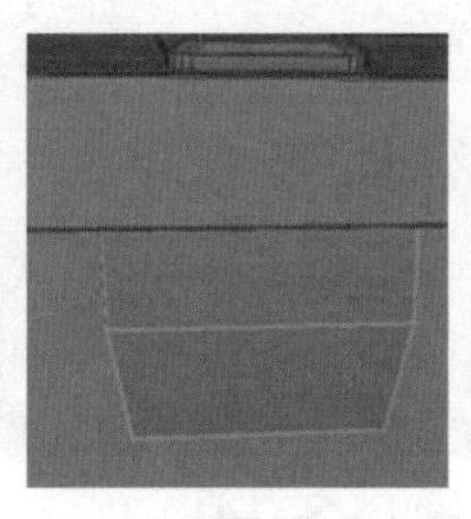

图 6-3-12

【Step7】坦克后部配件 3：创建圆柱，调整为 12 段，删除多余的面，再选面重新挤压出厚度，推平，再挤压，调整形状，删除多余的面，卡线，放到合适位置，如图 6-3-13 所示。

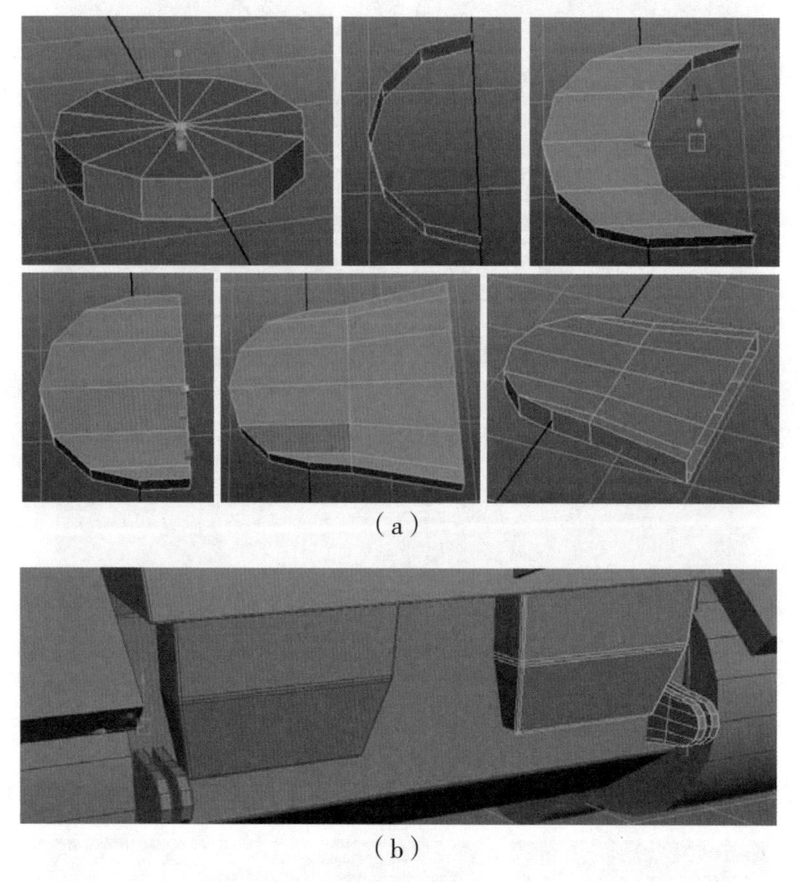

（a）

（b）

图 6-3-13

【Step8】坦克后部配件 4：创建 12 段圆柱，选面挤压成如图 6-3-14 所示形状，选中正上方与正下方棱，使用缩放工具放大，旋转物体 15°，放置到合适位置。

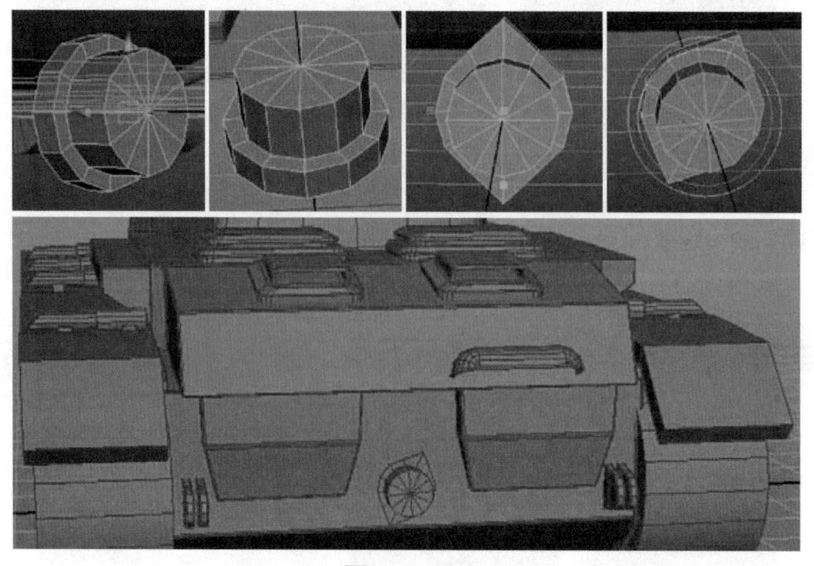

图 6-3-14

【Step9】坦克后部配件 5：新建立方体，选棱移动，再选面挤压提起，用缩放工具推平，卡线，放置到合适位置，如图 6-3-15 所示。

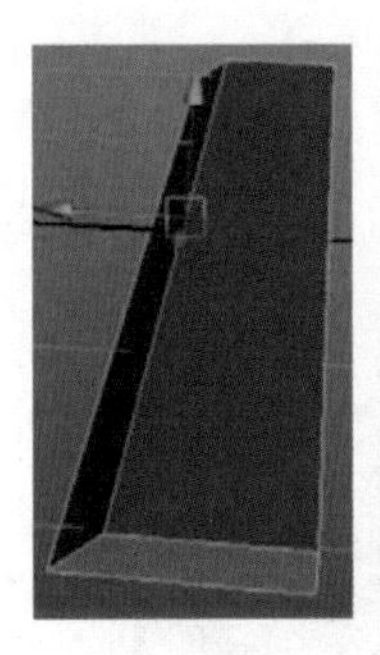
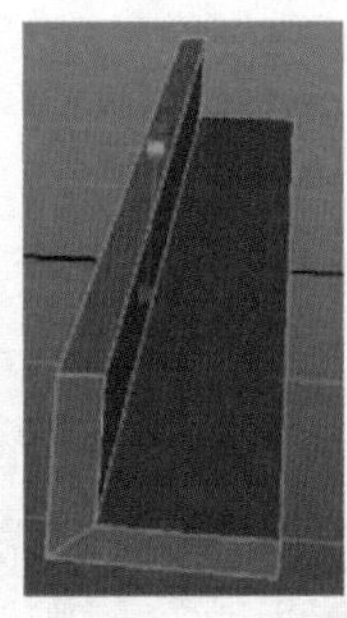
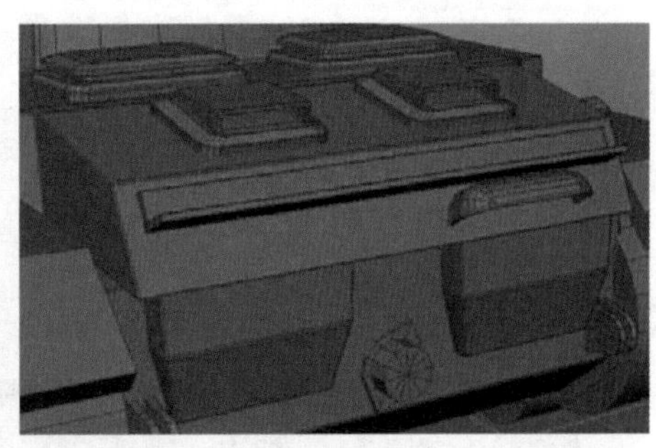

图 6-3-15

照明灯
制作视频

任务6.4 坦克轮子的制作

本任务的最终效果如图 6-4-1 所示。

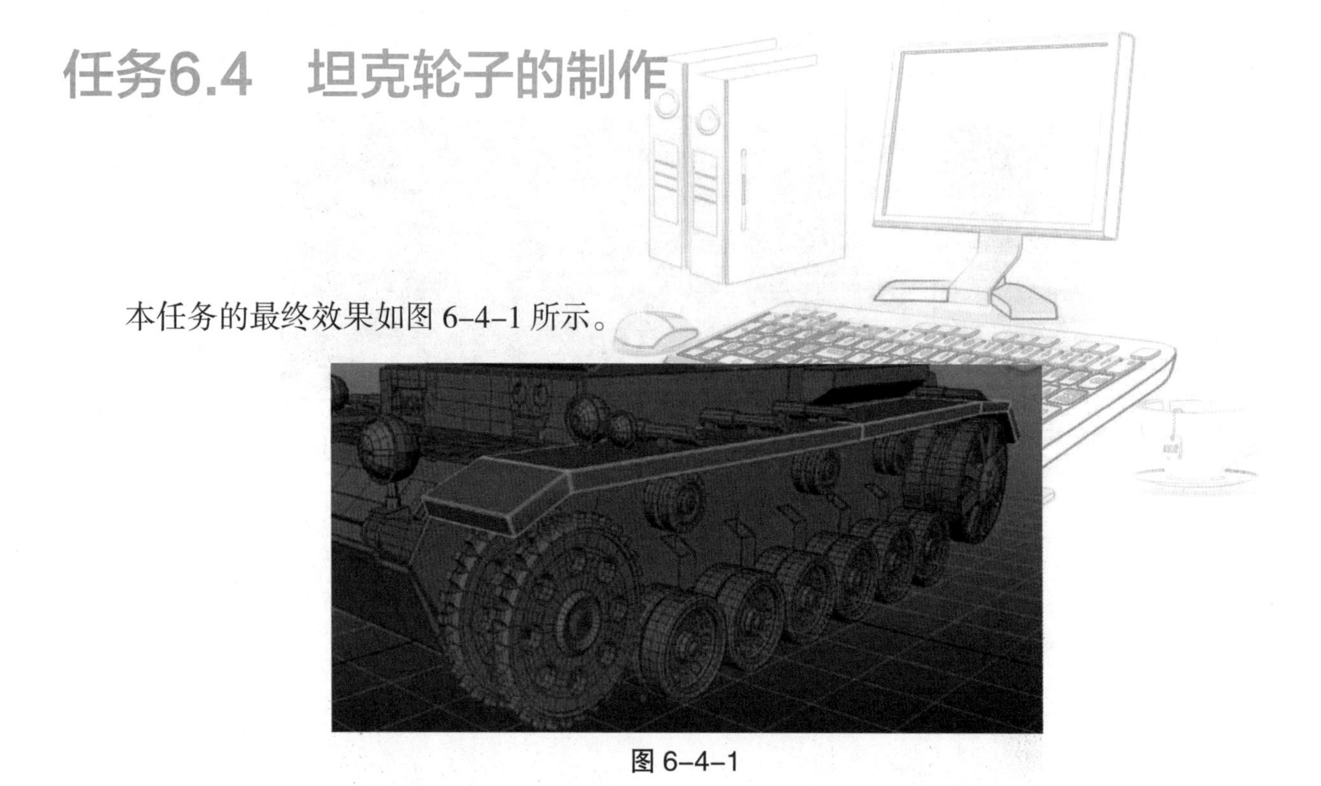

图 6-4-1

6.4.1 制作难度评定

难度等级：★★★★★

6.4.2 任务要求

（1）针对轮毂等有弧度的表面进行挖孔和改线调整，制作齿轮状物体。

（2）要有足够的空间感，能够清晰分辨各个轴向的调整对物体的影响。耐心调整布线，合理布线形状。

6.4.3 任务分析

轮毂自身是有弧度的，而在弧度之上，还有孔洞。在制作过程中，要先制作孔洞，再调整弧面形状，顺序一定要清晰，不能调整弧面后再调整孔洞。

涉及的命令：

（1）Edit Mesh>Duplicate Face（编辑网格 > 复制面）。

（2）Duplicate Face（复制面）。

（3）Edit Mesh>Keep Faces Together（编辑网格 > 保持面）。

6.4.4 任务实施

【Step1】创建圆柱，因为轮胎一周的孔洞是六个大六个小，所以创建圆柱段数必须能够被 6 整除。同时，横向方面，大洞占四格，小洞占两格，因此圆柱为 36 段。删除圆柱多余的面，只留顶面，如图 6–4–2 所示。

制作视频

【Step2】创建第一个低段数圆柱，作为轮胎上大洞的模板，放在合适位置。选择准备好的圆面的边缘，向外挤压几段，挤压中注意其环线与作为模板的小圆柱的位置关系，最好能够使环线经过小圆柱的每个突出的定点，如图 6–4–3、图 6–4–4 所示。

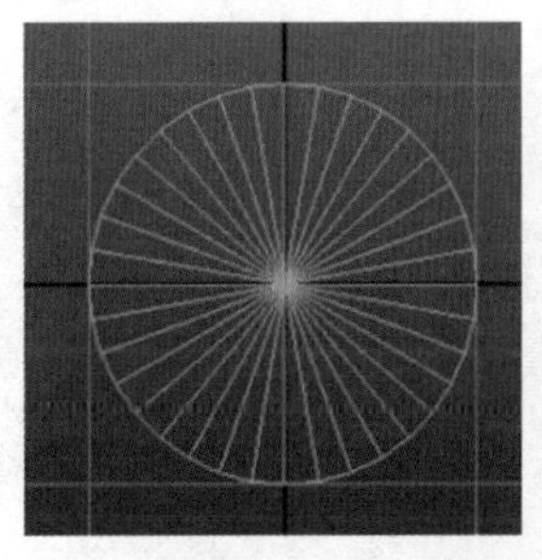
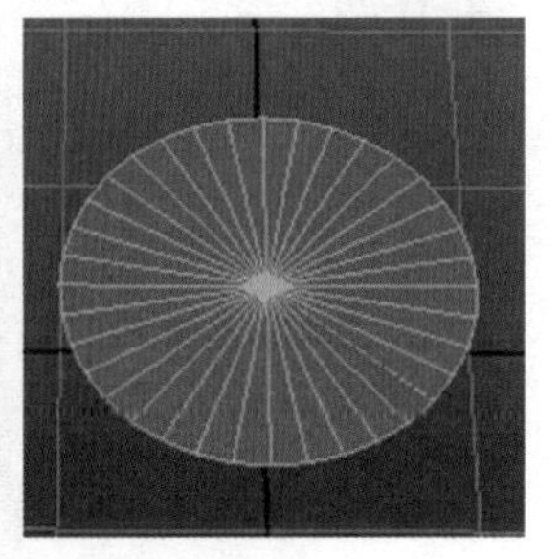

图 6–4–2

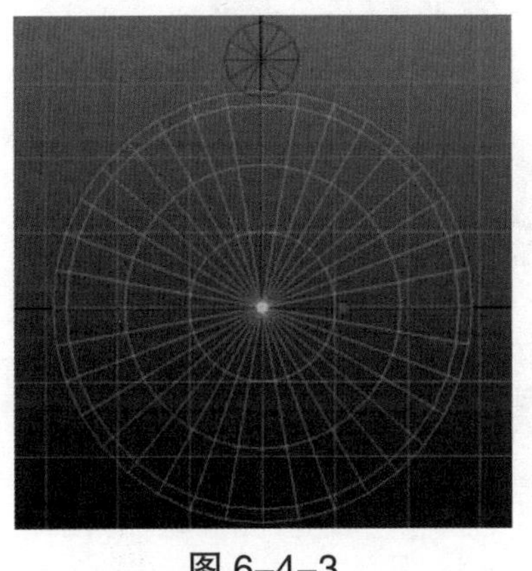

图 6–4–3

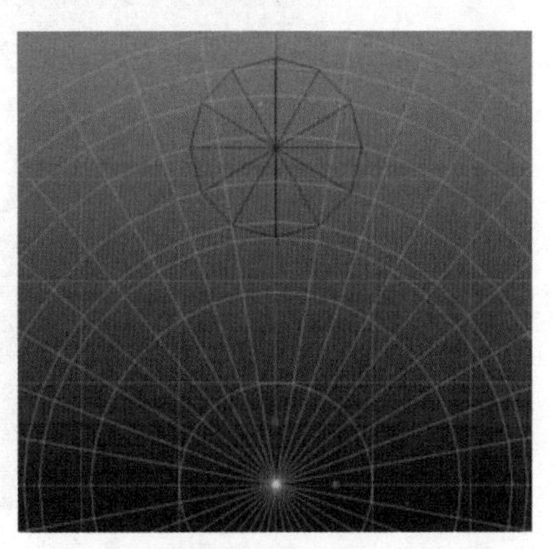

图 6–4–4

【Step3】创建第二个低段数圆柱，8 段，调整大小后将中心吸附到圆片中心，旋转移动位置，确保大圆柱和小圆柱都处于圆片的 60° 的扇面内，两者之间还有足够线段保持圆片形状，如图 6–4–5 所示。

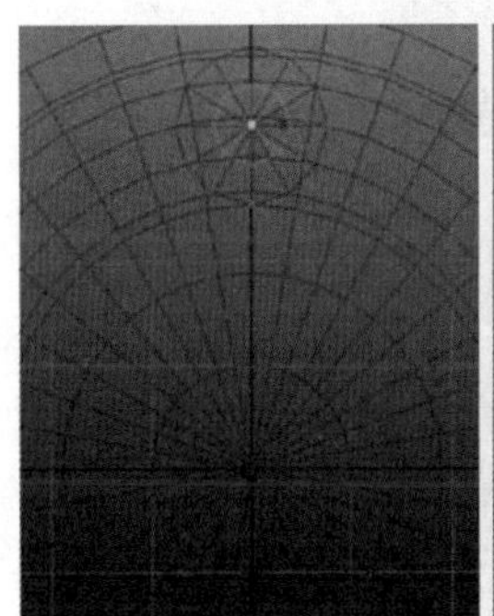
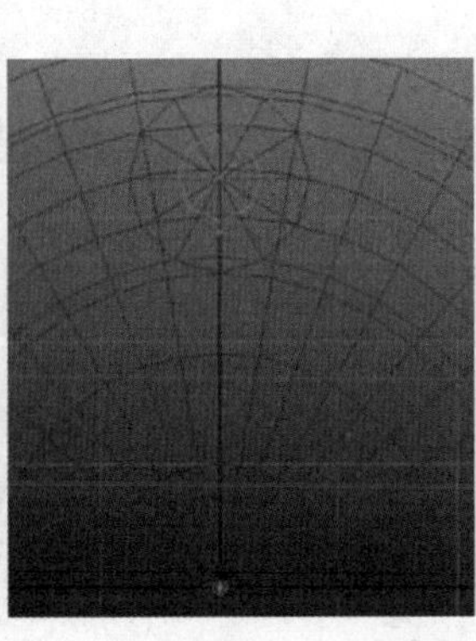
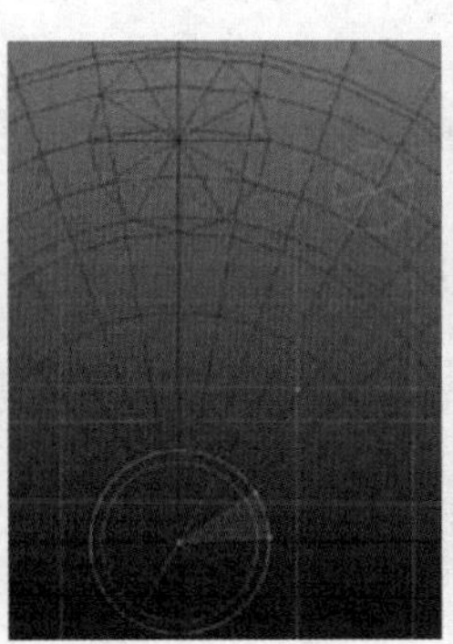
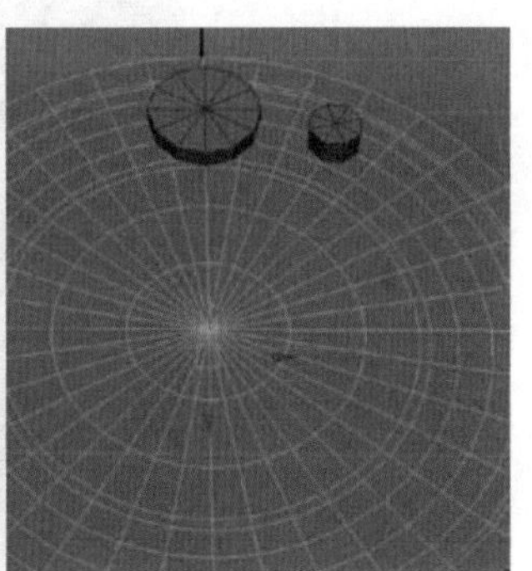

图 6–4–5

在确定圆柱位置后，要调整圆片（轮毂）的弧度。如果在挖洞后再调整轮毂弧度，可能会导致整体的变形，挖孔部分会凹凸起伏，影响美观。

为了方便选择圆片的面，可以选择圆片的中心点，按住 Ctrl 键和鼠标右键，选择“To Faces>To Faces（到面 > 到面）”命令，可以由选择的点快速选取连接到这一点的所有面。此命令可以配合扩大选区（按住 Ctrl 键和鼠标右键，选择“Grow Selection”），方便调整选区范围。

选中后，按键盘 B 键，开启软选择。按住 B 键和鼠标左键拖动，根据颜色变化可以得知软选的范围。受软选的影响，强度变化由强到弱依次表示颜色为“黄 > 橙 > 红 > 黑”。

在软选择的帮助下，很容易能够给轮毂调整出合适的弧度，然后将中心部分删除，如图 6-4-6 所示。

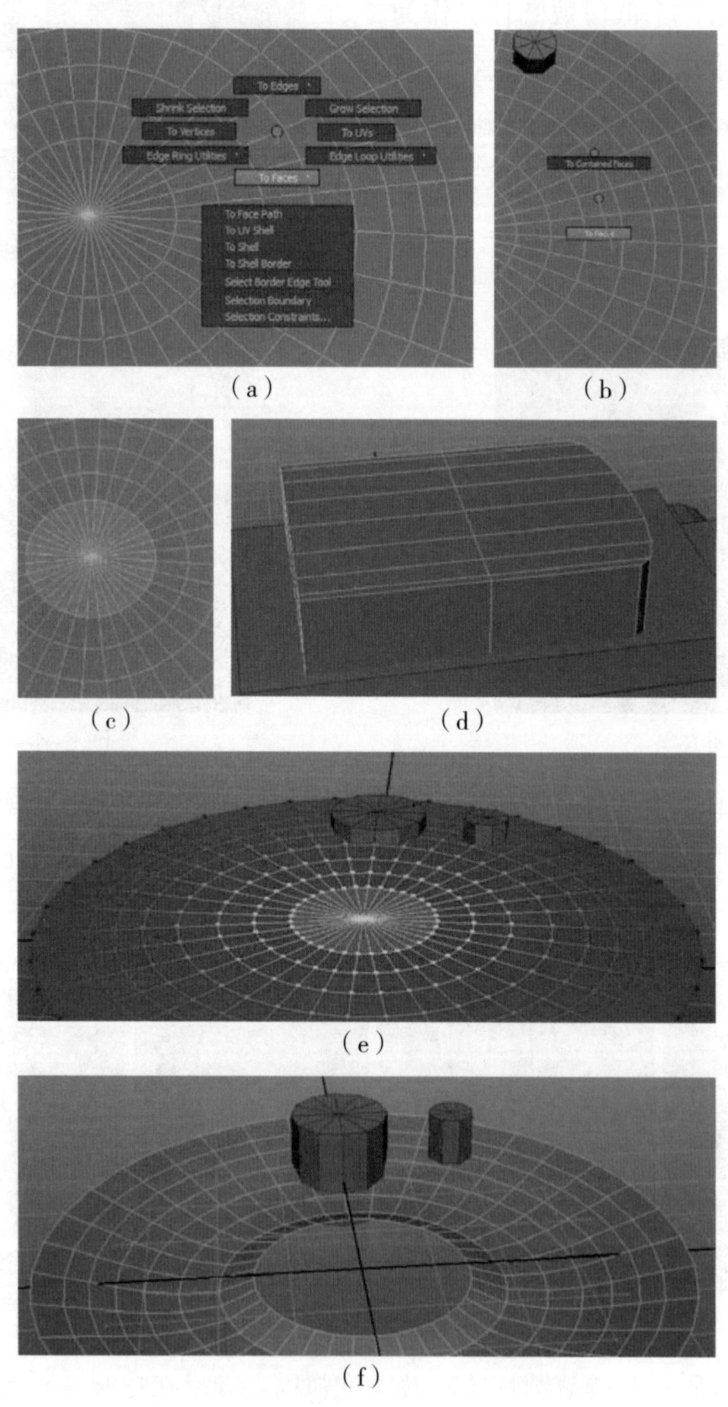

（a）（b）（c）（d）（e）（f）

图 6-4-6

【Step4】切换到合适的视图（非透视视图），使用分割多边形工具，在圆片上描出圆洞的形状。注意，在描出整体形状前不要急于删线，要将圆洞整个形状描出后再进行删线处理，整个流程中遵循“先增后删”原则，避免圆片的弧度有所改变，如图 6–4–7 所示。

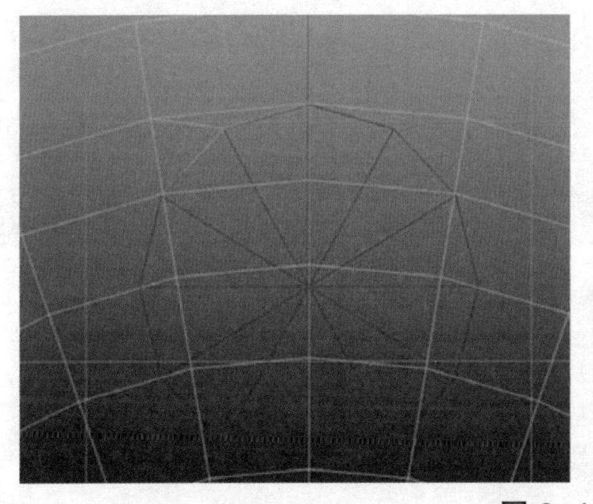

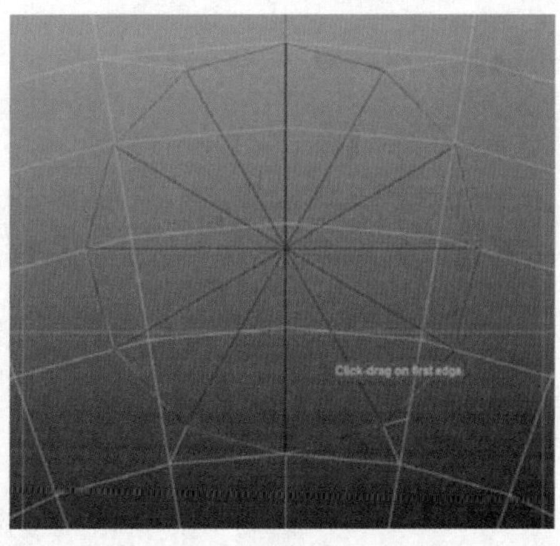

图 6–4–7

【Step5】删除描绘出的圆洞内的面，然后修改圆洞周围的布线，避免大于四边的面，同时不断按 3 键检查布线是否影响圆片整体弧度。

圆洞需要卡线，因此在完成上面的步骤后，选取圆洞的边缘，挤压向内，这是最快速的卡线方法，同样也要注意是否影响整体弧度，如图 6–4–8 所示。

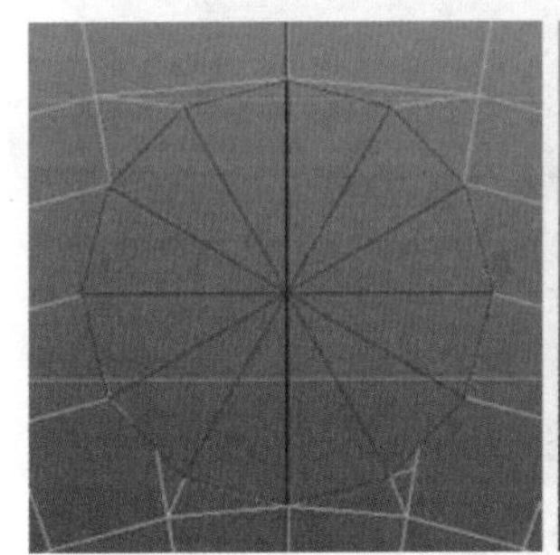

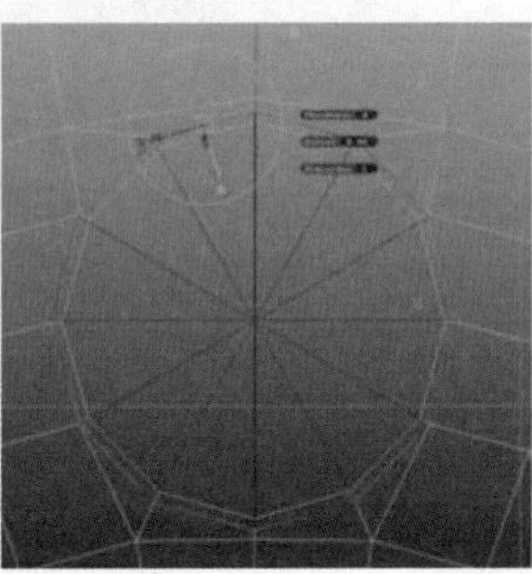

图 6–4–8

【Step6】针对另一个八边的小圆洞，制作方法同上，两个圆洞都完成的效果如图 6–4–9 所示。

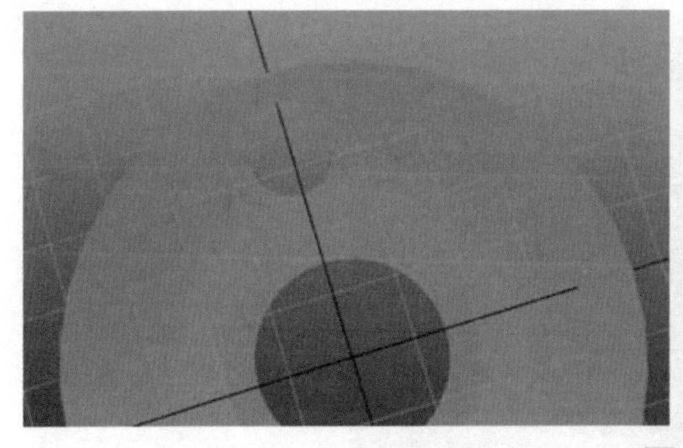

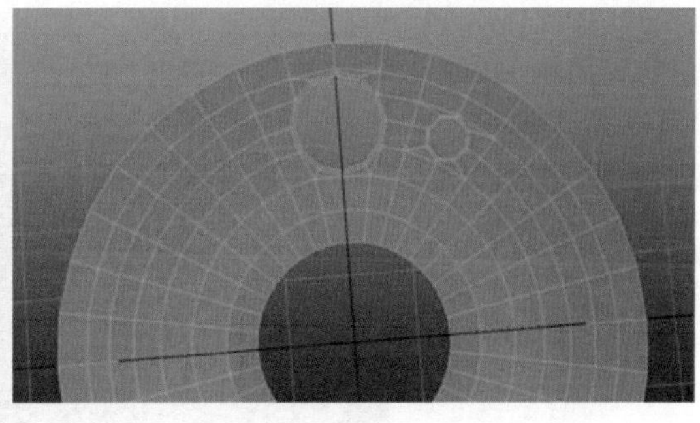

图 6–4–9

【Step7】删除多余的面，只留下有圆洞的 60° 的扇形。此时扇形的物体中心在原本圆片的中心，所以可以直接按“Ctrl+D”键进行复制，旋转 60°，之后按“Shift+D”键（重复上次操作复制），即可得到一周轮毂。将这六个相同的配件合并，并缝点，如图 6–4–10 所示。

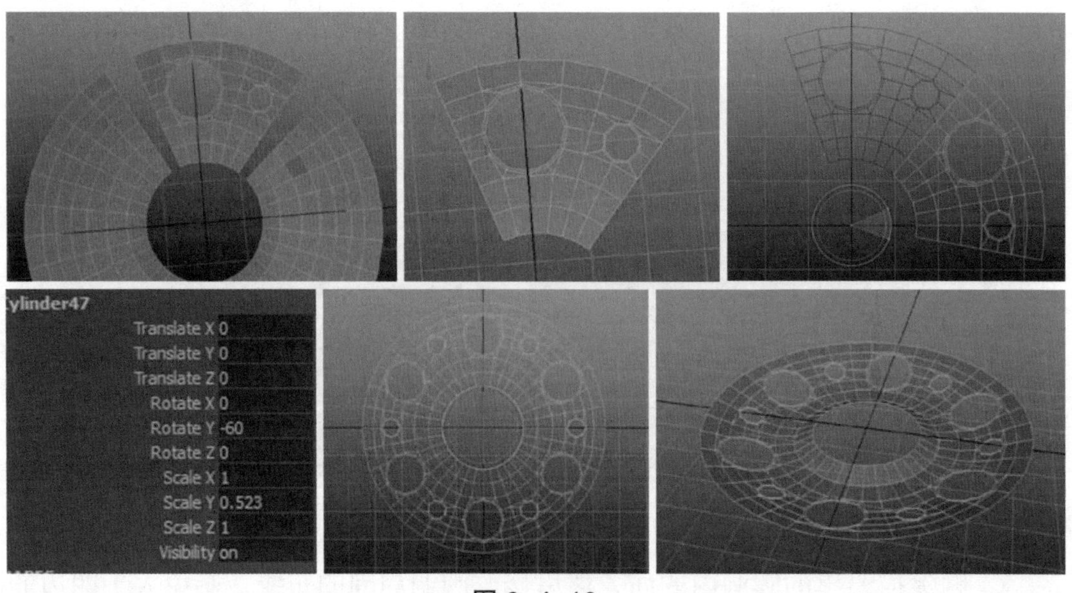

图 6-4-10

在轮毂的中心加线添加细节，然后选择外圈边缘挤压，制作外侧厚度，如图 6-4-11、图 6-4-12 所示。

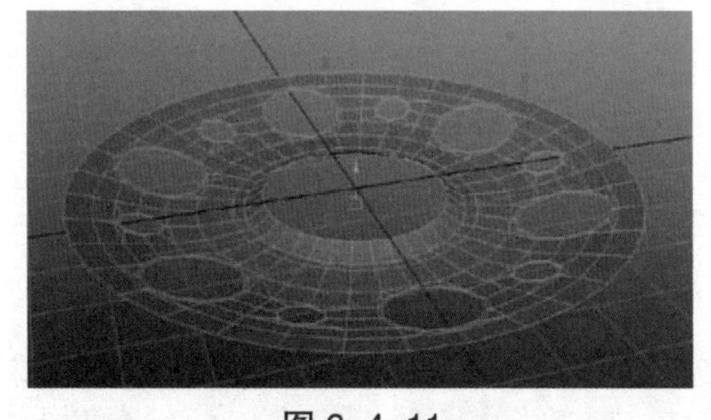
图 6-4-11

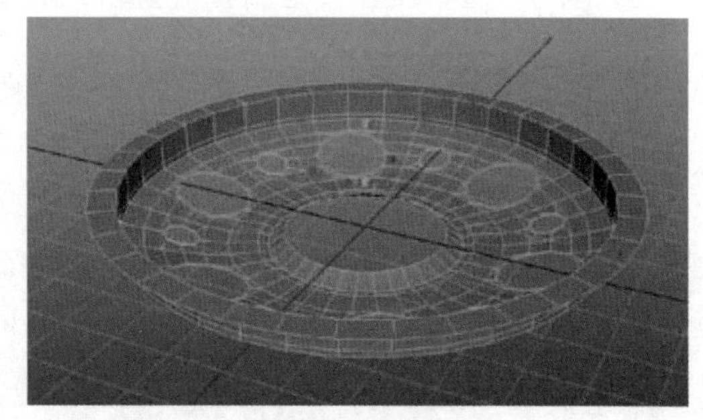
图 6-4-12

【Step8】随后复制一个轮毂，镜像到另一侧，调整好厚度，合并两部分。选择边缘表示厚度的部分用缩放工具推平。选择两侧孔洞的边缘，挤压，然后向中心推平，缝点，如图 6-4-13、图 6-4-14 所示。

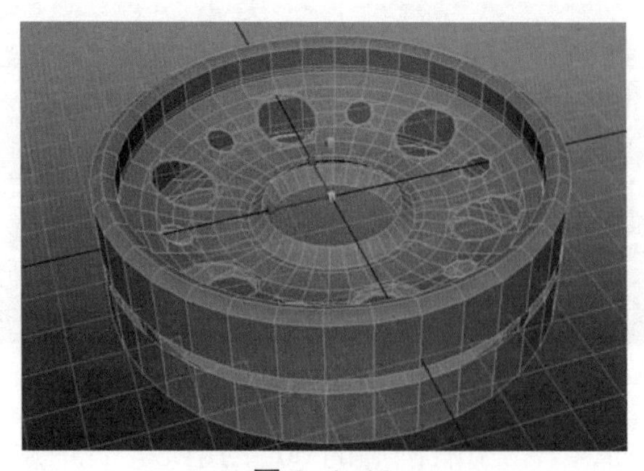
图 6-4-13

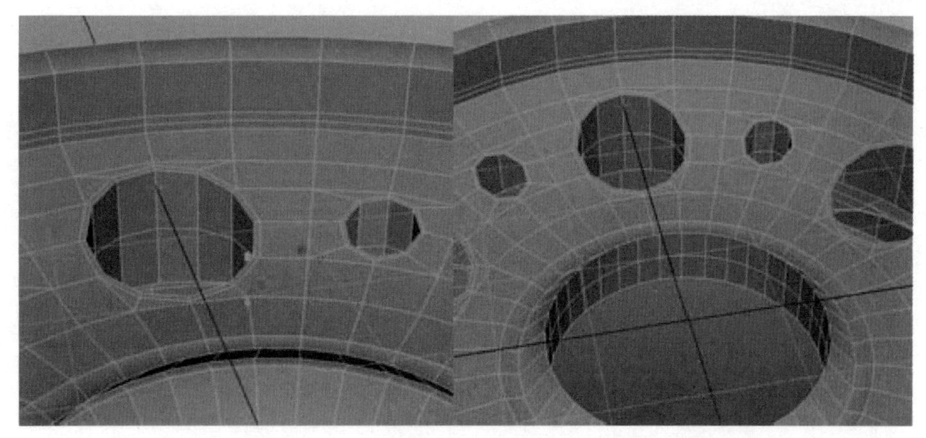

图 6-4-14

【Step9】再次将多余部分删除，留下 60° 扇形部分，进行卡线，重新进行复制合并（之前的合并进行厚度的调整是为了方便把握比例，而且可以避免旋转复制后无法直接拼合的错误），如图 6-4-15、图 6-4-16 所示。

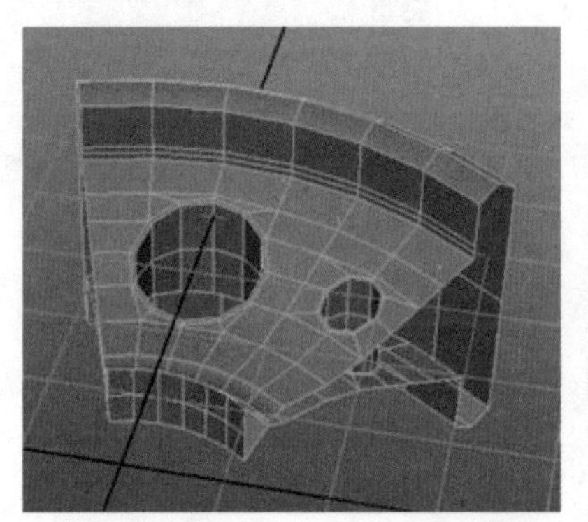
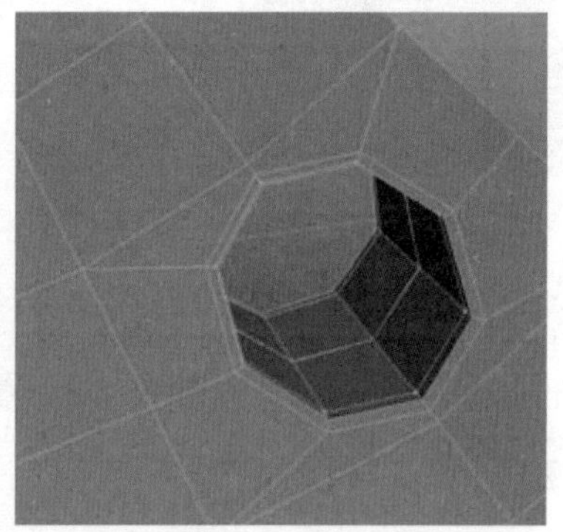

图 6-4-15

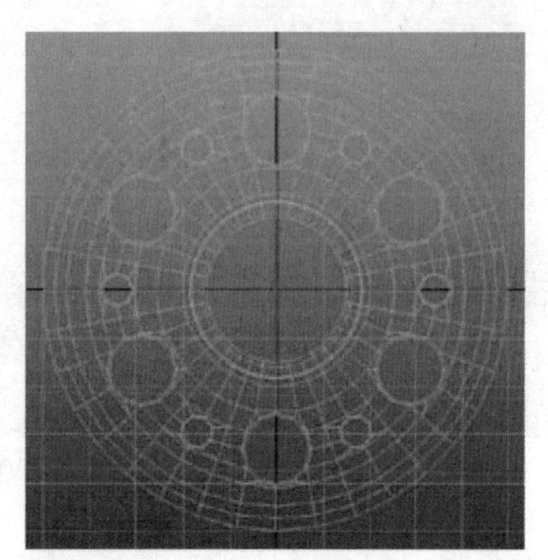

图 6-4-16

【Step10】选择周边的一圈线，按住 Ctrl 键和鼠标右键，选择 "To Faces>To Faces（选择面模式 > 选择面模式）"，可快速选择所有连到这条边上的面，如图 6-4-17、图 6-4-18、图 6-4-19 所示。

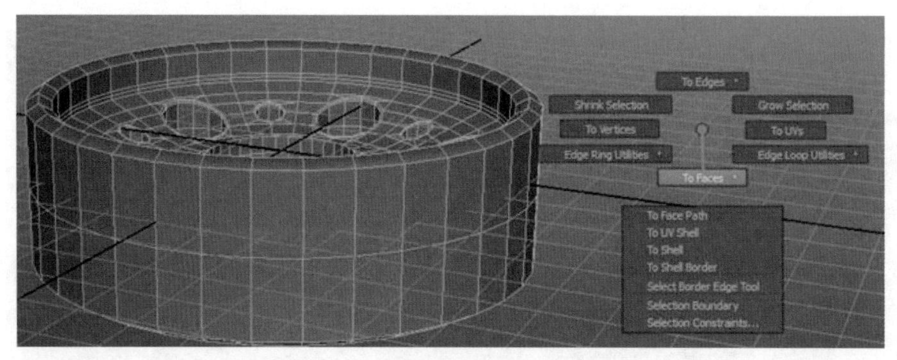

图 6-4-17

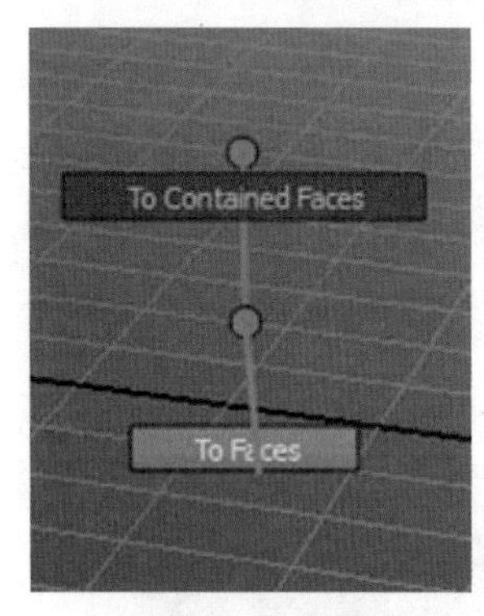

图 6-4-18

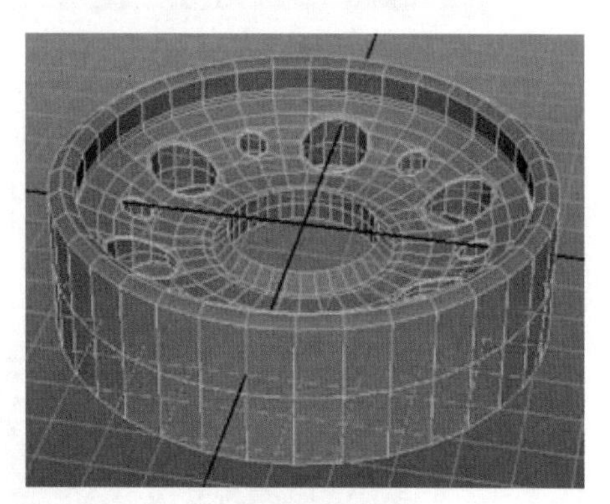

图 6-4-19

【Step11】按住 Shift 键和鼠标右键，选择“Duplicate Face（复制面）”，可将选中面复制出来独立成为新的物体。选择所有的面，挤压厚度，调整边缘，作为轮胎。删除内侧不需要的面，如图 6-4-20、图 6-4-21、图 6-4-22 所示。

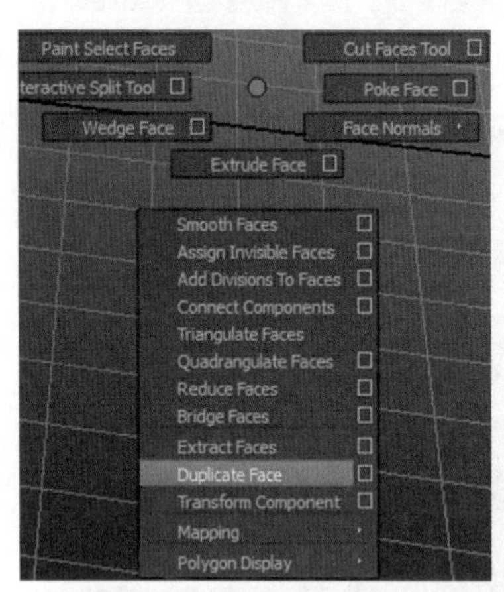

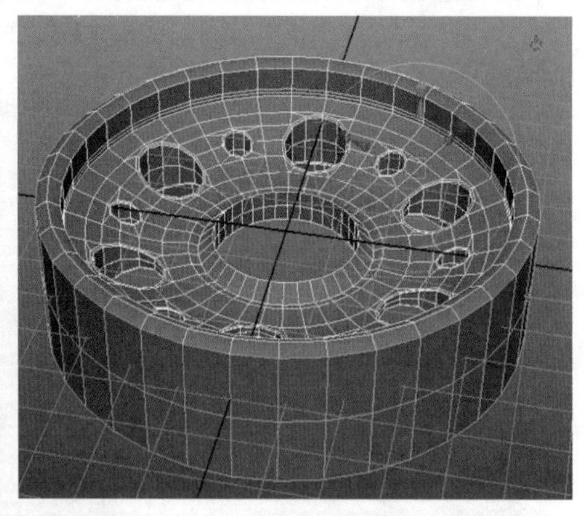

图 6-4-20

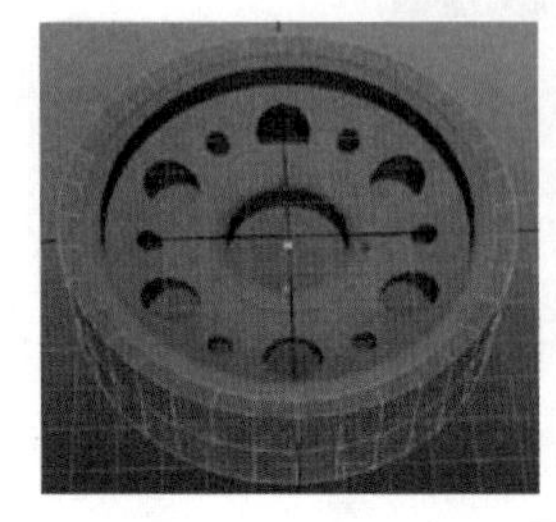

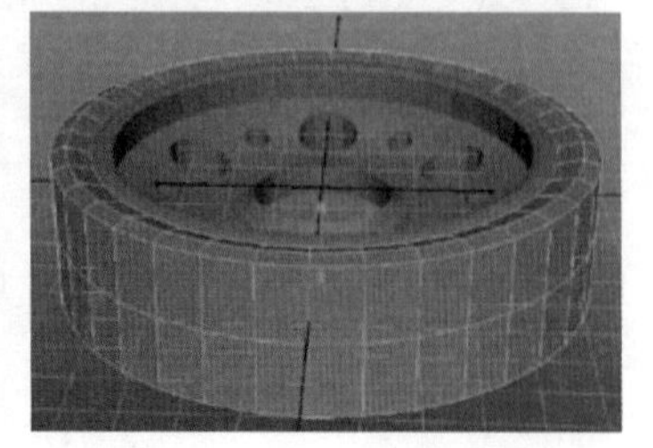

图 6-4-21

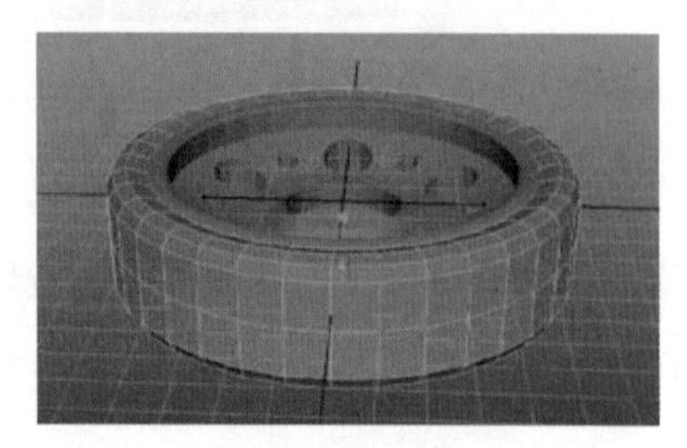

图 6-4-22

【Step12】将轮胎和轮毂合并，复制一个，再次合并。创建新圆柱，调整粗细，作为轮轴。选面挤压制作轮轴的细节，如图 6-4-23、图 6-4-24 所示。

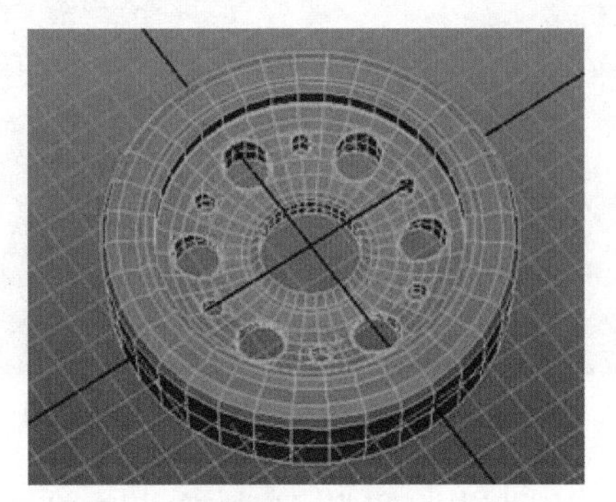

图 6-4-23

图 6-4-24

将轮子和轮轴合并，按照基础模型位置，复制并摆放好，如图 6-4-25 所示。

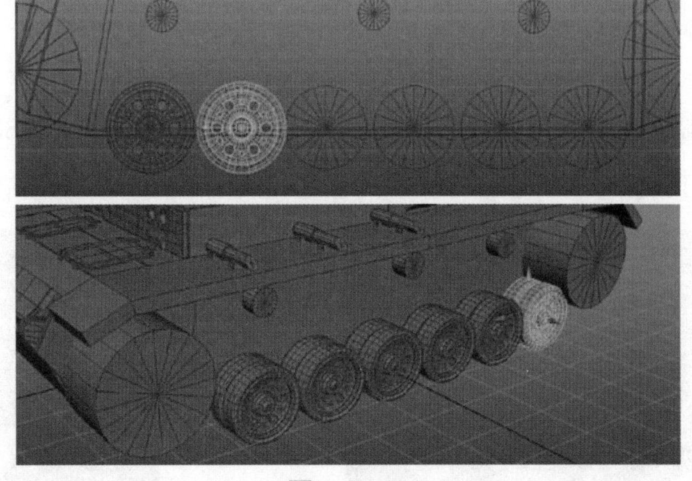

图 6-4-25

其余轮子制作方式上文基本相同，此处不再重复，如图 6–4–26 所示。

图 6–4–26

【Step13】创建新圆柱，调整段数，吸附到大轮子中心。删除多余的面，只留下侧面。选面挤压，如图 6–4–27、图 6–4–28 所示。

图 6–4–27

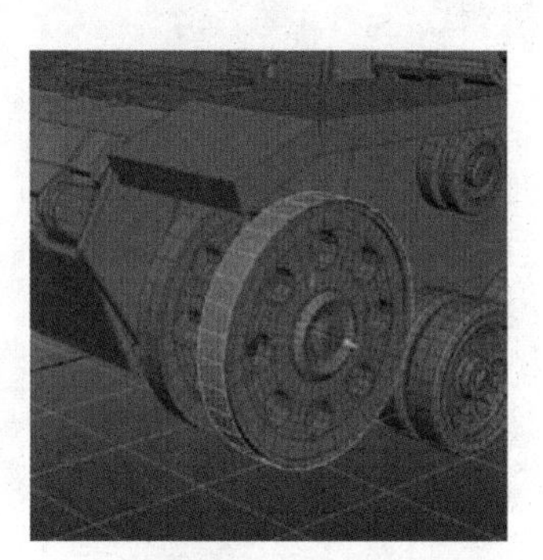

图 6–4–28

【Step14】在挤压之前需要调整挤压的参数：关闭“Edit Mesh>Keep Faces Together（编辑网格 > 保持面）”。这样挤压出的面会彼此独立，适合制作齿轮等物体，如图 6–4–29 所示。

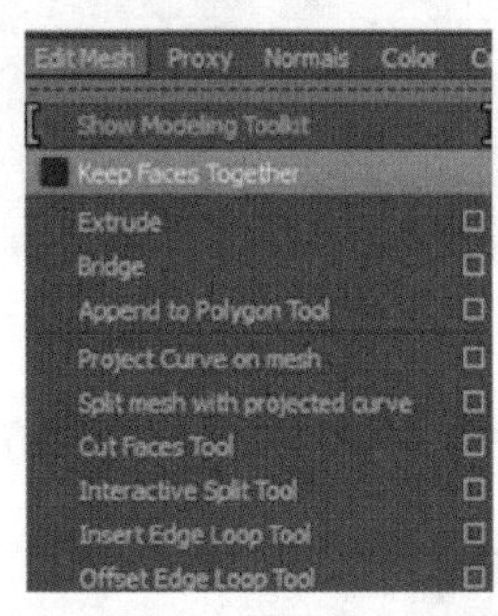

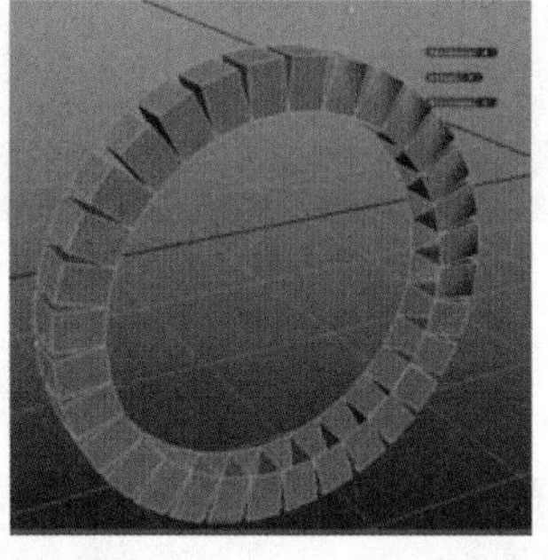

图 6–4–29

【Step15】重复挤压几次并配合使用缩放工具，可得到如图 6–4–30 所示效果。在操作结束后应即使恢复保持面设定，避免后续误操作，如图 6–4–31 所示。

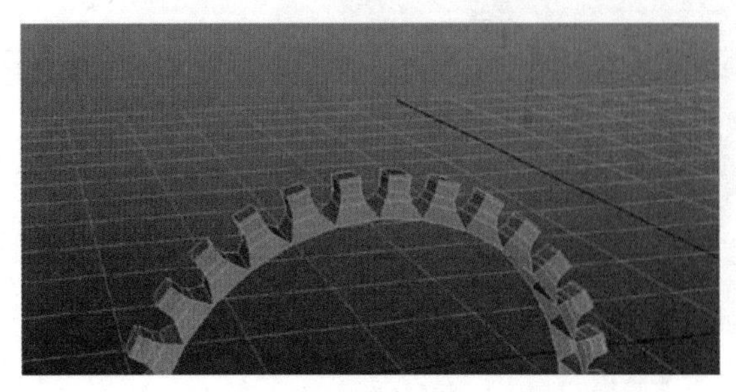

图 6–4–30

图 6–4–31

【Step16】添加车轮间的细节：创建立方体，调整大小放到轮胎之间。选择棱线调整形状，然后选面挤压出凹槽，如图 6-4-32 所示。

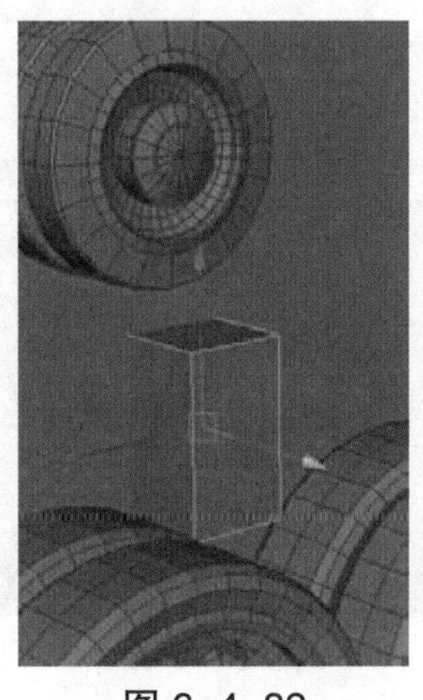

图 6-4-32

【Step17】运行挤压命令后右侧会出现三个选项，“Thickness（厚度）”“Offset（偏移）”和“Divisions（细分）”。厚度是指挤压出的厚度，偏移是挤压后的大小，细分是挤压出的边界数目。这三个选项可以通过单击名头后，鼠标中键左右移动可以快捷调整数值，同时按住 Ctrl 键和鼠标中键可以使数值每次变化 0.01，如图 6-4-33、图 6-4-34 所示。

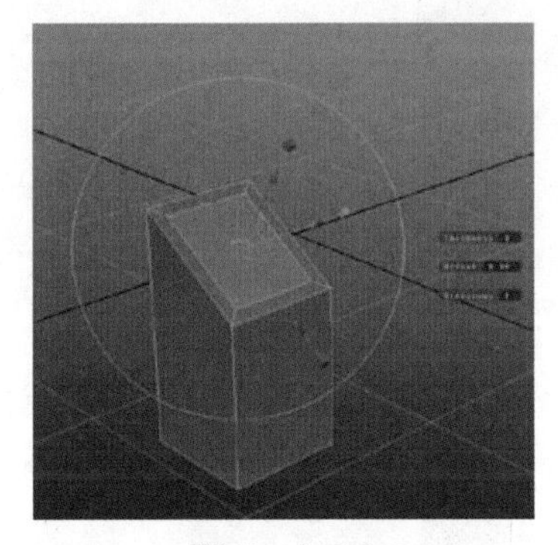

图 6-4-33

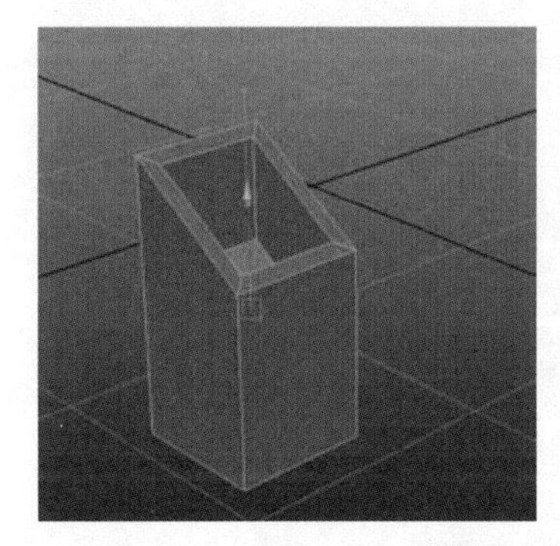

图 6-4-34

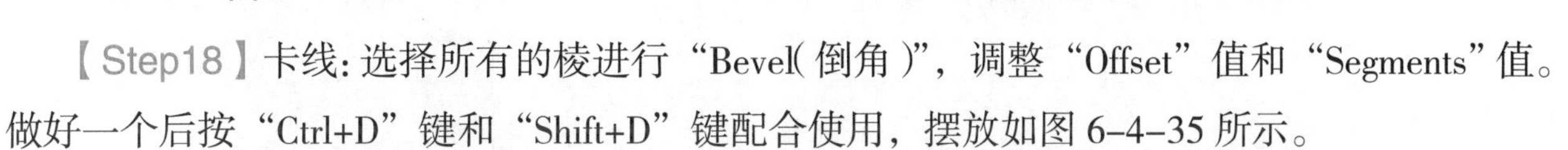

【Step18】卡线：选择所有的棱进行“Bevel(倒角)”，调整“Offset”值和“Segments”值。做好一个后按“Ctrl+D”键和“Shift+D”键配合使用，摆放如图 6-4-35 所示。

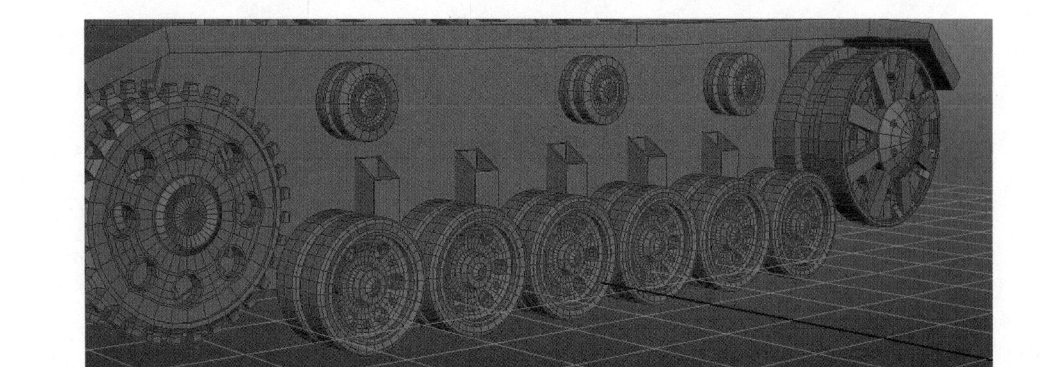

图 6-4-35

装甲板卡线也是全选所有棱进行“Bevel（倒角）”，如图 6-4-36 所示。

图 6-4-36

任务6.5　坦克履带的制作

本任务的最终效果如图 6–5–1 所示。

图 6–5–1

6.5.1　制作难度评定

难度等级：★★★

6.5.2　任务要求

（1）掌握制作履带单片，并了解单片之间的关系。

（2）在制作履带单片时考虑每两片之间的连接关系，避免穿帮和过度的穿插。

6.5.3　任务分析

先制作单片，在制作中不断将其复制出来检验是否能够组装为完整的履带。涉及的命令：

（1）Edit>Duplicate Special（编辑 > 特殊复制）。

（2）Edit Mesh>Bridge（编辑网格 > 桥接）。

（3）Normals>Reverse（法线 > 翻转法线）。

6.5.4　任务实施

【Step1】复制出车轮中的齿轮状部分，这部分与履带上的孔是一一对应的，因此制作履带单片时要以它为模板，如图 6–5–2 所示。

制作视频

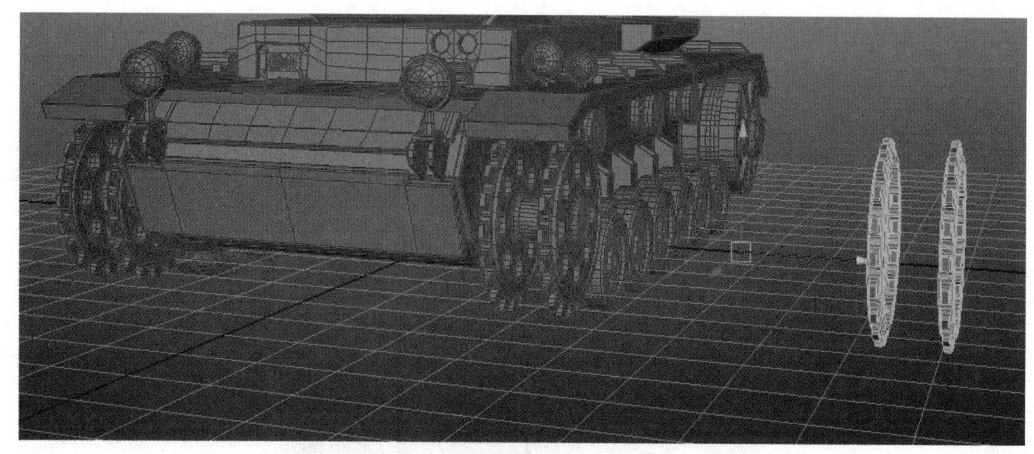

图 6-5-2

【Step2】创建面片调整段数，高度与单个轮齿吻合。为了方便后续操作，保证物体始终对称，删除面片的一半，然后选中另一半，单击“Edit>Duplicate Special（编辑 > 特殊复制）”后面的□，打开属性设置，如图 6-5-3、图 6-5-4、图 6-5-5 所示。

图 6-5-3

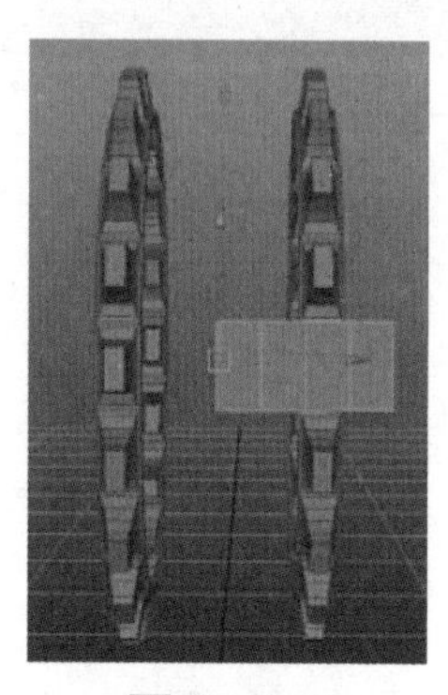

图 6-5-4

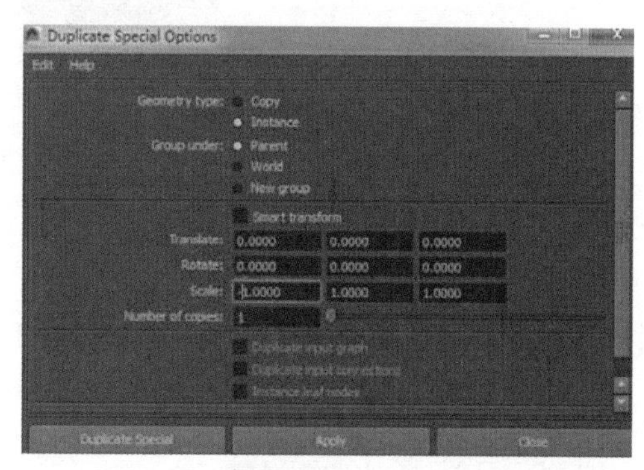

图 6-5-5

【Step3】在特殊复制的属性栏中，选择“Geometry type>Instance（几何体种类 > 关联）”，“Scale”的第一个值（缩放的X轴值）改为-1，则可使复制出的物体与原物体是沿X轴对称，且为关联的，即调整一侧的点或线，另一侧的物体也会产生同样的变化。关联复制后，调整点的位置，并且加线，删除与轮齿交叉的面，作为履带的孔洞。然后将两部分合并，缝点，再挤压出厚度，增加厚度方向上的线段，如图 6-5-6、图 6-5-7、图 6-5-8、图 6-5-9、图 6-5-10 所示。

图 6-5-6

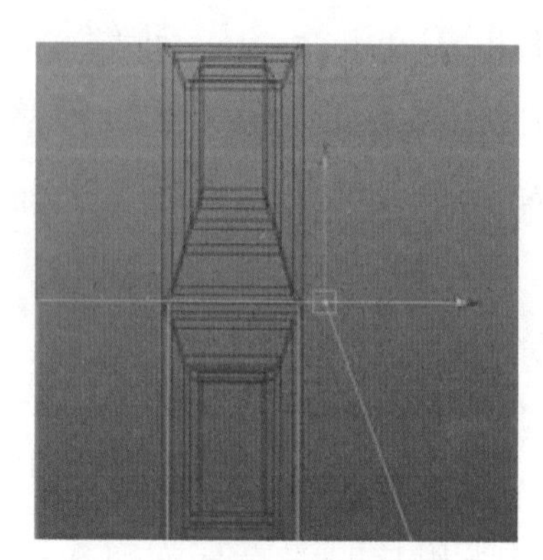

图 6-5-7

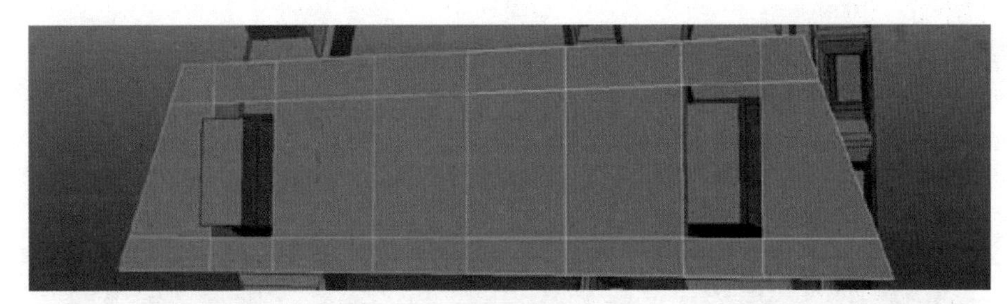

图 6-5-8

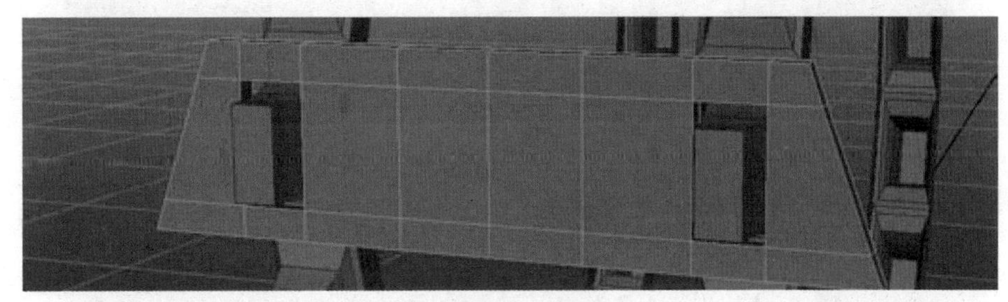

图 6-5-9

图 6-5-10

【Step4】选择顶面挤压出履带挂钩部分后，为了方便对称，再次删掉物体的一半，使用特殊复制，关联复制出镜像。再次选面挤压，制作更多细节，如图 6-5-11、图 6-5-12、图 6-5-13、图 6-5-14、图 6-5-15、图 6-5-16、图 6-5-17 所示。

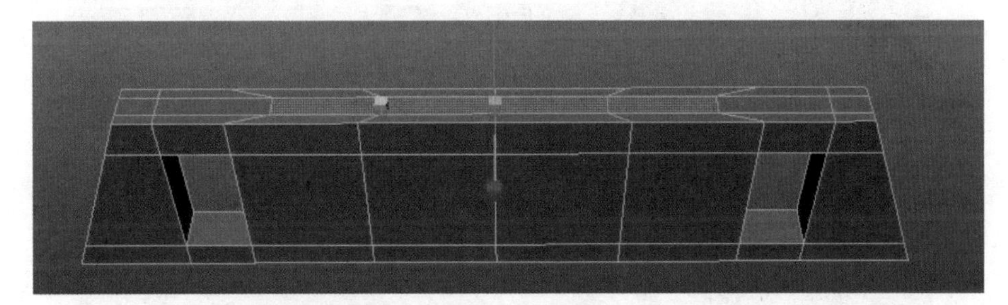

图 6-5-11

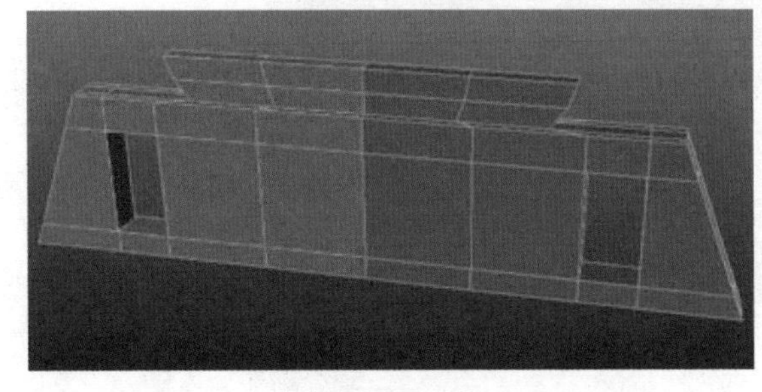

图 6-5-12

图 6-5-13

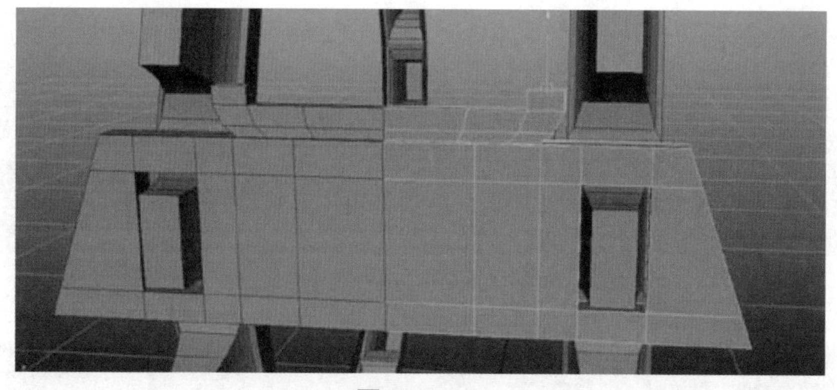

图 6-5-14

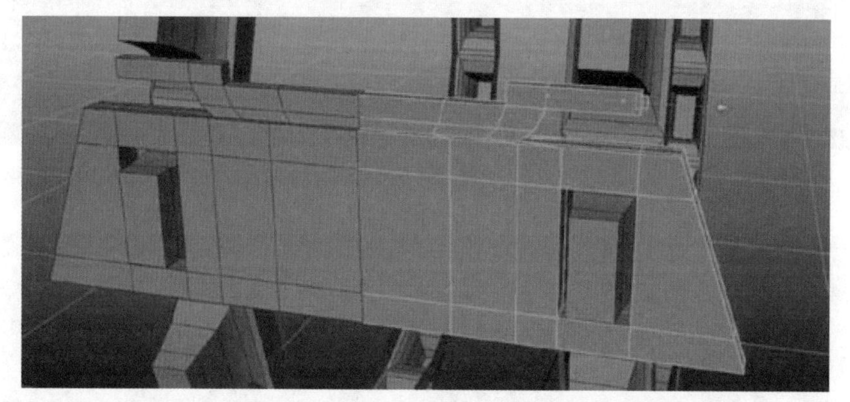

图 6-5-15

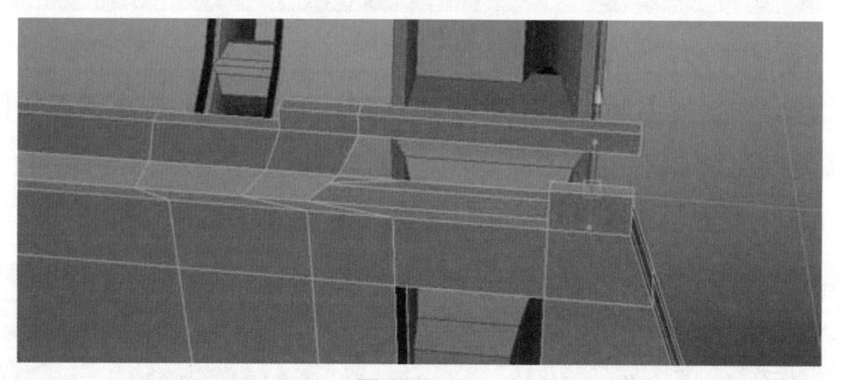

图 6-5-16

图 6-5-17

【Step5】上部挂钩制作完毕后，暂时复制出一对单片，向下移动作为模板，方便制作向下的挂钩，如图 6–5–18 所示（图中上面的单片是保留用的原模型，下面是模板）。

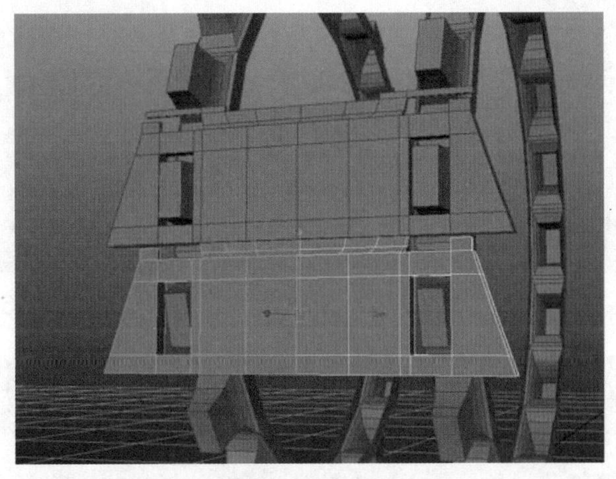

图 6–5–18

【Step6】选择原模型下面的面进行挤压，注意宽度要与模板上的凹陷处宽度匹配。挤压后转到侧视图，多次挤压，使挤压出的面成为钩状，如图 6–5–19、图 6–5–20、图 6–5–21 所示。

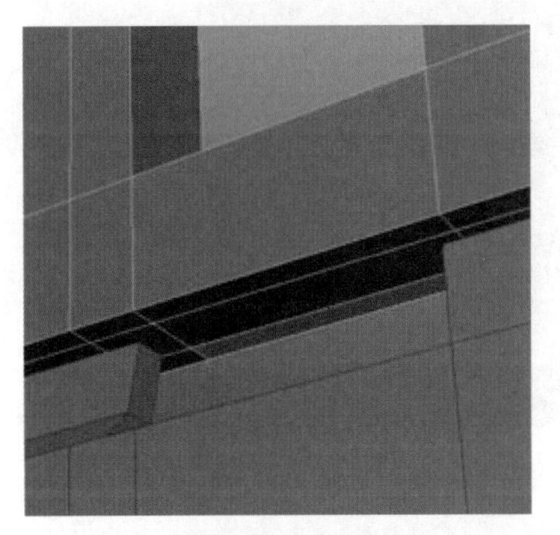

图 6–5–19

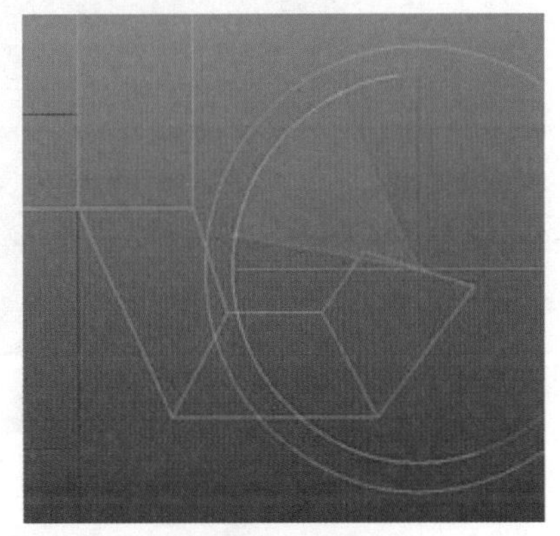

图 6–5–20

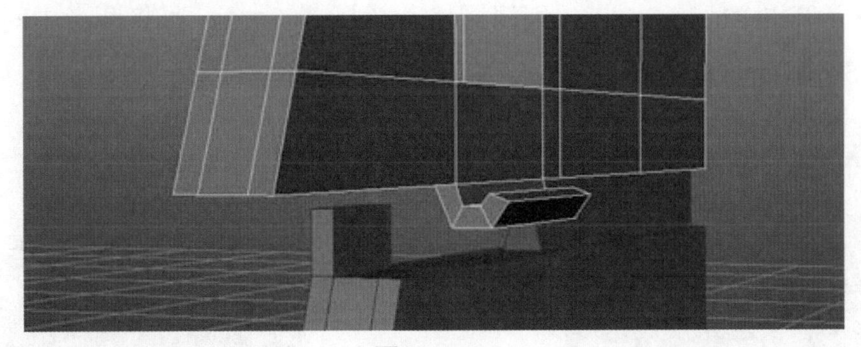

图 6–5–21

【Step7】删除作为模板的模型，选中留下的履带单片，旋转角度（为使垂直移动时，钩状部分正好能与上部横条卡住），然后卡线，如图 6–5–22、图 6–5–23、图 6–5–24、图 6–5–25 所示。

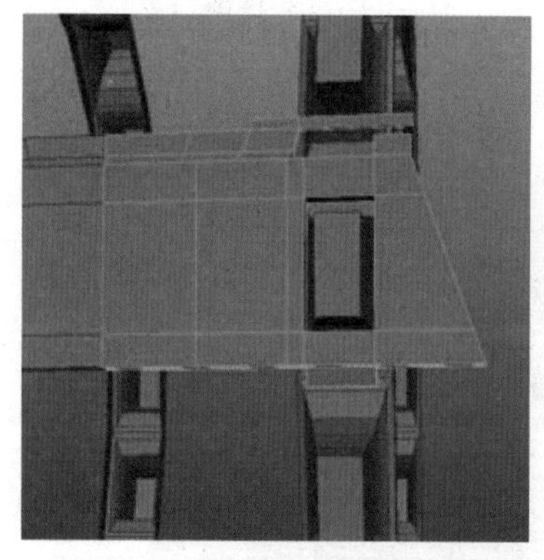

图 6-5-22

图 6-5-23

图 6-5-24

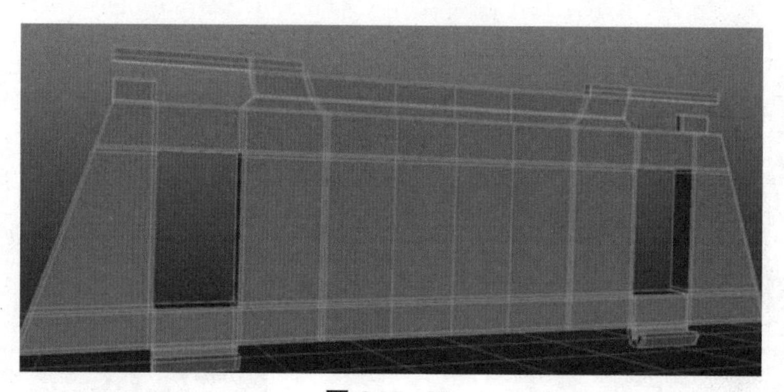

图 6-5-25

【Step8】转到单片背面。删除四个面，然后选择缺口边缘挤压提出一段距离，之后选中两个边缘，执行“Edit Mesh>Bridge（编辑网格 > 桥接）”命令，可将两者中间迅速补面连接起来，如图 6-5-26、图 6-5-27、图 6-5-28、图 6-5-29 所示。

图 6-5-26

图 6-5-27

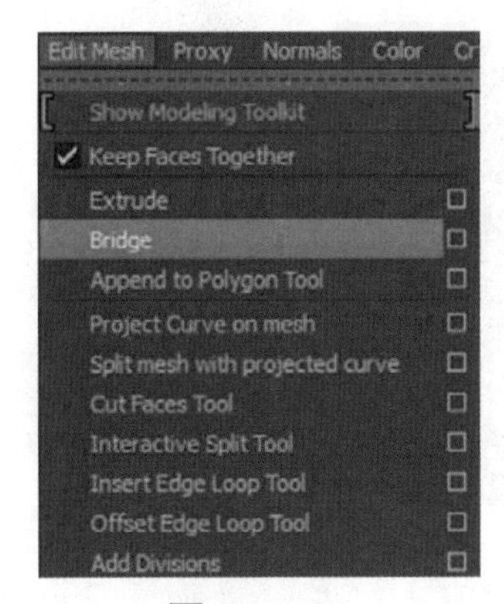

图 6-5-28

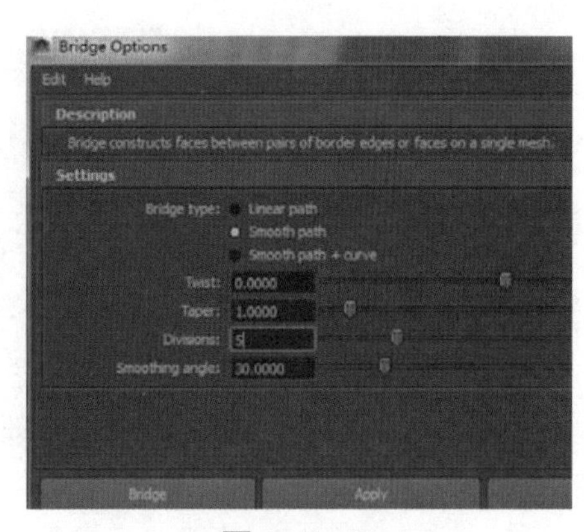

图 6-5-29

【Step9】这个部分需要一个有弧度的桥接，因此需要调整“Bridge”的参数。在参数面板中，“Bridge type（桥接类型）”选择“Smooth path（光滑路径）”，“Divisions”设置为 5（边界 =5），则可以得到光滑路径。

注意，有时使用桥接的时候，桥接的方向是反的。这时候可能是因为模型的法线方向有问题。关闭“Lighting>Two Sides Lighting（灯光 > 双面灯光）”，模型法线的背面会显示为纯黑色，模型向外的面显示为纯黑色，则表示模型的法线方向错误，这时候需要选中模型，翻转法线，运行“Normals>Reverse（法线 > 翻转法线）”命令之后，模型在关闭双面灯光状况下也会显示为灰色，则法线方向正确，可以进行正常的桥接操作，如图 6-5-30、图 6-5-31、图 6-5-32、图 6-5-33、图 6-5-34 所示。

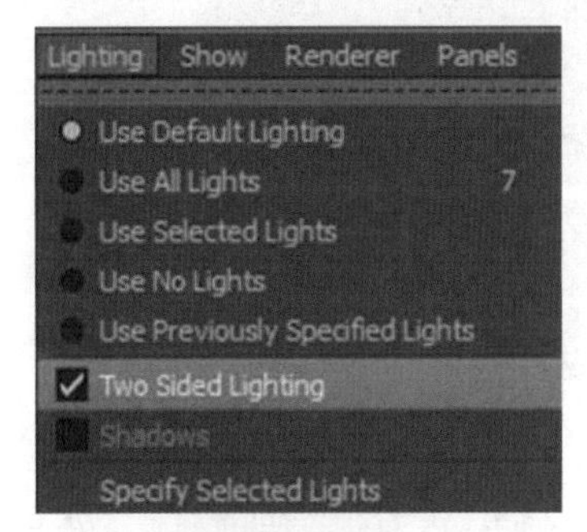

图 6-5-30

图 6-5-31

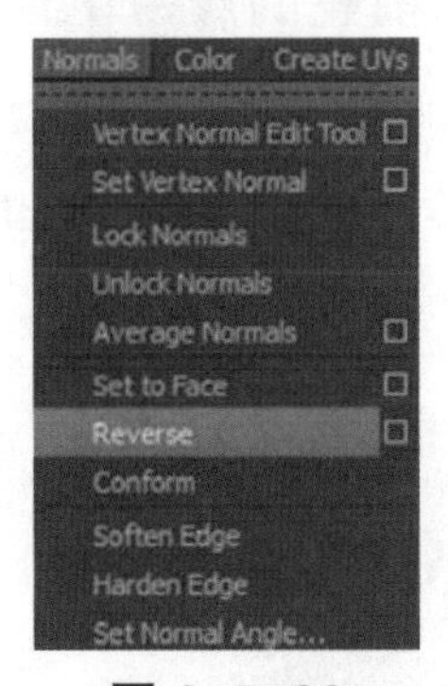

图 6-5-32

图 6-5-33

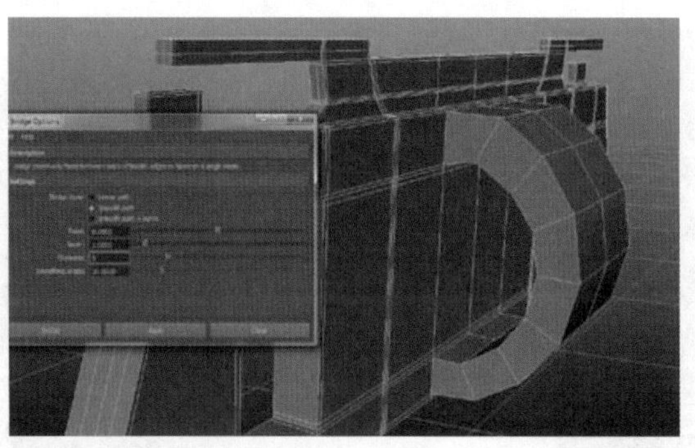

图 6-5-34

【Step10】桥接后，选择线段调整桥接部分形状，并将该部分卡线，如图 6-5-35、图 6-5-36、图 6-5-37 所示。

图 6-5-35

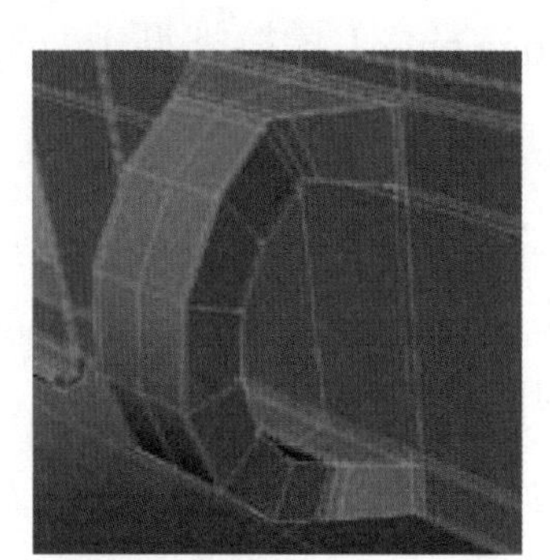

图 6-5-36

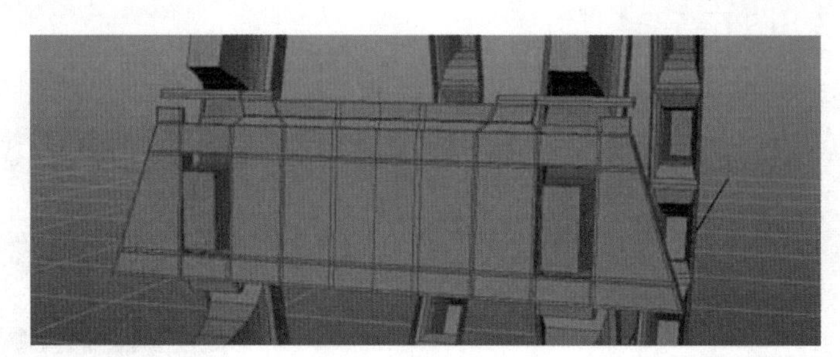

图 6-5-37

【Step11】履带单片制作完成。将其移动与之前制作的坦克轮部分匹配，然后移动其操作中心，吸附到轮轴中心。根据齿轮的个数可以得知，包裹前轮的履带单片之间角度均为 18°，则按“Ctrl+D”（复制）键，修改旋转参数，按“Shift+D”键（重复上次操作复制），则可制作出包裹在齿轮上的半圈履带，如图 6-5-38、图 6-5-39、图 6-5-40、图 6-5-41、图 6-5-42 所示。

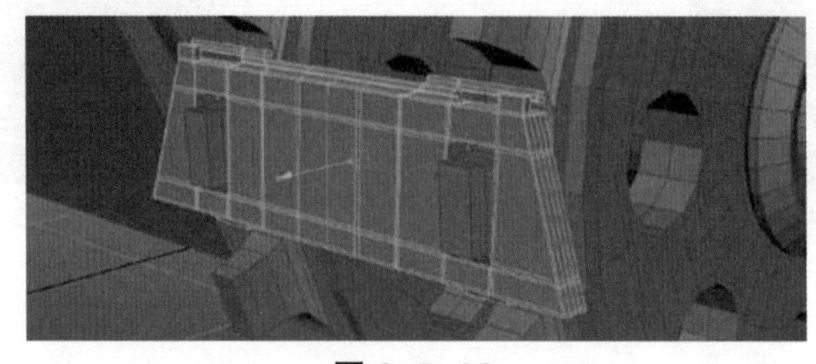

图 6-5-38

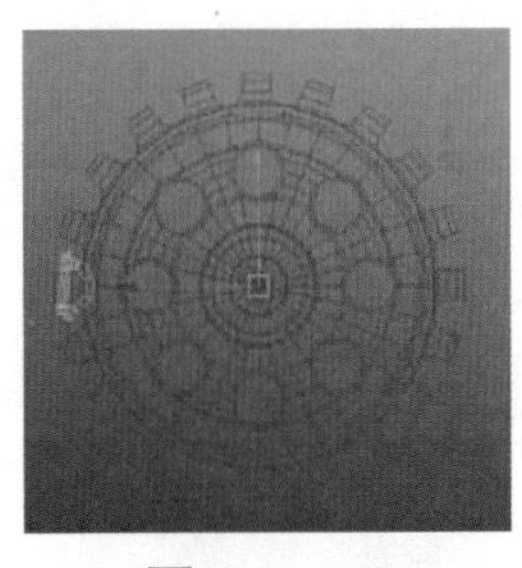

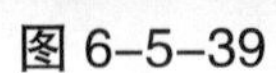

图 6-5-39

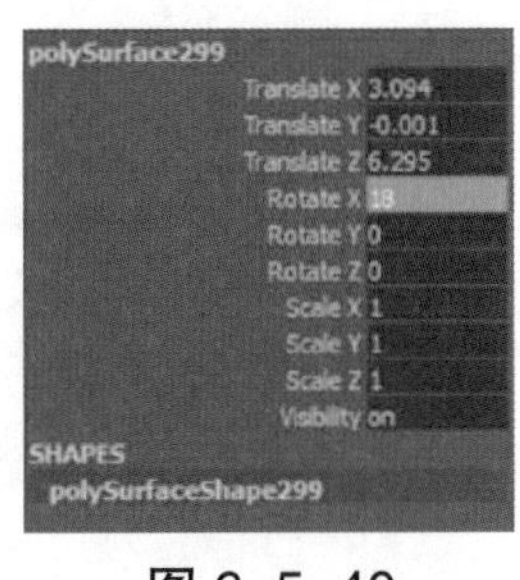

图 6-5-40

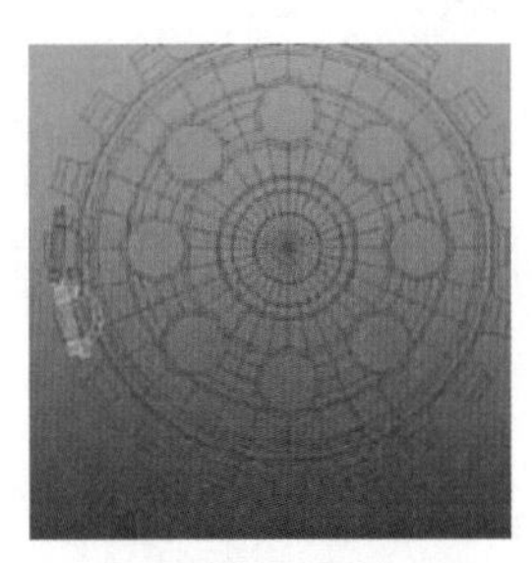

图 6-5-41

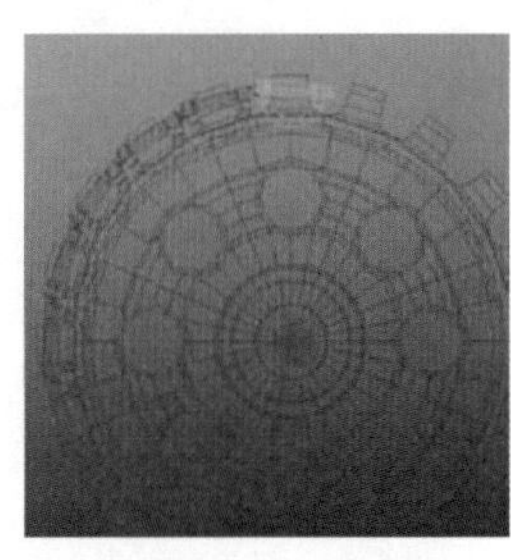

图 6-5-42

【Step12】随后复制单片，横向移动，按“Shift+D”键复制出多个，按“Ctrl+G”键将其打组，统一调整角度，并向后延伸。整圈履带的制作方法就是这样，通过不断地修改和调整就可以做出全部履带造型，如图 6-5-43、图 6-5-44、图 6-5-45 所示。

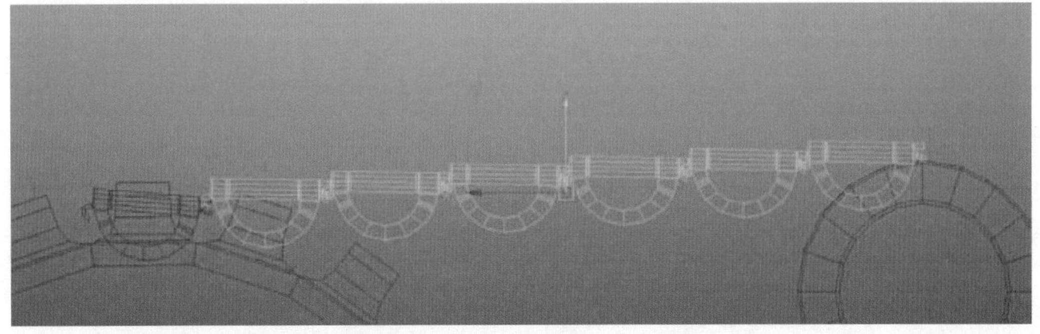

图 6-5-43

图 6-5-44

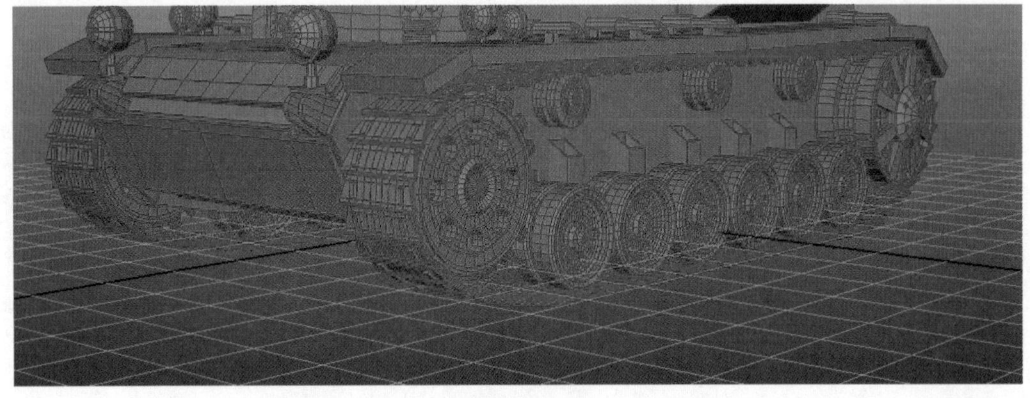

图 6-5-45